The Plant Messiah

Adventures in Search of the World's Rarest Species

植物たちの救世主

カルロス・マグダレナ
Carlos Magdalena
三枝小夜子 訳
Mieda Sayoko

柏書房

The Plant Messiah
Adventures in Search of the World's Rarest Species
Original English language edition first published by Penguin Books Ltd, London

This edition published by arrangement with Penguin Books Ltd, London
through Japan UNI Agency, Inc.

自然への深い愛を教えてくれた母エディリアと、息子マテオに。私が受け継いだ情熱を彼が受け継ぎ、私の人生を豊かにしてくれたチャンスに彼も恵まれますように。

もう一度、その点をよく見てほしい。それはここだ。私たちの故郷だ。私たちだ……。現時点でわかっているかぎり、地球は生命を宿す唯一の星だ。好むと好まざるとにかかわらず、私たちが立つ場所は地球なのだ……。

おそらく、このちっぽけな惑星をはるか彼方からとらえた写真以上に、うぬぼれの愚かしさを人類に突きつけるものはないだろう。この写真は、私たちがもっとお互いを思いやり、この水色の小さな点、私たちが知る唯一の故郷を守り、慈しまなければならないことを強く訴えかけている。

太陽系探査機ボイジャー一号が六〇億キロの彼方から撮影した地球の写真について、カール・セーガンが語った言葉(『水色の小さな点』一九九四年)

植物たちの救世主　目次

用語集

亜種（subspecies）：生物分類の単位の一つ。**種**の下位区分。自然選択や地理的に隔離された集団で生じる。隔離と分化が続くと、亜種が種になる。

異形葉性《いけいようせい》（heterophyllous）：一つの植物が異なる種類の葉をもつこと。

一年生植物（annual）：種子から発芽し、種子を作って枯れるというライフサイクルを一年以内に終える植物。

遺伝子（gene）：親から子孫へと受け継がれる遺伝形質の単位。

おしべ（stamen）：植物の雄性の生殖器官で、多くの場合、**葯**《やく》（なかに花粉が入っている袋）と、それを支える花糸からなる。雄蕊《ゆうずい》とも言う。

科（family）：生物分類の単位の一つ。属の上位区分。

萼片《がくへん》（sepal）：花の最も外側にある葉状の組織。しばしば緑色をしている。萼片が集まったものが萼。

学名（Latin name）：生物に与えられるラテン語の名前。ふつうは「*Ramosmania rodriguesii*」のように**属**名と**種**小名の二つの部分からなる。**二名法**参照。

花糸（filament）：**おしべ**の一部で、**花粉**を作る**葯**を支えている。

花柱（style）：めしべの一部で、**柱頭**と子房の間。

花粉（pollen）：種子植物の雄性の生殖細胞（配偶体）。粉状の粒であることが多い。

花粉塊（pollinium）：ランなどの植物で見られる、**花粉**粒が粘着し合った塊。

花粉管（pollen tube）：花の**柱頭**に付着した**花粉**粒から伸びる管状の構造。**花柱**を貫き、精細胞が**胚珠**《はいしゅ》に到達できるようにする。

仮雄蕊《かゆうずい》（staminode）：花粉を作らない**おしべ**。未発達で、変形していることが多い。

寒天（agar）：海草に含まれる成分を凍結・乾燥させたもの。種子を発芽させたり組織片の**微細繁殖**を行う際には、培養液に寒天を加えて固めた寒天培地が用いられる。

季節学（phenology）：季節ごとの自然現象（最初にチョウが見られる日や花が咲く日の年ごとの変化など）を、気候などとの関係から研究する分野。

近絶滅種（critically endangered）：国際自然保護連合（ＩＵＣＮ）のレッドリストによる危急性の評価で、「野生絶滅の危険が非常に高いと考えられる」植物種や動物種をさす。

クローン（clones）：一つの親個体から**挿し木**などの無性生殖によって作られた遺伝的に同一の個体集団。

固有種（endemic species）：自然にはある特定の（ふつうは限局した）地域にしか生息せず、ほかには世界中どこを探しても見つからない種。

コルヒチン（colchicine）：イヌサフラン〔コルチクム・アウトゥムナレ（*Colchicum autumnale*）〕から抽出される化合物。病気の治療に用いられる天然の物質だが、科学者は、細胞の分裂を阻害して染色体を倍加させるのに使用する。コルヒチン処理によってできる細胞はもとの細胞と同じではない。繁殖できる植物が繁殖できなくなったり、繁殖できない植物が繁殖できるようになったりすることがある。

根茎（rhizome）：地下茎のうち、根のように地中を這《は》うもの。複数の成長期にわたって残ることが多い。

在来種（native species/indigenous species）：その地域に昔から生息していた生物種。

挿《さ》し木（cutting）：植物の葉、茎、根、芽を切り取って土に挿し、根を出させて独立の株を作ること。この株は親植物と遺伝的に同一の**クローン**である。草の場合は「挿し芽」とも言う。

挿し穂（cutting）：挿し木をするために親植物から切り取った葉、茎、根、芽。挿し穂を土に挿しておくと、根が出てきて独立の株になる。

雑種（hybrid）：遺伝的に異なる両親の間の有性生殖によって生まれた子孫。雑種は、より大きく、丈夫で、健康であることが多い。

三倍体植物（triploid plant）：植物が持つ**染色体**は通常二セットだが（二倍体）、これを三セット持つ植物のこと。三倍体植物の多くは不稔《ふねん》だが、しばしば非常に大きくなる。

シャーマン（shaman）：善霊や悪霊に働きかけて予言や治療を行う人。儀式の一環として幻覚作用のある植物を使用することが多い。

種（species）：生物分類の基本的な単位。種の上位区分には**属**がある。種の下位区分として**亜種**がある場合もある。

雌雄異株《しゆういしゅ》（dioecious species）：雄花だけが咲く雄株と雌花だけが咲く雌株がある植物。イチョウ、ネズ、キウイフルーツなど。

雌雄同花（bisexual flower）：一つの花にめしべとおしべの両方が備わっているもの。

受粉（pollination）：成熟して**葯**《やく》から出てきた**花粉**がめしべの**柱頭**に付着すること。人間や花粉媒介者が花粉を柱頭に付着させることは「授粉」という。

小穂《しょうすい》（spikelet）：イネ科植物の花房の構成単位。

植物標本集（herbarium）：分類学研究のために植物を（一般的には押し葉標本の形で）保存し、カタログ化して、系統的に並べたコレクション。

浸透（osmosis）：高濃度の溶液と低濃度の溶液を半透膜で隔てると、溶媒が高濃度側に移動する現象。高濃度側に高圧をかけることで、低濃度側に溶媒を移動させる技術を逆浸透という。

新熱帯区（Neotropic/Neotropical）：世界に六つある生物地理学上の区分の一つ。チリとアルゼンチンの南端を除く中南米と、北米の一部からなる。

心皮（carpel）：めしべを構成する特殊な葉で、**胚珠**を包んでいる。多くの植物では、複数の心皮が合わさって子房や**花柱**や**柱頭**を作っている。

心皮付属物（carpellary appendage）：**心皮**から出ている付属物。スイレンの**種**を同定する際には、心皮付属物の外見や色や形が用いられることが多い。

生息地（habitat）：**種**が生きる場所。その気候や、土壌のタイプや、地形や、ほかの生物を含む概念。

生態学（ecology）：生物と環境との関係を調べる生物学の一分野。

生理学（physiology）：生物体の正常な機能を研究する科学分野。

絶滅危惧種（endangered species）：野生および栽培下で絶滅のおそれが高い生物。

染色体（chromosome）：生きている細胞の核に見られる、**DNA**などからなる糸状の構造体。

草質の植物（herbaceous plant）：木質でない植物のこと。通常、冬には枯れてしまう。

属（genus）：生物分類の単位の一つ。**科**の下位区分、**種**の上位区分。属名と種小名で生物の種を表す方法を二名法という。

台木（rootstock/stock）：**接ぎ穂**の台にする茎や根。

タイプ標本（type specimen）：新しい**種**の記載や学名のよりどころとなる標本。

他家受粉（cross-pollination）：ある植物の**花粉**が別の植物の花の柱頭につくこと。

着生植物（epiphyte）：樹木やほかの植物に付着して育つ植物。相手から養分を摂取しないので、寄生植物ではない。

柱頭（stigma）：**花粉**が付着する部位。めしべの**花柱**の先端にある。

デオキシリボ核酸（deoxyribonucleic acid）：ＤＮＡ。ほとんどの生物の**遺伝子**を構成する物質。生物の身体的な特徴、発育、発達、機能を規定している。

接ぎ穂（scion）：接ぎ木や芽接ぎにおいて、別の植物（**台木**）に接ぐために切り取られた植物の茎や芽。

難貯蔵性種子（recalcitrant seed）：乾燥すると死んでしまうタイプの種子。

ニッキング（to nick seeds）：種子の外皮の一部をナイフで切り取って水を吸収できるようにし、発芽を促すこと。

二名法（binomial system）：生物の**種**の世界共通の命名法。スウェーデンの科学者カール・フォン・リンネ（一七〇七〜七八）が考案したもので、「*Ramosmania rodriguesii*」のように、すべての種に属名と種小名の二つの部分からなる学名を与える。

粘液腫症（myxomatosis）：粘液腫ウイルスによって起こる、ウサギの伝染病。通常は致死的。

胚《はい》（embryo）：顕花植物の種子のなかにある未発達の植物で、のちに茎や葉や根になる。

胚珠（ovule）：ヒトの卵子に相当する器官で、受精すると種子になる。

胚乳（endosperm）：種子のなかで、根や芽が形成されるまでに必要な養分を蓄える部分。

発芽（germination）：種子のなかから植物が現れる一連の複雑な現象。

発根ホルモン（rooting hormone）：挿し穂の切り口に塗布して発根を促す化学物質。液体、粉末、ゲル状のものがある。

パドロン（Padrón pepper）：パドロン（スペイン北西部、アストゥリアス州の隣に位置するガリシア州の町）原産の唐辛子。辛くないものがほとんどだが、ときどき恐ろしく辛いものがあるため、「ロシアン・ルーレット・ペッパー」とも呼ばれる。

微細繁殖（micropropagation）：植物の非常に小さな組織片や種子中の**胚**を使って繁殖させる手法。

病理学（pathology）：病気になった組織や、死にかけている組織や、死んだ組織の研究。

品種（form）：生物分類の単位の一つ。**亜種**や**変種**の下位区分。

分子（molecule）：物質が化学的性質を保てる最小の単位。通常は二個以上の原子からなる。植物学で「分子研究」と言えば、遺伝子や**DNA**の研究をさすことが多い。

分類学（taxonomy）：生物の分類に関する科学分野。**二名法**、**科**、**属**、**種**、**亜種**、**変種**、**品種**参照。

分類学者（taxonomist）：生物の分類方法について研究し、生物を正しく分類する研究者。

変種（variety）：**分類学**における区分の一つ。**種**や**亜種**の下位区分、**品種**の上位区分。

葯《やく》（anther）：**おしべ**の一部で、**花粉**が入っている。しばしば**花糸**の先端にある。

マスカリン諸島（Mascarenes）：インド洋の島群。モーリシャス島、ロドリゲス島、レユニオン島からなる。

三日月湖（oxbow lake）：川が大きく蛇行している部分に最短距離の新しい流路ができ、取り残された馬蹄型の部分が独立の湖になったもの。

ミストユニット（mist unit）：湿度を高く保って種子を発芽させたり**挿し穂**を発根させたりするための園芸装置。通常、プラスチック製の容器の内側にスプレーノズルがついていて、霧状にした水が吹き出すようになっている。

葉柄《ようへい》（petiole）：葉を支える柄の部分で、葉身を茎とつないでいる。

ローム（loam）：砂、シルト（砂と粘土の中間の大きさの砕屑物《さいせつぶつ》）、粘土を高い割合で含む、中ぐらいの細かさの土壌。通常、植物の栽培に適した土壌とされている。

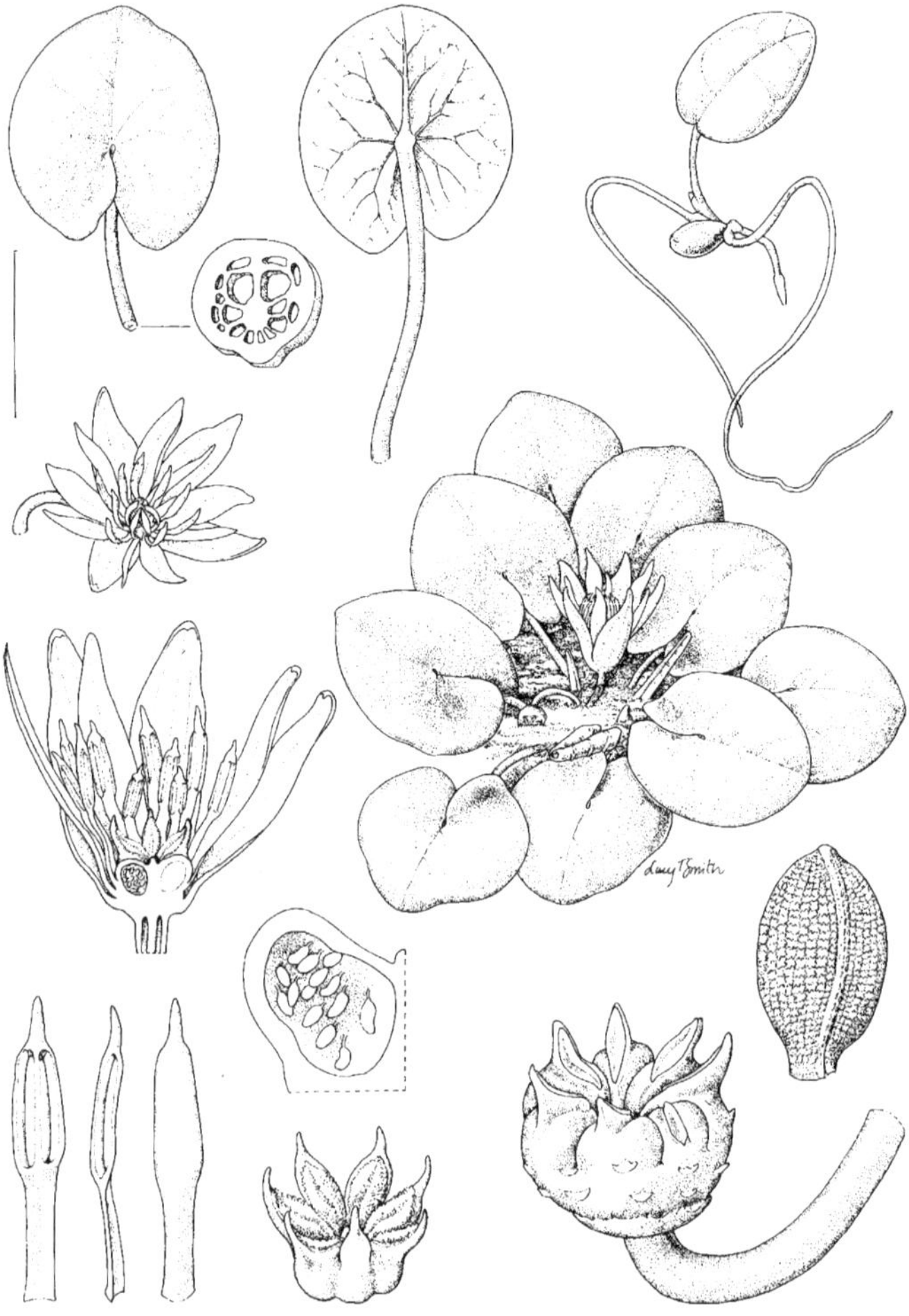

ニムファエア・テルマルム（*Nymphaea thermarum*）の植物画。左上から右下へ：上から見た浮葉、葉柄《ようへい》の断面、下から見た浮葉、実生《みしょう》（種子が付着している）、上から見た花、植物の全体図、花の断面、おしべ（正面、側面、背面）、心皮の胎座型、柱頭盤と心皮、成長しつつある果実と花柄《かへい》、拡大した種子。（ルーシー・スミスの厚意による。『カーティス・ボタニカル・マガジン』27号より）

プロローグ

私は温室内の作業台の前に立った。ロンドンのキューガーデンは、早朝は凍えるような寒さだった。目の前にはカフェ・マロンの木があった。暗緑色の葉を茂らせたアカネ科の低木で、ジャスミンに似た純白の花が休むことなく咲く。この木は、インド洋のロドリゲス島にあった一本のカフェ・マロンの木から挿《さ》し穂をとり、挿し木をして育てたものだ。

「一本」などと言う必要はない。カフェ・マロンの木は、地球上で一本しか残っていなかったからだ。ラモスマニア・ロドリゲシイ（*Ramosmania rodriguesii*）という学名を持つこの植物は、とっくの昔に絶滅したと思われていた。野生では半世紀以上も目撃されていなかったこの植物が思いがけず少年によって再発見されたのは一九八〇年のことだった。

挿し木に成功してもすべての問題が解決するわけではない。種子ができてはじめて、植物は長期的に野生で生き残れるようになるからだ。種子ができなければ死に絶えるしかない。専門家はなんとかしてカフェ・マロンに種子を作らせようとしてきたが、成功した人はいなかった。

そして私の番がきた。この暗号を解読することはできるだろうか？

私は一輪の花を選び、メスの刃を注意深く開封した。そして花に刃をあてて息を詰めた。

私は、一つの種の運命を変えるかもしれない作業を始めようとしていた。

序文

救世主宣言

まずは自己紹介から。私の名前はカルロス・マグダレナ。植物を熱愛している。

二〇一〇年、スペインの新聞『ラ・ヌエバ・エスパーニャ』の記者パブロ・トゥニョンが私の仕事について記事を書いたときに、「El Mesías de las Plantas《エル・メシアス・デ・ラス・プランタス》（植物の救世主）」というフレーズを使った。おそらく、聖書時代のスタイルよりは新しいが最先端のスタイルでもない私の顎髭や長髪と、絶滅の危機に瀕した植物を救うために奔走している姿から思いついたのだろう。

その後、デヴィッド・アッテンボローのドキュメンタリー番組『植物の王国』がキューガーデンで撮影され、私が彼のインタビューを受けたときに、トゥニョンの言葉が引用された。この番組が世界各国で放送されたことで、「植物の救世主」は私のキャッチフレーズのようなものになり、私は友人や同僚からさんざんからかわれることになった。家族には、私の母がモンティ・パイソンの映画『ライフ・オブ・ブライアン』の母親のように、「うちの子は救い主なんかじゃない。ただの馬鹿息子だよ！」とバルコニーでわめくのではないかと言われた。

とはいえ安心してほしい。私は自分を神の子とは思っていない。

私は最近、「救世主《メシア》」という言葉の意味を調べてみたが、「特定の国家、集団、大義を救う指導者」「大義やプロジェクトに身を捧げる指導者」「解放者」「使者」などの意味があるという。私がなりたいのは、そういう存在だ。

私の使命は、植物の大切さをみなさんに知ってもらうことだ。実を言うと、私はこのことばかり考えている。植物がどんなもので、どんなふうに役に立っていて、人間が生きてゆく上でどんなに重要なのかを語り、なぜ人間が植物を救わなければならないのかを説明したい。地球の未来――私たちと子どもたちの未来――の鍵を握っているのは植物だ。けれども多くの人間は、植物を軽んじ、ありがたみをわかっていない。私はこうした無知と無関心を歯がゆく思い、ときに怒りを感じている。

人間が認めようと認めまいと、植物は直接間接にあらゆるものの基礎になっている。私たちが呼吸する空気を作るのは植物だ。植物は私たちに衣服を与え、癒《いや》し、保護してくれる。悪天候や攻撃から身を守るための場所や、日々の食べ物や飲み物も与えてくれる。薬、建材、紙、タイヤや避妊具の原料になるゴム、ジーンズの綿やワンピースの麻を考えてみてほしい。パン、豆、お茶、オレンジジュース、ビール、ワインはどうだろう？　コカ・コーラは？　牛肉や牛乳は、もとをたどればウシが食べる牧草やサイレージ（サイロに貯蔵して発酵させた牧草）や干し草だ。卵はニワトリが食べる穀物から、羊毛はヒツジが食べる牧草からきている。

もうおわかりだろう。植物は私たちの最も偉大で最も謙虚なしもべだ。植物は日々、あらゆる点で、私たちに奉仕してくれる。植物がなければ私たちは生きてゆけない。単純なことだ。

こんなに寛容な植物に対して、私たちはひどい態度をとっている。彼らに感謝するどころか、その価値を不当に低く見ている。使用人というよりは奴隷のように扱っている。彼らの故郷を破壊し、家族を虐殺している。大量生産を強い、化学薬品を噴霧している。近年、畜産の工業化による環境破壊が問題になっているが、実際には農業全般が工業化されていて、同じくらい悪影響を及ぼすおそれがある（例えば、パーム油の需要の急激な拡大に伴い、原料となるアブラヤシを生産するために広大な熱帯雨林が破壊されていることは、大きな問題になっている）。

人間は熱帯雨林を切り開き、その土壌に合わない作物を育てている。森林にどんな宝物が眠っているのか考えることもなく、多くの動植物を近絶滅種レベルに追いやり、本当に絶滅させてしまった。探検家や入植者が島に持ち込んだヤギは、その土地に自生していたデリケートな植物を食べ尽くし、土壌を安定させていた「緑ののり」を剝《は》がしてしまったため、島全体で土壌侵食が問題になっている。人間が不用意に持ち込んだ侵略的な外来植物は、在来植物の息を詰まらせ、じわじわと死に至らしめた。私たちは今日も農地に家を建て、野生の花々が咲き乱れていた草地を無機質のアスファルトで延々と舗装し、白線を引いて道路にして、その結果を見て見ぬふりをしている。まるで、植物だけが見えなくなる奇病でも流行しているかのようだ。人間が植物を滅ぼせば動物も滅びる。多くの鳥が、哺乳類が、昆虫が、永遠に失われた。自分たちがなにをしているのか人間が考えることはめったになく、たまに考えても、その結果を十分には理解していない。

私たちが植物とじかに触れ合っていた時代は遠い過去になった。産業革命以来、先進国の住民の多くは植物にかかわる仕事をしておらず、植物に親しむこともまれになった。田舎から都市への移住で、私たちは植物との直接的なつながりを失った。

問題の大きな部分を占めているのは、植物が人間になにをされても口をきけないことだ。植物には、自分の言い分を申し立てることも、自分たちを滅ぼそうとする人間の愚行に警告を発することも、声を荒らげたり机を叩いたりして自分たちの重要性を説くこともできない。傷つけられて赤い血を流すことも、燃やされて断末魔の叫びをあげることもない。本を書いてメッセージを届けることもできない。だから、彼らのためにそれをする人間が必要なのだ。

植物の群落の分断や縮小により、植物が生き残るために必要な種子を作れなくなったり、かろうじて生きているようなありさまになったりしてしまったら、彼らのために声をあげる人間が必要だ。植物には、「絶滅なんてさせない」と言う人間が必要なのだ。植物科学を理解し、植物の重要性を情熱的に擁護し、なんとしても生き残らせようとする人間が。

キューガーデンを始めとする世界の大規模な植物園の多くは、何世代も前から、市民の教育と娯楽に役立つほかに、希少な植物を収集し、植物園で栽培したり野生のままで保全したりし、人々から忘れ去られないようにし、科学者が研究できるようにしてきた。植物園の専門家集団の学術と園芸術の才能は比類なく、そのコレクションは世界的に有名だ。彼らは献身的で情熱的だが、自分たちに代わって世界中にメッセージを発信してくれる人間を必要としている。

私は、その役割を担いたい。

私は世界中の人々に、植物が人間のためになにをしてくれているかを知ってほしい。植物の価値を認め、その役割に感謝してほしい。私たちや家族――子どもや祖父母や未来の世代――が生きてゆくためには植物が重要なことを理解してほしい。植物なしでは人間は生きてゆけず、大地や空に生きるもののほとんどが私たちと運命をともにすることを知ってほしい。植物を保全することの大切さを熱く語り、世界で一本しか残っていなくても絶対にあきらめないという決意に共鳴してほしい。植物のためになにかせずにいられなくなるほど、その大切さを十分に理解してもらいたい。

救世主は、福音を広める支持者なしには人々の姿勢を変えることはできない。植物を保全するためには情熱とモチベーションと行動が必要だ。私たちは今こそ変わらなければならない。

私は本書を変化のきっかけにしたい。人間は植物を必要とし、植物は人間を必要としている。このメッセージは私とあなたから広がり始める。

第1章 創世記

植物の救世主を突き動かしているものを理解するためには、私が祖先から受け継いだものを理解してもらう必要がある。

私は一九七二年にスペイン北部のアストゥリアス州のヒホンという小さな町で生まれた。土いじりへの情熱と花への愛は、花屋を営む母エディリアから受け継いだにちがいない。

私のきょうだいも自然界に興味を持っているが、それに関連した仕事をしているのは私だけだ。最年長の姉クラウディアはスペインの高級百貨店で働いている。長兄のファロはセールスマンだったが、悲しいことに五年前に死去した。二番目の兄ミゲルはトラックの運転手で、三番目の兄ハビは小さな音楽クラブを経営している。私は末っ子だ。大家族にはよくあることだが、わが家には、スポーツマン、芸術家肌、音楽家、ナチュラリストと、いろいろな才能の持ち主がそろっている。私は常に彼らから学んできたし、おじやおばやいとこからも学んだ。私という人間が、一族の関心事や、情熱の対象や、恐怖によって形作られたことは明らかだ。

一九三六年にスペイン内戦が勃発したとき、母は九歳で、家族はたいへんな苦労をしたという。アストゥリアスでは以前からしばしば暴動が起きていた。一九三四年には坑夫のストがあり、アナルコ・サンディカリスト〔訳注：労働組合などを基盤とする運動を通じて無政府社会の実現を図ろうとした人々〕たちはスペインからの独立を宣言した。ストは反乱へと発展したが、フランコ将軍がムーア人部隊を投入して鎮圧した。今日、この暴動はスペイン内戦の序曲とされることが多く、スペイン内戦はしばしば第二次世界大戦の火種となったと考えられている。だから、第二次世界大戦もアストゥリアスから始まったと言ってもよいかもしれない。

共和主義者とファシストが激しく対立した内戦が人々の人生に及ぼす影響はあまりにも大きかった。家族が互いに分かれて戦い、人々は、それと知らずに自分のおじや父親を撃ってしまうかもしれなかった。母は九歳から一三歳頃までをそんな苦悩のなかで暮らし、内戦後は配給制と右派カトリック独裁制に苦しめられた。再び戦争が勃発した。ヨーロッパのほかの国々での戦争だったが、スペイン国内も、少年や少女が成長するのに理想的な状況ではなかった。

内戦終結後、母と九人の兄弟は農業をしたが、食料は国に取り上げられ、自分たちが食べる分はほとんど残らなかった。祖父は少量のタバコを育て、軍隊に没収されないようにトウモロコシ畑のなかに隠していたが、必ず見つかってしまった。

家族にとって、じつに困難な時期だった。食料は乏しく、財産もほとんどなかった。だれもが自給自足をしなければならなかった。いまどきの自給自足とは全然違う、現実としての自給自足だ。そうしなければ生きてゆけなかった。

フランコとその支持者たちの自然観は、人々を強く魅了した。彼らは国土を均質化し、生産性を脅かすものはすべて排除しようとした。アストゥリアスをはじめとするスペイン北部にはブナやカシの古い森があり、ヨーロッパで最も生物多様性に富む場所になっている。森の木は、何百年も前から大量に伐採されていた。材木の多くはガレオン船という大型帆船の建造に用いられ、ヨーロッパ人がアメリカ大陸にはじめて到達したときの船も、フェリペ二世の「無敵艦隊」も、この森から切り出された木材から建造されていた。フランコは豊かな森林の伐採をさらに進め、もとから生えていた植物の代わりにユーカリとマツばかりを植えて問題を悪化させた。それは、民族浄化の自然版とも言えるものだった。

おかげで、スペインでは今日でも、夏になるたび火事が起こる。アストゥリアス州当局はその原因をバーベキューや車から投げ捨てられたタバコのせいにしているが、本当にそうだろうか？　多様性に富む動植物相を破壊し、代わりに燃えやすい植物を植えたフランコ一派に責任はないのだろうか？　現在、ユーカリを伐採してこの地にもとから生えていた植物を植えなおす運動が繰り広げられているが、これには莫大な費用と手間がかかる。ユーカリは再生能力が高く、切り株を完全に取り除く必要があるからだ。

母が住んでいたサンエステバン・デ・ドーリガなどの多くの村は、鉄器時代からある森林に囲まれていた。村人は森でミツバチを飼い、ベリーやキノコを採り、ウシやヤギを放牧していた。地元の森は村全体の有益な資源であり、毎年、豊かな恵みをもたらした。村人は焼き畑農業をすることなど考えず、必要な分だけ森から木を切り出してきて村で使った。

けれどもフランコはスペイン全土に人を住まわせ、あらゆるものをなにかに役立てようとした。利益を生まない動物は害獣で、駆除するべきものだった。人々は森に猟に出かけ、「非生産的」なクマやオオカミの死骸を車のトランクに積み込んで町まで見せにいき、政府が出す謝礼金を受け取った。記録によると、一九六九年にはスペイン全土で一五〇頭のクマが殺されたという。私が子どもだった一九八〇年代には、スペイン全土でクマは八〇頭しか残っていなかった。

これらの記録を見ると、考え込まずにはいられない。[1] 一九四四年から一九六一年までにスペインで殺された鳥類、哺乳類、爬虫類の総数は六五万五〇一〇匹にのぼり、そこには一二〇六羽のイヌワシ、一万一〇五羽のトビ、四万七七三九羽のワタリガラス、二二七八羽のベニハシガラス、一〇万三三二二羽のカササギ、一九六一頭のオオカミ、一万八九六匹のヘビが含まれていた。

特に影響が大きかったのは毒物を使った駆除だった。被害者はハゲワシだ。人間がほかの動物を駆除するためにストリキニーネ入りの肉を置くと、その毒餌や、毒餌を食べて死んだ動物の死骸をハゲワシが食べて中毒になってしまうのだ。人々は、ハゲワシが伝染病の蔓延を食い止めることを忘れていた（例えば、ウシが牛結核で死亡すると、ハゲワシがその死骸をきれいに平らげてくれるので、ほかのウシに病気が広がらずにすむ）。当時の人々は、神が大地を造られたときに、人間が狩猟を楽しめるように害獣も作られたと考えていたのかもしれない。

フランコの政策によりスペインの野生動物は激減したが、幸い、大量絶滅にはつながらなかった。

人間は、昔の過ちからまだ学んでいない。今日でも、農家は当局にオオカミの駆除を続けるように要求している。しかし、下手なやり方でオオカミを殺してしまったら、損害を受けるのは農家なのだ。オオカミが群れを作れなくなると、一頭ででも捕まえやすい家畜を襲うことが増え、農家の被害はかえって増える。さらに、オオカミによる被害と言われているものの大半は、実際には野犬によるものであり、野犬はオオカミが好む獲物の一つなのだ。皮肉なことだ。

幼い頃にこうした話を聞いていたことで、私は生態系の重要性に気づき、動植物を保全することがどれほど大切なのかを知った。やがて政治にも興味を持つようになり、やみくもな自然破壊が人間の愚行のほんの一部にすぎないことを悟った。

アストゥリアスの南にはカンタブリア山脈、北には海が広がり、博物学に興味がある人にとっては地球上で最も恵まれた場所の一つだ。西の端の幅は五〇キロ、東の端の幅は二〇キロで、険しい山地が広がっている。川は山から海にまっしぐらに流れ下る。海から三〇キロしか離れていない場所で、海抜二五〇〇メートルの高さから起伏に富んだ山の風景を楽しむことができる。山頂と山頂の間には滝や氷河湖がある。アストゥリアスのように最初の溶岩が凝固した日からの地史をじかに観察できる場所は、地球上にほとんどない。恐竜の足跡が残っている場所も、サンゴの化石の丘や、石炭紀のシダの化石が見られる場所もある。

アストゥリアスは野生生物にとって信じられないほどよい場所で、子ども時代に自然について学ぶには理想的な場所だ。風景、自然保護区、天然記念物など約七〇カ所の保護区域があるほか、スペイン初の国立公園ピコス・デ・エウロパもある。ピコス・デ・エウロパの切り立った石灰岩の山々は、この地域の特徴をよく表している。地形は複雑で、大小の険しい峡谷は、南北方向に走っているかと思うと突然東西に向きを変える。谷は指紋のように入り組んだ形をしているため、直線距離では四キロしか離れていない谷にいくのに、道路を一〇キロも走らなければならないこともある。その上、アストゥリアスにはヨーロッパ最大の広さを誇る落葉樹の原生林がある。そこには、西ヨーロッパで最後のヒグマの群れと最大のオオカミの群れが棲み、もちろん、カワウソ、イノシシ、シャモア〔訳注：ヨーロッパの高山に生息するヤギに似た動物〕の分布密度も最も高い。

私が子ども時代を過ごした場所の近くには、ナロン川とその主な支流のナルセア川がある。山から原始林をとおって流れてくるナロン川は、サケや水生の野生生物が豊富だ（私はときどき自分のことを、スペイン北部の川で生まれてイギリスまで回遊するサケのようだと思うことがある）。私はナロン川を「アストゥリアスのアマゾン川」と呼んでいる。アマゾン川にはネグロ川という支流がある。ネグロ川とは「黒い川」という意味だが、ナロン川にも黒い川があった。私が子どもの頃、ナロン川の中流から下流域には炭鉱があり、川の水で炭を洗っていたため、水が汚染されてダークチョコレートのような色をしていたのだ。その後、水質改善プログラムが功を奏して、今ではだいぶましになった。

母が育ったサンエステバン・デ・ドーリガはナルセア川の近くにあり、当時は住民が三〇人ほどしかいなかった。村のまわりには森林と低木の生垣《いけがき》とリンゴ園があった。スペインの村というと太陽に白く灼かれたイメージがあるかもしれないが、アストゥリアスの年間降雨量はロンドンの二倍近い。

アストゥリアスの人々は、村のために力を合わせて働く。道路を造らなければならないときや、森林火災を食い止めるために木を伐採する必要があるときには、全員が無償で協力した。イギリスにも、かつてはこんな暮らしがあったはずだ。アストゥリアスの伝統や風景と、人の手がほとんど入っていない場所の数々は、野生生物の生息地やその保存に対する私の考え方に大きな影響を及ぼすことになった。

私が住んでいた場所から三〇キロほどのところにはアビレスという工業都市があった。アビレスは当時から汚染が深刻で、つい最近もスペインで最も汚染された都市と呼ばれている。私が若かった頃など、アビレスの悪臭は八キロも離れているところから感じられたし、用事があってアビレスにいくと涙や空咳が止まらなくなった。一九八〇年の『エル・パイス』紙の記事によると、地元の病院の救急部門で治療を受けた患者の一〇人中六人が慢性気管支炎などの呼吸器疾患であったという。

三〇キロも離れていない二つの町がここまで違った状況にあることは、本当に不思議に思われた。一方には豊かな生物多様性と野生生物と険しい山々があり、他方には汚染により周囲の生命を窒息させる、悪夢のような工業都市があった。そこには地球上のよいものと悪いもののすべてがあった。その両方を間近で見ていた私は、自分がどちらを選びたいかをよく知っていた。

五歳になる頃には、私は学校で植物の世話をし、友人の間では博物学の権威になっていた。答えがわからなければ、家に帰って母に教えてもらうか本で調べるかして答えを見つけた。もう少し大きくなると、私は『自然科学』という百科事典全六巻を最初から最後まで一二回読んだ。百科事典は高価だったので、父からは必ずテーブルに置いて読むようにと言われていたが、私は本をトイレに持っていって鍵をかけ、何時間も便器に座って読んだ。この本はまだ家にある。

やがて、私の情熱と興味はもっぱら博物学に注がれるようになる。私は、水槽のなかにいるすべての魚、町を飛び交うすべての鳥、野原や道端のすべての植物の名前を知っていた。当時の子どもは、現代の子どものようにテレビやソーシャルメディアに夢中になることはなかった。楽しいことがしたければ、イヌと遊んだり、オウムやめずらしい鳥の世話をしたり、田舎に散歩にいったりした。私はペットの世話の仕方を学び、原産地を調べ、野生での暮らしを学んだ。わが家にはマノリートという名前のイギリス産のカナリアがいた。マノリートの鳴き声はとんでもなく大きく、昼食時には鳥かごに布を被せておかないと自分の話し声も聞こえないほどだった。カオグロウロコハタオリ、イッコウチョウ、ショウジョウコウカンチョウ（これが私のお気に入りだった）などのめずらしい鳥も飼っていた。田舎の地所や農場のことをスペイン語でフィンカと言い、通常、小さなコテージが建ててあるが、父はわが家のフィンカに大きな鳥小屋を作った。鳥小屋ができると、私が飼う鳥や小動物はどんどん増えていき、とうとう両親から、羽根や毛皮のある家族をこれ以上迎えてはいけないと言い渡されてしまった。

私のヒーローはフェリクス・ロドリゲス・デ・ラ・フエンテだ。彼は医師で、狩りや田舎の遊びを愛していた。獲物を捕まえるにはその習性を理解している必要があり、彼は自然というものをよく知っていた。一九五〇年代末から一九六〇年代初頭にかけて、彼は数人のイギリス人とともに、中世の書籍を参考にしてスペインの鷹狩りを復活させた。一九七五年には、『人間と大地』という博物学番組の司会者になった。番組では、自分でオオタカの雛を育てながら、巣作りしている野生のオオタカのペアを見つけて、訓練した鳥と野生の鳥の映像を組み合わせて、鳥たちがどのように暮らし、獲物を捕まえているかを比較できるようにした。また、数頭の赤ちゃんオオカミを育てて、猟犬として訓練した。オオカミの群れがシカを追跡するシーンを撮影しようと思ったら、このオオカミたちを放せば、どこにいくか正確に予想することができる。ときに追跡は数キロにわたることもあり、追跡ルート沿いにカメラを設置しておけば、彼らが走る姿を撮影できた。デヴィッド・アッテンボローと同様、彼のナレーションもすばらしかった。緊張感があり、ドラマチックで、ときに詩的でさえあった。映像に添えられた現代的でサイケデリックな音楽も、私の番組への愛情を強めるばかりだった。

母によると、私は二歳の頃から、番組の音楽が始まると、ベッドで眠っていてもすぐに自室からはいはいしてきてテレビの前の床に座り、番組にくぎづけになっていたという。私はいつだって彼のファンだった。大きくなったらなにになりたいかと聞かれると、私の友人やきょうだいたちは、サッカー選手、闘牛士、消防士、ときには将軍になりたいと答えていた。私は、フェリクス・ロドリゲス・デ・ラ・フエンテの職業をなんと呼ぶのか知らなかったが、彼のようになりたかった（今もそう思っている）。

彼が作った映像のいくつかは、最高にすばらしかった。アッテンボローとBBCでも、当時、あれだけの番組を作れたとは思えない。彼は、詩的な描写とシュールレアリズムを科学的な情報にうまく調和させることができた。動物の心理をよくわかっていたので、動物の行動を予想することができた。彼は空を飛ぶワシがどこで地上の獲物を見つけて、どのように襲いかかるかがよくわかっていたので、ワシの通り道に腐肉を置き、重要なところにカメラの焦点を合わせておき、決定的瞬間を詳細に撮影することができた。

一九八〇年三月一五日の朝、八歳の誕生日を迎える少し前、私はヒーローの死を知った。アラスカでイヌぞりレースの撮影をしていたときに飛行機が墜落したのだ。私はわっと泣きだした。野生生物のすばらしさを彼ほど情熱的に語る人がいただろうか？

父が山の上のフィンカを購入したのは、私が五歳くらいのときだった。ヒホンの町はずれからさらに一五キロほど離れていて、街中の自宅アパートからいくには二五分ほどかかる場所だ。そこは森の真ん中で、ほとんどが泥炭地であったため、おもしろい植物がたくさん生えていた。七歳のとき、私はドロセラ・ロトゥンディフォリア（*Drosera rotundifolia*）を見つけた。食虫植物のモウセンゴケだ。モウセンゴケの葉の表面と縁には先端に分泌腺のある赤い毛が生えていて、ダイヤモンドのようにきらめく粘液が昆虫たちを死の罠《わな》へと誘い込む。残念ながら、父はほかの人たちと同じように泥炭地を排水してしまった。フランコが望んだように、排水すれば土地は「生産的」になるからだ。

父がしたことの重大性と、人間のニーズと自然との対立に私が気がついたのは、何年もあとになって生態系の重要性を十分に理解したときだった。私は、泥炭地を利用可能な土地に変えるには、溝を掘って排水するのがいちばんよい方法だということを知った。土地の生産性を高めるため、私たちはトラック数台分の牛糞肥料を運んできて泥炭と混ぜ、広さサッカー場二、三面分、深さ数メートルの大量の多目的コンポスト（堆肥）を作った。一部の土地には手を入れずにおき、もとから生えていた植物を残した。

フィンカの別のエリアには粘土と礫岩《れきがん》の丘があったが、父は重機を借りてきて平らにならした。その後、ここにも二〇センチほどの厚さのコンポストを入れて、花々が咲く牧草地にした。

両親はフィンカで家族が食べるための作物を育て始め、母はガーデニングも始めた。「オーガニック食品」という概念などない時代だったが、母は大量生産された食品を疑いの目で見ていた。スーパーで買ってくる卵の味が薄くなってきたことに気づいた母は、毒が入っているのではないかと疑い、めんどりを数羽買ってきて、フィンカで採れる葉や野菜クズを餌にして卵を産ませた（私たちはすべてをリサイクルしていた）。ニワトリ用のトウモロコシは多くのネズミを引き寄せたので、母はネズミを殺し、これもニワトリに食べさせていた。そんな様子を見ていた私は、ニワトリと恐竜には多くの共通点があると考えるようになった。

フィンカにはテレビも本もなかったので、土いじりが私たちの最大の関心事になり、娯楽になり、友になった。私たちは週に一度、作業をしにフィンカを訪れ、最終的には、モモ、リンゴ、キウイなど二〇〇本もの果樹を植えた。

私がはじめて果樹の接ぎ木や芽接ぎをしたのはここだった。一〇歳くらいの頃、私はキウイフルーツの種子から木を育てていたが、花が咲かないことを不思議に思っていた。そこで、近所で開かれる農産物フェアに出店していた地元の種苗場《しゅびょうじょう》の主人に、このことを相談してみた。

彼の反応は手厳しかった。「ばかな子だね。タネから育てているなら花が咲くまでに何年もかかるし、花が咲かないと雄株か雌株かもわからないよ〔訳注：キウイフルーツは雌雄異株〕。実がなっても、あまりおいしくないかもしれない」。

　彼は私に接ぎ木の仕方を実演してくれた。接ぎ木は手品のような園芸術だ。よい果実をつけるが、根が弱くなってしまった植物があるとしよう。人間が別の植物から根元の部分をとってきて台木とし、よい果実をつける変種の若枝（接ぎ穂）を接ぐと、若枝は借りてきた強い根から栄養をもらい、よい果実をつける植物が育つ。接いだ部分がうまくつくようにするためには、よく切れる道具と、なめらかな切り口と、熟練の技が必要だ。台木と接ぎ穂の切り口を密着させたら、切り口が乾かないように紐で固定し、活着するのを待つ。練習すれば、一連の作業はものの数分で終わる。若枝がしおれてしまったら失敗だが、うまくいけば新しい木になる。

　私は早速、四本か五本接ぎ木をしてみた。一、二本は失敗したが、それ以外はうまくいった。接ぎ木は植物界の臓器移植のようなもので、成功すればフランケンシュタイン植物を作ることができる。接ぎ木には決められた手順があり、鋭いナイフを器用に扱い、正しい順序で切れ目を入れていかなければならない。なによりも大切なのはスピードと精度だ。子どもの小さな手は、そうした作業に最適だった。

　種苗場の主人は、客が自分で接ぎ木できるように接ぎ穂なしの台木も売っていたが、客に勧める際には、「一〇歳のカルロスができるんですから、あなたにもできますよ」と言っていた。

　母は庭仕事に夢中で、めずらしい木や、美しい木や、おいしい実のなる木を買ってきては植えていた。一日中ジャガイモ掘りをしていたこともある。苗を植えるときには、手を止めることなく、見たこともないような量を植えていった。溝を作り、苗を植え、また溝を作り、苗を植えた。私が六、七歳になる頃には、母の手伝いをよくしていた。

　フィンカに行く途中で市場に寄り、植えつけ用の小タマネギやパドロン（スペイン北部のパドロン地方原産の唐辛子）を買うこともあった。母は雨の日にも植えつけをした。私たちは熱心に作業をしたが、疲れは感じなかった。私は庭仕事も食事も楽しみ、働かされているとは感じていなかった。回転耕運機も、チェーンソーも（私は一〇歳から一二歳まで、これを喜んで使っていた）、小型のトラクターとトレーラーもあった。

私は幼い頃からスイレンや魚に夢中だったので、フィンカを購入した当初、母は私が池で溺《おぼ》れたり、迷子になったりするのではないかと心配していた。実際、母が昼寝から目覚めると、そこにいるはずの私がいないことがよくあった。私はしばしばフィンカのまわりの森を散策しているうちに、鳥の声や、少し離れたところにあるシダの茂みや、純粋な好奇心に誘われて、どんどん遠くにいってしまった。ただ、迷子になるというよりは、時間を忘れてしまうことの方が多かった。

自宅アパートに野生動物を連れてきて騒ぎを起こすことも多かった。大怪我《けが》をして気が立っているカツオドリを浜辺で見つけてきたこともある。ばら荷運搬船が事故を起こして湾を汚染したときには、ツノメドリを一、二羽飼った。野生動物のための病院などなかったので、子どもなりにできることをしようとしたのだと思う。母が手伝ってくれたので、私はかなりの数の鳥や動物を救うことができ、死ななかったものは野生に返した。けれども結局は、私がアパートに連れてくる居候の数が増えすぎて、すべてを手放さざるをえなくなった。地元の鳥で十分に回復したものは窓を開けて解放し、そうでないものはフィンカの鳥小屋か遠方の動物園に移した。

ある日、私は浜辺で体重が五〇〇キロ近くあるオサガメに出くわした。家族にとって幸いだったことに、カメはすでに息絶えていた。死体は生物学者に引き取られたが、ベネズエラでタグをつけられていたことがわかり、私を驚愕させた。私は、オサガメ科のカメが一億年以上も前に現れたこと、数回の大量絶滅を乗り越えてきたこと、クラゲを主食にしていること、肺呼吸する海洋生物のなかでは最も深くまで潜水できること（最深で一〇〇〇メートル）、体を動かし続けることで冷たい水中で体温を維持していることなどを知った。こんなふうにして生きてきたオサガメが、スペインの寒い浜辺で死を迎えたのだ。

私の幼年期を通じて、母は植物を見つけると、種名、原産地、利用法、これまでどこで見たことがあるかなど、あらゆることを教えてくれた。私は徐々に植物の名前を覚えていったが、母は方言を使っていたため、百科事典でその名前を見つけられないこともあった（フランコはスペインにスペイン語以外の言語があることを決して認めず、その使用を禁じさえした）。車で走っているときにも、母は私に植物を見せるために父に車を止めさせ、種子や挿し穂をとることがあった。

アストゥリアスの外で開かれる結婚式に招かれたときなどには、フィンカに植えつけるための新しい種子や植物を大量に入手して持ち帰ってきた。父は園芸用品やオランダから輸入した室内用の鉢植え植物を販売する会社のセールスマンになったので、いつでも予備のサンプルがあった。そのためフィンカは私設植物園の趣《おもむき》を呈してきたが、動物もいたので、動植物園と呼んだ方がよかったかもしれない。

母は常に植物を探していたが、バードウォッチングもしていた。私も一四歳でバードウォッチングを始めたが、当時は、このことを表現するスペイン語の単語はなかった。バードウォッチングという趣味が知られていなかったからだ。鳥は撃って楽しむものであり、観察するものではなかった。私は、朝の八時に駅で家族の友人と偶然出会ったことがある。彼は一四歳の子どもがそんな時間にどこにいくのか知りたがったので、私は鳥を見にいくのだと答えた。

「それでどうするんだ？　撃つのかい？」

「違います。観察するんです」

「へえ、おかしなことをするもんだな。そんなことをして、なんの役に立つんだ？」

私は彼に、鳥の美しさや、越冬のためにさまざまな国から飛来していること、いろいろな種類の鳥が見られると思うが、いってみないとわからないことなどを説明した。彼はなにも言わなかったが、その表情がすべての思いを伝えていた。

村で繁殖期を過ごす鳥は多く、母は鳥の巣を見つけては、私に見せてくれた。私が四、五歳のときには母と一緒に小さな松の木に登り（幹から交互に出ている枝が、ちょうどよい踏み段になった）、てっぺんにあるゴシキヒワの巣を見た。母は多くの種類の鳥を見分けることができ、村に飛来する時期を知っていた。カッコウの初鳴きを聞いたときには、この鳥がほかの種類の鳥の巣で孵化したことや、鳴き声や飛び方から見分ける方法などを教えてくれた。キガシラコウライウグイスが川の近くのハンノキやポプラの木に巣を作ることも教わった。この鳥は、木がちょうどよい具合に枝分かれしている部分を慎重に選び、そこに藁《わら》とポプラの綿毛を編み込んで籠《かご》状の巣を作る。母は、子育てが終わったキガシラコウライウグイスの巣を切り取って、家に持ってきてくれたこともあった。

私の名づけ親のパコは、春に畑の草刈りをするたびに、種が絶滅に近づく様子を間近で見ていた。例えばウズラだ。ウズラは草むらのなかに巣を作り、危険が迫ったときには、周囲の草によく似た体色をいかし、じっとしていることで身を隠そうとする。そのため、畑で草刈り鎌をふるっているパコがウズラの存在に気づくときにはもう遅く、多くの鳥を殺してしまった。パコは野生生物の暦に関することとわざをいろいろ知っていて、三月二一日にはツバメとカッコウとウズラが海をわたることなどを教えてくれた。

私が一〇歳くらいの頃、両親とスペイン中部を旅してきたあと、旅行先には多くのコウノトリが見られたのにアストゥリアスでは一羽も見たことがないのはなぜなのかとパコに尋ねた。すると彼は、「そうかい？

でも、こっちにもいるぞ」と言った。「南にわたる途中で、ラ・エスピナという村の丘の上の酒場に巣を作るコウノトリがいる」。私が一四歳になったとき、鳥類学者たちの話を聞きにいき、アストゥリアスでは一九六〇年代にはコウノトリが見られなくなっていたという話が出たので、生意気にもパコから聞いた話を彼らに教えたことがあった。その後、学者たちが村の酒場にいってオーナーに確認すると、コウノトリは一九七〇年代までいたという証言が得られ、巣の写真も見つかった。アストゥリアスで繁殖していたコウノトリの最後の記録の一つだ。あとになって知ったことだが、コウノトリは滑空をし、長距離を旅するために上昇気流を必要とする。だから、大陸性気候の地域から離れることはめったになく、アストゥリアスやスペインの大西洋岸にはこないのだ。

私は学校が苦手だった。低学年の頃は特にそうだった。学校は古風で厳格だった。教育システムは記憶力を重視していて、理解力が評価されることはなく、理解を促されることもなかった。理解などしたら、教師を疑ったり反抗したりするかもしれない。教師たちが自由な発想や創造性の価値を理解していなかったのは確実だ。小学校の校長は、中世カスティリャの英雄エル・シッドを主人公とする叙事詩『わがシッドの歌』にとりつかれていて、その一節をよく暗唱していた。五歳児であっても、詩句を知らなかったら罰を受けなければならなかった。

一三歳から一七歳まではカトリックの学校に通った。この学校は、教会は迫害された人々の力になるべきだとする「解放の神学」運動に関わるバスク左翼の修道女が運営していて、以前通っていた学校とは全然違っていた。ある日の歴史の授業中、のちにスペイン共産党の下院議員になった先生が、第二次世界大戦について話をしていた。私が夢想にふけっていることに気づいた先生は、クラスの全員に聞こえるようにこう言った。「カルロス、君はなにを見ているんだ？　君はクラスで唯一、アウシュビッツの生き残りと同じ性格特性を持っているね」。

不意を突かれた私は「えっ？」としか言えなくなった。

すると先生は、再び全員に語りかけた。「カルロスがアウシュビッツの生き残りに似ているのはどんな点だろう？　強靭な肉体か？　違う。何カ月もろくに食べていないのだから、みんな弱っていた。強い信念があったからか？　違う。そんなものは打ち砕かれてしまった。彼らが生き残ることができたのは、なにが起きても、それがどんなに恐ろしいことであっても、三時間もすれば飽きてスイッチを切ってしまえたからだ。彼らの心は今いる場所から逃れることができた。想像力によって過酷な現実から完全に離れて、心を休ませる。こうやって癒《いや》され、回復することができたから、発狂せずにすんだのだ」。

私が置かれていた環境は恐ろしくはなかったが、たしかに退屈だった。私の心は、母の村へ、山の中や自宅の水槽へ、愛する人や場所やもののところへと帰っていった。恐竜や、雲のでき方や、鳥や、鉱物や、魚について、何週間も調べていることもあった。なかでも興味があったのは植物だった。一時的にほかのものに興味を持っても、必ず植物に帰っていった。

先生は私にロールシャッハ検査をした。インクをたらした紙を折って左右対称のしみを作り、なにに見えるか尋ねて人格を診断する検査だ。一つのものしか見えない人もいれば、女性の顔、雲、オーストラリアの海岸線など、二つも三つも見える人もいる。

私には六〇以上のものが見えた。

どうやら私は想像力に富んでいるらしい。先生は病的ではないかと思ったかもしれないが、私にとっては好都合だった。問題に直面したとき、私はさまざまな角度から検討することができ、たいていの人より多くの選択肢を持っていたからだ。

一八歳になる頃には、私はスペインの教育システムがほとほと嫌になっていた。この国には四〇〇万人以上の失業者がいるのだ。これ以上勉強したところで、なんの役に立つだろう？　医師や弁護士になるために勉強するなら、すばらしい人生が開けるだろう。けれども私がなりたかったのは自然科学者だった。そんな勉強をしても食べていけない。私は自然を愛していたが、好きなことを仕事にすることはできないとみんなに言われた。

一四歳でバードウォッチングを始めた私には生物学者の知り合いが数人いたが、生物学の学位を得るのは非常に難しく、学者の職を得るのも容易ではないことがわかった。絶望の瞬間だった。進学しないならなにかしなければと、私は友人と酒場を経営することにした。父は大賛成というわけではなかったが、私が失敗したとしても、そこから学んで再起をはかる若さがあることをわかってくれていた。私たちの酒場「エル・カフェ・デ・ラス・レトラス（文芸カフェ）」は、日中はコーヒーを出し、夜はアルコールを出す店だった。カフェはインテリや哲学者のたまり場になり、彼らはテーブルでタバコを吸い、政治や芸術について語りあった。夜にジャズバンドがライブをする日もあり、店の評判は上々だった。金曜と土曜の夜には、店内だけで七〇人の客がいて、入りきれなかった客が歩道にあふれ出していた。

数年後、私たちは店を売却し、借金を完済して、飲食店経営から足を洗った。二五歳だった。一年後、父の心臓病が明らかになり、先は長くないだろうと言われた。そのときはじめて、私は自然保護の仕事につくために真剣に努力するようになった。最初のうちは短期の仕事ばかりだった。

一つは、海岸でミヤコドリを観察し、海岸を訪れる人々が鳥に近づきすぎないように注意する仕事だった。当時、アストゥリアスのミヤコドリのつがいは八組ほどしかおらず（今は一二組まで増えている）、岩でできた小島で繁殖していた。この小島はだれでも入れる海岸から近く、干潮時には歩いてわたることができた。私は、海岸を訪れる人々だけでなく、鳥たちの様子もつぶさに観察し、最初の卵がいつ生まれたか、カモメに攻撃されたかどうか、いつ餌を探しに飛んでいったかなどを記録した。ミヤコドリのことをよく知るためには、すべての瞬間を記録しなければならない。この仕事は、注意深くものを見て、あらゆる詳細を記録することを教えてくれた。私は日の出前の午前五時には海岸で望遠鏡を構えていて、菩提樹の下で悟りの瞬間を待つブッダのように、日の入りまで座り続けた。ミヤコドリの繁殖期の間、私は週に五日、潮が引き、満ち、また引くのを見ていた。

次にしたのは「アジェンダ21」関係の仕事だった。アジェンダ21とは、都市の野生生物の増加や、景観や環境衛生の改善、騒音公害の軽減、湿地の回復などのプロジェクトの推進を目標とする国際的な行動計画だ。私は、こうした目標の実現に向けたアイデアを出すために、諮問委員会に雇われた。数年の間に、私の提案の一部は採用された。ヒホンの東部に公共の散歩道も作られたが、予算は少なく、私は生活に困窮するようになった。

庭師もしたが、これも報酬が少なく、多くの人は庭木の手入れしか求めていなかった。私は造園もしていたが、カフェや酒場の仕事も続けていた。スペイン中から人々がやってくる海のそばの流行りのパブ「バルソビア」でも働いた（バルソビアとは、スペイン語でワルシャワのことだ）。私は午前一時から一〇時までのシフトに入り、暖かい日には仕事が終わってからビーチにいって泳いだ。まったく自由な生活だった。女優のアンパロ・ラランニャガ、作家のアルトゥーロ・ペレス＝レベルテ、歌手のハビエル・グルチャガなどの魅力的な人々にも出会えた。一つのハイライトは、マノ・ネグラというバンドを率いるフランスとスペインのハーフの歌手マヌ・チャオとの出会いだった。ボヘミアンの生活は、うつの人、ハイになっている人、怒っている人など、あらゆる人々と付き合う自信を与えてくれた。けれども、酒場での仕事は私を本当の意味では幸せにしてくれなかった。私が幸せになれるのは、野生生物、特に植物と接しているときだけだった。

私が二八歳のとき、父が亡くなり、恋人と別れ、最後の仕事の契約が終わった。私をスペインにつなぎ止めていたすべての関係が切れた。スペインから出るには理想的な時期だった。それまで国外に出た家族は一人もいなかったので母はひどく悲しんだが、私をアストゥリアスに引き止めるものがもうなにもないことはわかってくれていた。

私はとりあえずイギリスにいくことにし、貯金をして、ロンドンの南のガトウィック空港に降り立った。学校で学んだ英語を話し、職を得るのだ。イギリスに職がなかったら別の国にいけばよい。この先、なにが起こるかはわからなかったが、故郷には戻りたくなかった。失敗という選択肢はなかった。

イギリスでの最初の仕事は、ロンドン南部のサリー州にある今のド・ヴィア・セルズドン・エステート・ホテルのアシスタント・ウェイターだった。園芸への愛情とケータリングの技術のおかげで、私は一年もしないうちにソムリエ長になっていた。「このワインは何々種のブドウから作られます。このブドウは白亜質の斜面のpH七・五の土壌で育ちます」という具合に、知識をひけらかすことを楽しんだ。私は父からワインについてたくさんのことを学んでいた（祖父は、アストゥリアスの伝統的な飲料であるシードルの醸造家だった）。リストに一〇〇種類のワインがあれば、一〇〇種類すべてに関する説明を覚えることができた。「ほとんどすべて」と言った方が正確かもしれないが、強いスペイン語訛《なま》りの英語を話す私が、イタリア人のレディーのワインセラーで何々というタイプのオーク樽で熟成させたブドウの品種を学名を交えて説明すれば、ブドウ畑を一度も見たことがないような色白の若者が説明するより、はるかにもっともらしく聞こえたと思う。私は演出がうまかった。バーテンダー時代に培った、片腕に皿を五枚持つなどの技術は、人々に強い印象を与えた。テーブルの間を滑るように歩く私は、不世出のバレエダンサーにちなんで「ヌレエフ」と呼ばれた。

私はそんなふうにして不安を紛らわせ、創造性を発揮する機会を作っていた。なにをするにも常に頭を働かせ、問題点を見つけて解決し、効率をあげていった。いつだって、よりよく、簡単で、速い方法があった。

ホテルには由緒ある庭園とゴルフコースがあり、私はすぐに、特別なテーマのある夜やクリスマスの装飾のためのフラワーアレンジメントを作るようになった。ある年、胃の調子を悪くしてケータリングの仕事を禁じられ、庭園で働くように言われた。庭園での仕事は、「spade（鋤《すき》）」、「shovel（シャベル）」、「pruning knife（剪定《せんてい》ナイフ）」、「mower（草刈り機）」などの道具を表す英単語を覚えることから始めなければならず、続いて、「terrace（テラス）」、「avenue（並木道）」、「arbour（東屋《あずまや》）」などの場所の呼び方を覚えていった。

オフの日にはロンドンに出て、自然史博物館や動物園などの観光名所を見学した。二〇〇二年一一月、私は地下鉄に乗ってキューにある王立植物園を訪れた。園内に入った途端、自分の家に帰ってきたような気がして、いいところだと思ったのを覚えている。この訪問が私の人生を変えることになった。

園内のパーム・ハウスの巨大な鉄製のドアをとおってなかに入ると、植物が生い茂っているのが目に入ったが、高温と湿度のせいでたちまち眼鏡が曇ってきて、なにも見えなくなった。ドアが閉まる大きな音が背後でこだまし、植物の大聖堂に足を踏み入れたように感じた。次の瞬間、有機物の強烈な匂いに包まれた。ジャングルの匂いだ。私は一度もジャングルを訪れたことがなかったが、匂いの正体を本能的に知っていた。

そのとき私は、人間が作ったものではあるが、地球上で最も生物多様性に富む場所の一つにいた。すべての植物には学名と原産地のラベルがついていた。美術館とは違い、そこに展示されているものは生きていて、健康だった。さらに、植物が置かれている空間の美しさと、博物学的な展示の充実ぶりが、キューガーデンを特別なものにしていた。

一方で、自分なら違うやり方をするのにと思うところもあった。日にあたっていなければならない熱帯植物のいくつかが日陰に置かれていて、ここは改善の必要があった。批判するつもりはなく、純粋に手を貸したいと思ったのだ。私はここを自分の居場所にしようと決めた。それは、恋に落ちたときに似ていた。私たちは恋した相手の美しさや趣味のよさや人柄の魅力を語るが、結局のところ、愛しているからそう感じるのだ。私は、キューガーデンの仕事や講座があるかもしれないと考え、履歴書を送ってみることにした。ここに入り込む方法が、なにかあるはずだった。

地下鉄に乗って帰宅する途中、私は捨てられていた新聞を拾った。そのなかに「生ける屍《しかばね》」という記事があり、一般にはカフェ・マロンと呼ばれる、ラモスマニア・ロドリゲシイ（*Ramosmania rodriguesii*）という非常にめずらしい植物を救うためのキューガーデンの取り組みが紹介されていた。記事は私の心を強くとらえた。この植物はモーリシャスのロドリゲス島の原産で、四〇年間も絶滅したと考えられていたが、少年によって偶然発見されたという。キューガーデンは挿し穂からこの植物を育てて花を咲かせることに成功したが、どうしても種子ができないのだそうだ。ラモスマニア・ロドリゲシイを野生で長期的に生き延びさせる唯一の方法は、種子を作らせることだ。この植物は美しく、その歴史は魅力的だが、将来の展望は暗かった。

「まだこの植物を見ていない」と私は思った。「キューガーデンにいかなくては」。

私は園芸のプロではなかったが、客ではなくスタッフとしてキューガーデンに入る方法があるはずだった。インターネットで調べてみると、付属の園芸学校があるという。私は園芸学校の校長に面会を希望するメールを出し、自分がキューガーデンで働くにはどうすればよいか相談させてもらいたい、できればその植物も見せてほしいと書いた。

二〇〇二年一二月、嬉しいことに、校長のイアン・リーズが私をキューガーデンに招いてくれた。しかし、私の履歴書を読んだ彼の口から出たのは、聞きたくなかった言葉ばかりだった。「キューガーデンへの就職を希望する人は非常に多い……その多くは高い技能を持っている……君はプロとしての経験があまりないようだが……」。

私は大胆にいこうと決めた。このチャンスを逃すわけにはいかない。

「リーズ先生、聞いてください。自分の履歴書がぱっとしないことは百も承知です。けれども私は、履歴書には書いていないことを知っています。私にはこの場所が必要で、この場所にも私が必要なのだとわかるのです。自然にそう思うのです。ここで仕事をするために必要なことを教えてください。私はそれをしますから」。

イアンは声を出して笑った。その表情は、こう言っているようだった。「おもしろい、斬新なアプローチだ」。

彼は少し考えて言った。「なるほど、わかった。君が自分で言うとおりの優秀な人材なら、それを証明する方法がある。インターンシップだ。正式なスタッフのように仕事ができるが、給料は出ない。君が優秀で、自分で言うとおりの貴重な人材なら、遅かれ早かれ仕事を得ることができるだろう。その間生活できるだけの蓄えがあるかい?」。

貯金はあった。もはや後戻りはできなかった。

「希望の部門は?」と彼は尋ねた。

「どこでもいいです……ただ、フェンスの向こうに熱帯植物養樹場が見えました。すばらしいところなのでしょうね」。

「いいね」と彼は言った。「熱帯植物を担当したがる人はあまりいないんだ。あそこを拠点にする上級管理職は多いから、君の働きは目立つだろう」。

話はついた。

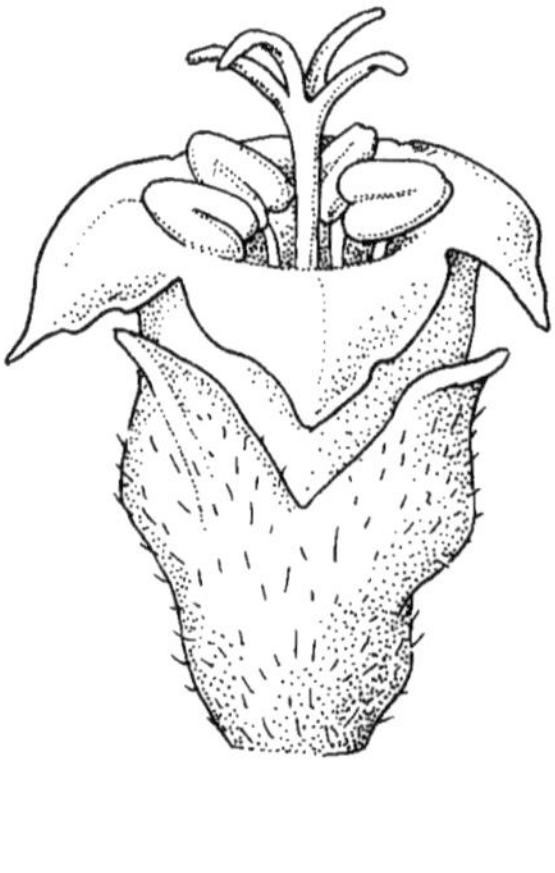

第2章　キューガーデンへの召命《しょうめい》

スペインのクリスマスでいちばん大切な日は、東方の三博士がイエスへの贈り物を携えてベツレヘムにやってきた一月六日の「主御公現《しゅごこうげん》の日」で、人々がクリスマスプレゼントを贈り合うのもこの日だ。二〇〇三年一月六日にキューガーデンの熱帯植物養樹場でインターンとして働き始められたことは、私にとって最高のクリスマスプレゼントだった。

初日のことはすべて覚えている。私にとっては、息つく間もない、スリリングな一日だった。簡単な説明を受けたあと、私はサトイモ科部門に配属された。サトイモ科の植物は、花軸のまわりに多くの花が密生し、そのまわりを「苞《ほう》」が取り囲んでいるのが特徴だ。アンスリウム属もサトイモ科だ。キューガーデンには、アンスリウム属（*Anthurium*）のなかでいちばん有名なショクダイオオコンニャク〔アモルフォファルス・ティタヌム（*Amorphophallus titanum*）〕もあった。

それだけではない。私が以前、電車内で拾った新聞で近絶滅種として紹介されていたカフェ・マロン（ラ
モスマニア・ロドリゲシイ）の繁殖に取り組んでいる科学者の依頼で、サトイモ科部門でも六株だけ預か
っていたのだ。カフェ・マロンはアカネ科で、サトイモ科ではなかったが、これも私が世話をすることに
なった。不思議な巡り合わせだった。

不安もあった。私は、ここに集められた約五〇〇種の植物のすべてに、ホースと散水ノズルで水やりを
しなければならなかった。植物は種ごとに必要とする水の量が違っているし、同じ種の植物でも個体ごと
に必要な水の量を評価しなければならない。例えば、大きな鉢に植え替えたばかりの植物は、しばらく植
え替えをしていない植物に比べてコンポスト（堆肥）に対する根の量が少ないため、必要とする水の量が
少ないのだ。私は早朝から多くの決断をしなければならず、それも迅速かつ正確に行う必要があった。不
安がつのったときには、「この仕事は酒場を経営したりソムリエをしたりするのと同じだ。違っているのは、
飲み物を提供する相手が人間ではなく植物だという点だけだ」と考えるようにした。植物の水やりに関す
る知識はそれなりにあったが、これまでにないスケールで知識を応用しなければならなかった。植物の大
きさ、その数、種類の多さ、個体差の大きさ、コンポストの種類の多さに、ほとんど圧倒されそうだった。
インターンシップは三カ月にわたって続いた。私はその間に、自分が見た植物、特に世話をしていた植
物について、増やし方や病気になったときの治療法などをできるだけたくさん覚え、キューガーデンの技
術と手順を学ばなければならなかった。それは途方もない課題で、終わりがないように感じられた（今で
もそう感じているが）。熱帯植物養樹場には二一の温室と約四万四〇〇〇点の植物がある。私は、働き始
めてから一カ月後になっても、そのごく一部しか見ていないような気がしていた。だれから技術を学ぶか
という点でも、多すぎるほどの選択肢があった。熱帯植物養樹場には二〇人ほどの専門家がいて、徐々に

知り合いになっていっただけでなく、作業を請け負うコントラクター、ほかの部門からきているビジター、インターン、ボランティア、友の会会員、研究者がいた。キューガーデンの当時のモットーは「植物、人間、可能性」で、この場所の本質をよく言い表していた。

特に、絶滅の危機に瀕していることを示す赤い点がラベルについている植物に関しては、責任重大だった。こうした植物が栽培されていることは非常にまれであり、種子バンクに貯蔵するための種子を定期的にとる必要があった。重要なのは、植物を生き延びさせることだ。ふつうの庭園で花の種子を集めるのとは全然違う。ここにあるのは希少で貴重な植物なのだ。その種子を集める仕事は反復作業ではあったが、それぞれの植物とそのニーズを理解できるようにしてくれる貴重な仕事でもあった。

インターン期間が終わる直前、温帯植物・樹木園養樹場が臨時の繁殖係を募集した。私はこの幸運に飛びついて仕事を得た。インターンの私が繁殖係に採用されたのは大きなステップアップだったが、キューガーデンのスタッフの一部は私を買ってくれていた。おそらく彼らは、私が植物を増やすことにかけては「第六感」が働くとしか思えないほど目がいいことに気づいたのだろう。繁殖させる植物はシダ、アナナス（パイナップル科の植物の総称）、サトイモ科、針葉樹など多岐にわたっていたが、母の植物収集やその教えのおかげで、たいていの植物の仲間の世話をした経験があった。繁殖係の仕事は養樹場を拠点にしていたが、ヤシの温室「パーム・ハウス」や温帯植物の温室「テンパレート・ハウス」の植物から温室の外の植物まで、あらゆる種類の植物を繁殖させた。弱ってきた植物、病気の植物、見た目が悪くなってきた植物も、挿《さ》し木をしたり種子から育てたりして増やした。繁殖がうまくいくかどうかは、植物の種類、季節、必要な量、植物の状態、入手可能な材料の量によって決まるところが大きかった。各エリアのマネージャーから繁殖依頼を受けると、そのたびに繁殖計画を作成した。私はしばしば早朝からチームリーダーのノエリア・アルバレスと一緒に電動バギーに乗って、繁殖に使う材料を集めにいった。私たちは病院内で回診を行う医師のように、患者とその状態と治療法について話し合った。植物が公開されている場合には、見た目が悪くならないように材料を採取する部位を慎重に選ばなければならなかった。ときには特別な依頼もあり、バッキンガム宮殿がカイコの唯一の餌であるクワのコレクションに追加するため、ケグワ［モルス・カタヤナ（*Morus cathayana*）］というめずらしい種類のクワの繁殖を依頼してきたこともあった。

私は幸運だった。キューガーデンにはカフェ・マロンのほかにも絶滅の危機に瀕した植物が多く集められていたので、熱帯植物養樹場からほかの部門に移ってからも、こうした植物にかかわり続けることができた。ほとんど毎日のように、コンポストの表面から新たな芽が出ていたり、ミストユニットの鉢の底から新たな根がのぞいたりしていた。挿し穂が根づいた証拠だ。私が世話をし、繁殖させた植物の種類は膨大だったが、楽しい忙しさだった。

キューガーデンで園芸を学ぶと、キュー・ディプロマという資格を取得することができる。その年の募集が始まったので応募すると、面接試験に進むことができた。応募資格を満たす三〇人のうち、学生として選ばれるのは一二～一四人だけだ。

キュー・ディプロマは世界最高の園芸資格の一つで、三年間の課程のなかで実習と理論の両面から最高水準の授業が受けられる。学生は九カ所の庭園で働き、高山植物を育てたり、木に登ったり、湿潤熱帯や乾燥熱帯の植物の世話をしたりする。科学、景観設計、植物の同定などについての講義もある。たとえるなら、オックスフォード大学、ケンブリッジ大学、ハーバード大学、ライデン大学、バルセロナ大学で学ぶようなものだ。学生は限界まで努力しなければならないし、だれもが二度とやりたくないと思うほど厳しいが、長期的な恩恵は計りしれない。

私が応募した年、ＢＢＣは『キューガーデンの一年』というテレビシリーズを撮影していて、選考試験の様子も撮影したがった。私が面接に向かうために交差点をわたっていると、ＢＢＣが撮影しているのに気づいた。私はこれからさまざまな課題を与えられるだけでなく、マスコミの目にもさらされるのだ。長い一日になりそうだった。

私の履歴書は相変わらずぱっとしなかったが、すでにキューガーデンで働いていたため、選考委員たちは、私の能力や、どんな貢献ができるかを知っていた。

最初の課題は植物の同定だった。案内された小さな温室には、番号をつけた植物のサンプルが三〇個置いてあった。私はそのすべてを同定して、属、種、（知られている場合には）科と、一般名を答えなければならなかった。ありふれた園芸植物もあれば、あまりなじみのない植物もあった。私は、植物を一つ一つ注意深く観察しながら、ありふれた植物の同定がいちばん難しいと感じた。こうした植物の科や学名を意識することなどまずないからだ。私は自分の直感を信じ、落ち着こうとしたが、結果を出さなければならない場面ではそれも難しかった。

先に進むと、作業台の上に無造作に切り取られた植物が置いてあった。その横には、植物を切るための各種の道具と、大小の植木鉢と、ミストユニットやコンポストのトレーなどの根づきを促すための道具があった。

選考委員の一人が、「この植物を接ぎ木してください」と言った。

「はい！」と私は言い、ナイフを手にとった。その途端、質問が飛んできた。

「メスや剪定《せんてい》ばさみではなくナイフを選んだのはなぜですか？」

彼らは、植物に関する私の知識だけでなく、思考過程まで知りたがっていた。私は自然な態度を心がけた。なんでもわかっているような顔をして自信満々に答えるよりも、控えめに答えた方がいいような気がしたのだ。私は、「剪定ばさみで切ろうとすると、刃を閉じるときに茎を傷めてしまうと思ったからです」と答えた。「外科医のようにすぱっと切った、なめらかな切り口が必要です。メスは柔らかい植物にはいいですが、この茎はやや木質《もくしつ》ですから、ナイフを使うのがいいと思います」。

最後に、部門長や上級園芸家などの上位のスタッフからなる選考委員会の前にきた。長い作業台の向かい側に並んで座る彼らは、矢継ぎ早に質問してきた。

「窓の外を見てください。あの木が見えますか？　なんの木ですか？」

「ピヌス・ワリキアナ（*Pinus wallichiana*）だと思います」

「マツ属を五種あげてください」

「ピヌス・ニグラ（*Pinus nigra*）、ピヌス・ピネア（*Pinus pinea*）、ピヌスなんたら、ピヌスかんたら……」

「あなたは針葉樹に詳しかったですね」と別の選考委員が言う。「南半球の針葉樹をあげてください」

「ええと、アラウカリア・アラウカナ（*Araucaria araucana*）です」

質問は永遠に続くように思われたが、ついに最後の質問になった。

「あなたが好きな植物は？」

さあきた。特定のテーマについて深い知識を披露して、植物への情熱を証明しなければならない質問だ。私は躊躇なく答えた。「ラモスマニア・ロドリゲシイです」

私はどうにか面接をのりきったことに満足して会場をあとにしたが、うまくやれたかどうかはわからなかった。数日後、「公用」の印がついた小さな茶色い封筒が届いた。非常に厳しい試験だったが、私は合格していた。園芸界の宝くじにあたったたようなものだ。

二〇〇三年九月から激動の三年課程が始まった。学生は一四人。年齢は一八歳から四二歳まで、国籍はイギリス、日本、ドイツ、韓国、アイルランド、スペインだった。ニューヨークの摩天楼で働いていた建築家や、日本人の元銀行員もいれば、とんでもなく活動的なイギリス人の若者もいた。私たちは、園芸と、植物と植物と植物への情熱に燃える、国際色豊かなサーカス団だった。これから三年間の競争と協力、プレッシャーとパーティー、そして締め切りと締め切りと締め切りに追われる日々が始まるのだ。

二週間ごとに植物の同定の試験があった。試験の一三日前に、庭園内で植物を選ぶエリアか一般的なテーマが告げられる。例えば、イネ科植物を四〇種、紅葉する樹木を四〇種、ラン科の属を四〇、特定の科の熱帯植物を四〇種などだ。試験当日には、植木鉢のなかの小枝（花が咲いているものもあれば咲いていないものもある）を見て、二〇種類の植物の属、種、一般名、科、原産地を言わなければならない。すべてだ。その翌日には、次に勉強する分類群を告げられる。

学生はあちこちの庭園に交代で配属された。私はまずラン科と高山植物の世話をし、続いてプリンセス・オブ・ウェールズ温室、ロックガーデン、デュークス・ガーデン（伝統的なイングリッシュガーデン）で働き、それから木に登ったり、木の手術をしたり、地上三〇メートルの高さでチェーンソーをふるったりするアクロバットをし、地中海庭園にいき、最後に保全区域で働いた。これほど多くの植物を見たのははじめてだった。学ぶことは、あまりにも多かった。

育樹部門で働いているときには、梢《こずえ》までのあらゆる高さからキューガーデンを眺めることができた。一本のロープで木からぶら下がることは、最初のうちは「勘弁してくれ」という感じだったが、最後にはワクワクするようになっていた。早朝に、湖の上に張り出したジャイアントセコイア〔セコイアデンドロン・ギガンテウム（*Sequoiadendron giganteum*）〕の枝に座っていたこともある。あそこは絶好の休憩場所だった。辛い仕事もあった。午前八時に、気温マイナス三度のロックガーデンで、クッション植物〔訳注：高山や極地に多い、密生してクッション状の群落を作る植物〕のなかから松葉を一本ずつ拾い出す作業だ。私は寒さには強い方だが、氷点下の庭園で骨の折れる作業をしていると、次の休憩時間まであとどのくらいあるか、一分ごとに計算してしまう。

私たちは毎年、三カ月ずつの講義を三つずつ受けた。植物生理学、病理学、遺伝学、系統分類学、測量術、景観設計……植物や庭園と関係のある学問のすべてを学んだ。講義が終われば試験があり、繁殖、管理、分類などに関するレポート提出もあった。ウェールズ、コーンウォール、スペインに旅行し、運がよければオーストラリア、アメリカ、コンゴなど外国のエキゾチックな場所で勉強する機会もあった。私はモーリシャスだった。合間の貴重な時間には最低一回の公開講義を行い、一万語の学術論文を提出しなければならなかった。この三年間は私の人生を大きく変えた。私は、それまで知らなかった自分自身を発見した。それは、自分を限界まで追い込み、それでもまだ庭園と植物への愛を失わなかったときにはじめて得られる啓示だ。

私が特に気に入っていたのは微小形態学だった。植物の構造を顕微鏡レベルで学び、肉眼では見えない詳細な構造を発見するのは、ふつうにはできない経験だ。それは隠された世界であり、そこから見えてきた秘密は、植物の機能をこれまでよりもはるかに深く理解させてくれた。おもしろいことに、樹木を顕微鏡で観察するとそれぞれの種に固有の特徴があるため、小さな破片から木の種類を同定することができる。遺伝学や、植物の繁殖法について勉強するのも大好きだった。

当時の私は、ある日は研究室の顕微鏡でヨーロッパナラ〔クエルクス・ロブル（*Quercus robur*）〕の切片を載せたスライドガラスを見ているかと思えば、翌日にはスイレンの温室「ウォーターリリー・ハウス」の近くに生えているクエルクス・カスタネイフォリア（*Quercus castaneifolia*）の木に登り、半分ほどの高さで恐怖に震えていた。キューガーデンで最も高い木はジャイアントセコイアだが、このQ・カスタネイフォリアはイギリスで最も大きな木だと考えられている。幹の根元は途方もなく太く、登っていくといくつにも分かれて、どんどん細くなっていく。どうにか両腕が回る程度の太さのところまで登ると、風で大枝が揺れて、木がきしむ音が聞こえた。私にできることは、しっかりと枝にしがみつき、前日に顕微鏡で見ていた仮道管〔訳注：植物の木部を構成する、細長い形をした細胞。水分の通り道となるほか、体を支持する〕と放射柔細胞〔訳注：植物の軸方向に並ぶ仮道管に対して、放射方向に並ぶ細胞〕とリグニン〔訳注：木材の構成成分で、細胞間の接着や細胞膜の強化に役立つ〕のことを考えて、幹が折れるはずがないと自分に言い聞かせることだけだった。

園芸学校での私の指導者はイアン・リーズ校長だった。ある晩遅く、私がコンピュータールームで作業をしていると、彼が消灯のためにやってきた。彼は「やあ、まだいたのだね、カルロス！ Buenas noches《ブエナス・ノーチェス》（おやすみ）！」と言い、自転車で帰宅していった。私は深夜二時まで作業を続けた。翌朝六時、携帯電話が鳴って、私はベッドから這《は》い出した。電話の主は同級生で、イアンが死去したという知らせを沈痛な口調で告げた。私は言葉を失った。私がくじけそうになるたびに彼にこう言われたものだった。「単純なことだ。ひたすら前に進むのだ。そうすれば必ず目的地に着く」。彼の声は今でもしばしば私の心に響いている。

キュー・ディプロマは財産だ。絶滅の危機に瀕しているのは植物だけではなく、野生種を栽培する園芸家もまたそうなのだ。野生種の栽培は園芸種の栽培とは別物だ。私たちが育てるのは、すてきな庭園を作るための植物ではなく、植物園のコレクションを維持するために必要な植物だ。

栽培を任されるのは、科学者が今回はじめて確認して、植物採集家や植物学者が外国から購入した植物かもしれない。なんという種の植物かも、何科の植物かもわからないが、原産地についての記録はある。植物が自生する地域や、その地域の気候や降水量、採集された場所などの情報をヒントにして育て方を模索する。ときには実験を行い、一か八かの冒険をし、必要ならば、ある種の魔法や型破りな手法も用いる覚悟が必要だ。

種子は湿り気のある土に蒔《ま》くべきか、それとも乾燥した土に蒔くべきか？　わからなければ論理的に考えなければならない。乾燥させてはいけない種子を乾燥させたら死んでしまう。種子が数個しかなかったら失敗している余裕はないが、たくさんあるなら初日から試してみればよい。気温の変動がない赤道地域からきた種子もあれば、気温の変動がある地域からきた種子もあり、いちど動物の腸内を通過しないと発芽しない種子もある。木の枝の上や水のなかで成長する植物の種子もあれば、高山や砂漠からきた種子もある。

私たちはあらゆる証拠を分析し、パズルのピースを組み立てて、答えを導き出さなければならない。これは、レシピを考案しながら料理をするような作業だ。料理の途中で材料を追加したり、フライパンを替えたり、新たに到着した客をもてなしたり、味を調節したりする必要があるかもしれない。一口に「ポルチーニ茸のリゾット」と言っても、生のポルチーニ茸を使うか乾燥させたものを使うかによってレシピは変わる。私たちがなにをするにしても、背後には常に科学がある。無菌操作ではなく泥だらけの手でする作業であっても、それは科学なのだ。

自分はなんでも知っていると思い込んでいる人が園芸の世界に入ってくると、当惑することになる。どんな人でも、園芸の半分もわかっていないのだ。園芸の世界では、鍵は「知らないこと」にあり、いかにして知識を育《はぐく》むかが勝負なのだ。

　歴史も学んだ。

　キューガーデンでの植物の保全は、一七五九年に、オーガスタ妃〔訳注：ジョージ二世の長男フレデリック皇太子の妃〕とビュート伯が王室の庭園の一画に植物園を作ったことから始まった。この小規模なコレクションが、大英帝国の拡大とともにサー・ジョゼフ・バンクスとジョージ三世によって拡張され、より多くの植物が集められるようになった。植物園は徐々に庭園の全体に広がり、今日のような膨大なコレクションになった。

　バンクスは、「キャプテン・クック」ことジェームズ・クックによるエンデバー号での南太平洋への探検航海（一七六八～七一年）に同行してみずから植物を収集しただけではなく、はじめてプラントハンターも派遣した。最初に派遣されたフランシス・マッソンが持ち帰ったソテツ科の植物エンケファラルトス・アルテンステイニイ（*Encephalartos altensteinii*）は、「世界最古の鉢植え」として、いまだにキューガーデンのパーム・ハウスで栽培されている。当時は、世界各地の植物を収集する主な目的は商売で、これにより大英帝国の拡大を支えることにあったが、キューガーデンや、セントビンセント、シンガポール、カルカッタのサテライトガーデンに持ち帰られた植物のなかには、すでに野生ではめったに見られなくなっていたものや、その後まもなく野生では絶滅してしまったものもあった。

　キューガーデンの歴代の園長はその後もコレクションを維持し、追加して、保全活動の拠点としての価値を高めていった。初期に収集された植物の多くは、現在、国際自然保護連合（ＩＵＣＮ）のレッドリストで「希少」や「近絶滅種」に分類されている。一九七一年から七六年まで園長をつとめたジャック・ヘズロップ＝ハリソン教授は、種子の貯蔵や、絶滅の危機に瀕した植物に関する詳細を記録したレッド・データ・ブックの取り組みなどの保全プログラムを開始した。それ以来、新しい園長が就任するたびに、保全活動がますます重視されるようになった。特に、一九八八年から九九年まで園長をつとめたサー・ギリアン・プランスは、アマゾン川流域の植物学の専門家だった。保全活動はあらゆる領域に及び、二〇〇〇年にはミレニアム・シード・バンクという種子バンクが設立された。現時点では、すべての植物種の一〇パーセント強の種子が保存されているにすぎないが、二〇二〇年までに二五パーセントにすることを目標にしている。

キューガーデンには、世界最大規模で、最も多様性に富む植物と菌類のコレクションがある。これには、植物標本館の約七〇〇万点の押し葉標本、庭園やウェイクハースト・プレイスの一万九〇〇〇点以上の生体コレクション、菌類標本館の一二五万点の菌類の乾燥標本、植物の微細な特徴を示す一五万点以上のガラススライド、人類が植物をどのように利用してきたかを示す九万五〇〇〇点の有用植物標本、世界最大規模の野生植物のＤＮＡ・組織バンク（三万五〇〇〇種以上の植物の五万点のＤＮＡサンプルを含む）、そしてミレニアム・シード・バンクの二〇億個以上の種子（約三万五〇〇〇種の植物のもの）が含まれている。

過去三〇年以上にわたるキューガーデンの保全活動では、庭園内の仕事と海外のプログラムをバランスよく進めている。キューガーデンのスタッフは、かつては大英帝国のなかで植物をあちこち移動させ、庭園やゴムや茶のプランテーションを管理してきた。彼らは今、自分たちの専門知識をいかして、現地の人々に地元の植物を保全する方法を教えている。キューガーデンがこれほど大きな仕事ができるのは、植物分類学や分子遺伝学などの無数の研究プログラムや、研究所、大規模な植物標本館、図書館や、そこで働く人々の専門知識に支えられているからだ。

そうした取り組みの一翼を担い、ロンドン南西部のこの場所に最初の種子が蒔かれたときに始まった仕事を引き継ぐことができるのは、私たちガーデナーの特権だ。

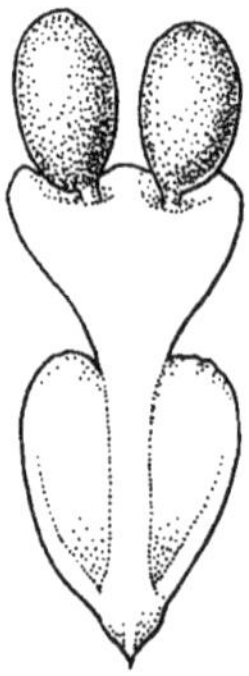

第3章　ロドリゲス島の「生ける屍《しかばね》」を蘇らせる

幅が広く、つやつやした緑色の葉。何十個も咲いているささやかな白い花。インド洋のロドリゲス島から来たカフェ・マロン（ラモスマニア・ロドリゲシイ）の木は、ガーデニングコンテストに出しても入賞しないかもしれないが、非常に特別な植物だ。私がキューガーデンをはじめて訪れた帰りに新聞で知ったように、これは地球上で最後に残ったカフェ・マロンの木から挿《さ》し木で増やしたものだった。この植物を生き残らせるためには種子をつけさせる必要があるが、ほとんどの専門家が、その可能性に見切りをつけていた。

私は違った。

キューガーデンのインターンとして熱帯植物養樹場で働き始めた日、六株のカフェ・マロンの木が私を待っていたので、私はびっくり仰天した。貴重な植物の世話ができるのは、私にとってこの上ない名誉だった。微細繁殖部門のだれかがカフェ・マロンの繁殖に取り組んでいたが、隔離のため、一部の株をここで預かっていたのだ。私は毎日カフェ・マロンを見ているうちに、びっしりと咲く美しい花に徐々に惚れ込んでいった。

私は、この不運な植物の歴史を文献で調べ始めた。最初に知ったのは、地球上の植物多様性にとっての島々の重要性だった。地球の陸地のうち、島の面積は全体の約五パーセントにすぎないが、既知の「高等」植物（コケや地衣類などとは違い、水分や養分の通路をもつ木質や草質の植物のこと）の四分の一にあたる約七万種が島の固有種なのだ。意外かもしれないが、ふつう、大陸部より島嶼《とうしょ》部の方が多様性に富んでいて、植物は世界人口の一〇分の一近い六億人以上の島嶼部住民の生計、経済、幸福、文化的アイデンティティにとって欠かすことができないものになっている。

マダガスカル島の東方沖に位置するマスカリン諸島のモーリシャス島、レユニオン島、ロドリゲス島は、なかでも特別な島々だ。火山活動によって誕生したこの島々では、数百万年の間に、世界中でここでしか見られない独自の魅力的な動植物相が進化してきた。しかし、土地の開拓や外部の動植物の持ち込みなど、人間の無秩序な開発行為によって生態系が大きく乱れ、この島原産の植物種は激減してしまった（人間による「絶滅イベント」は、この島原産の動物種も滅ぼした。人間との接触機会が増えるにつれ、わずかに生き残った飛べない鳥やオオコウモリは絶滅の危機に瀕しているし、数種の爬虫類と多くの無脊椎動物も同じ状況にある）。

カフェ・マロンの物語は、どこにでもあるような話だ。マスカリン諸島に自生していた一二九六種の植物のうち、現時点で五三種が絶滅し、生き残っている植物のうち三九三種（三〇パーセント強）が絶滅の危機に瀕している。昔はコクタンが自生していて森林を作っていたが、今ではほとんど残っておらず、数種あるコクタンのうち八種が絶滅しかけている。マスカリン諸島に固有のランのうち六種が絶滅し、さらに一三種に絶滅の恐れがある。最も小さいロドリゲス島では、少なくとも八種の「高等」植物が絶滅した。生き残っている三八種の在来種のうち二一種が絶滅の危機にあり、そのうちの少なくとも一〇種は二〇株未満しか残っていない（在来種のうち七種は五株未満しか残っていない）。本来の自生地は一パーセント未満しか残っていない。

三〇種以上の植物が野生状態で繁殖できなくなっているモーリシャス島とロドリゲス島は、「生ける屍《しかばね》の島」のレッテルを貼られている。それぞれの種の最後の株が死ねば、未来の世代を生み出す見込みがなくなり、絶滅となる。生態学的災害のぞっとするような例だが、こういう話はほかにいくらでもある。

一七〜一八世紀のフランスの旅行家フランソワ・ルガは、この小さなロドリゲス島に早い時期に住み着いた。彼が一七〇八年に書いた『東インドへの新たな航海』では、この島の美しさに圧倒された経験が語られている。「この島はほぼ全体が小さな山々からなり、私たちの目は、この山々にくぎづけになった。見事な高木の森林が広がっている……どこまでも続く緑にうっとりする」。しかし、ルガが定住してまもなく破壊が始まった。ルガを恍惚とさせてからわずか一六九年後の一八七七年、この島を訪れた植物学者のサー・アイザック・ベイリー・バルフォアは次のように語っている。「不毛の地となった今日のロドリゲス島に、かつてルガが『小さなエデン』、『美しい小島』、『この世の天国』と記した場所の面影を見出すことは困難だ。火とヤギと、人々が持ち込んだ外来種の植物が、在来種をほとんど根絶やしにしてしまった……今では、熱帯地方のどこにでも見られるような雑草がはびこるばかりだ」。

マダガスカル島が在来種の動植物ごとアフリカ大陸から分離したのとは違い、ロドリゲス島はインド洋の真ん中のサンゴ礁に囲まれた火山島で、モーリシャス島からは東に約五六〇キロも離れている。一〇〇〇万年前のプレート運動の後に形成されたこの島では、ほかの場所では見られないような動植物相が進化した。飛行機でロドリゲス島に向かうと、どこまでも広がる海のなかに煙の輪のようなものが浮かんでいるのが見えてくる。島は、この輪のなかで「生きて」いる。陸地というよりは海なのだ。島を取り囲むサンゴ礁の直径は五〇〜六〇キロで、外洋からほぼ完全に隔てられている内海は、ふだんはとても穏やかだ。海はなんとも言えない色をしていて、光の加減と天気によって刻々と色を変える。

さらに近づくと、人が住んでいる小島がほかにもいくつか見えてくる。ロドリゲス島は、その真ん中にどっしりと構えている。この距離から全体を眺めると、一つの細胞のように見える。サンゴ礁が細胞膜、内海に点在する小島が細胞小器官で、ロドリゲス島が細胞核だ。

ロドリゲス島は全体が小さな山脈になっていて、平地はごくわずかしかない。空港はアンセ・キトールという場所にある（狭い場所だが、あとは山ばかりなのでここにしか空港を作れないのだ）。飛行機の着陸はとんでもなく怖い。車輪が地面に着いた途端、パイロットが急ブレーキをかけるので、席に座っている乗客は前に投げ出されそうになりながら急減速に耐え、飛行機は短い滑走路が終わるぎりぎりのところで停止する。離陸するときには、海にまっさかさまに飛び込むのではないかと思うほどだ。

生態学の知識がない人が見れば、島はまだまだ美しい。けれども、少しでも博物学をかじった人の目には、この島の悲惨さがすぐに見えてくる。私がこの島をはじめて訪れたときには、飛行機を降りた途端、在来種ではないランタナ［ランタナ・カマラ（*Lantana camara*）］が繁茂しているのが目に入った。ランタナは侵略的な外来種で、繁殖力が非常に強く、在来種を圧倒してしまう。これだけ絶望的にはびこっていたランタナだが、二〇一七年にはかなり減少した。幼虫がランタナの葉を食べるグンバイムシ科の昆虫テレオネミア・スクルプロサ（*Teleonemia scrupulosa*）を導入したためだ。外部からマスカリン諸島に持ち込まれ、分け入ることができないほど生い茂っているユーカリ、グアバ、アラビアゴムモドキ〔ワケルリア・ニロティカ（*Vachellia nilotica*）〕などの侵略的な外来種にも、なんらかの対策がとられるとよいのだが。ユーカリのプランテーションが点在するロドリゲス島の風景は高度に文明化されていて、急勾配の丘や道路や町や村は、私が生まれ育ったアストゥリアスに似ていると言ってもよいほどだ。熱帯地方にそんな風景を見出すとは、予想もしていなかった。島の在来種のカメや「ソリテール」という絶滅した飛べない鳥は、ニワトリやヤギやウシなどの西洋の主要な動物に取って代わられた。固有の生態系は破壊され、世界中どこにでもある単一栽培の森林と行き当たりばったりの農業が入ってきた。

私の体を構成する分子の一つ一つに、絶滅の危機に瀕した植物を保全することへの情熱が染み込んでいる。私は、すべての種が無条件に生きる権利を持ち、人間の無頓着さや経済的利益のために根絶やしにされるようなことがあってはならないと信じている。保全するべき植物を選り好みして、薬の原料になる植物や庭に植えると美しい植物だけを残すようなやり方をしてはいけない。

人間が一つの種を滅ぼすときには、すべての種も滅ぼす可能性がある。私たちは、植物にどんな能力があるのかをほとんど知らない。それは、中国語の本ばかりが置いてある図書館を見つけ、英語とスペイン語しか読めない人を連れてきて、どの本が役に立つか判断させるような話だ。あるいは、同じ図書館に入って、表紙の好き嫌いだけで本を燃やしてしまうような話だ。私の感覚では、すべての植物には一つどころか多くの用途がある。今は役に立たなくても、過去には役に立っていて、未来に再び役に立つのかもしれない。私たちは、生き延びるためにその植物を必要とする未来の世代のために、植物を絶滅させてはならないのだ。それだけではない。一つの植物が絶滅するときには、その植物に依存していた昆虫、鳥、人間を含む哺乳類など、すべての動物に恐ろしい影響が及ぶ。生物は生態系のなかで暮らしていて、お互いを必要としている。私には絶滅を許容することはできない。

大量絶滅が起きていることに人々が突然気づいた一九八〇年代、島の植物を保全しようとする世界的な運動が起こった。島の植物の多くは固有種だ。固有種とは、特定の場所にしか自生しない動植物のことだ。動植物の保全に関しては、五〇年間その種が確認されていない場合には絶滅が宣言されるという規則がある。ロドリゲス島から近いモーリシャス島では、一九八〇年代までに、ドードーを筆頭に三〇の固有種が絶滅し、さらに六一種が島から姿を消した。それは生態学的災害だった。

一八七七年にロドリゲス島を訪れたバルフォアは、多くの新しい植物を発見して命名した。そのうちの一つランディア・ヘテロフィルラ（*Randia heterophylla*）は「これまでマスカリン諸島では知られていない属の、顕著な異形葉《いけいよう》性を示す種」であると記している（異形葉性とは、一つの植物が異なる種類の葉を持つことを言う。R・ヘテロフィルラの若葉と成熟した葉はまったく異なる形をしている）。月日は流れ、この貴重な植物の自生地は徐々に侵食されていった。最後は島の外れの方で数年間生きていたが、規則に従い、ついに絶滅が宣言された。

一九八〇年、ロドリゲス島の教師で博物学の愛好家であるレイモンド・アーキーは、自分たちの島の自然史を生徒たちにもっとよく知ってほしいと考え、島内で見かけた植物を持ってくるようにという宿題を出した。提出された植物の名前をアーキーが調べて、後日、その植物についてクラスで話し合うのだ。ほとんどの生徒は、島じゅうにはびこって風景を台無しにしている熱帯の雑草を持ってきた。これはというものを集めてきたのは、ヘドリー・マナンという生徒だった。彼は、街なかの交通量の多い幹線道路からほんの数メートルのところで採集してきたと言った。アーキーはマナン少年が提出した植物を慎重に分類し、名前を確認していった。そのほとんどは彼に馴染みのある植物だった。名前がわからなかったものは、地元の植物に関する本を使って調べた。

一つの植物がアーキーを悩ませた。彼はそれを見たことがなく、本にも載っていなかった。白い花をつけていたので、どこかの家の庭に植えられていた植物が野生化したものかもしれない。マナン少年が植物を採集した場所を考えると、ロドリゲス島の固有種とは考えにくかった。そういう植物は、街の外の秘密の場所に身を隠しているか、海岸の断崖絶壁のような、人間がめったに近づかない場所にしがみついていたからだ。

満足ゆく結論を出せなかったアーキーは、その植物を押し葉標本にして封筒に入れ、イギリスのキューガーデンに送った。標本は、植物標本館の二人の科学者に回された。インド洋の島々の植物の命名と分類の専門家であるディーヴァー・D・ティルヴェンガダムとバーナード・ヴェルドコートだ。彼らはアーキーが送ってきた標本を、かつてバルフォアが作成したR・ヘテロフィルラの三点の押し葉標本と比較してみたが、どこかしっくりこないところがあった。バルフォアの説明によると、この植物には二つの品種があるという。花が多い方の標本は、アーキーが送ってきた植物にいちばんよく似ていた。問題は、参考になるものが押し葉標本と黒インクで描かれた植物画しかなく、比較できるような生きた植物がないことだった。二人の分類学者は、島には大きく異なる形態をとる一つの種があるのか、二つの別々の種があるのだろうと推測するしかなかった。

バルフォアは植物を採集して押し葉標本を作成したのち、『リンネ協会植物学ジャーナル』に論文を発表して、この植物にランディア・ヘテロフィルラという学名を与えた。この標本は、最初の貴重な「タイプ標本」になった。タイプ標本は学名の基準となる唯一無二の標本で、その種と思われる植物は、タイプ標本と比較することで、同じ種であると判定されたり、今回のように新たな名前を与えられたりする。キユーガーデンの植物標本館には八〇〇万点の標本があるが、そのうちの三五万点以上がタイプ標本で、保管用ファイルの縁に赤線が引いてあるのが目印になっている。キューガーデンにはチャールズ・ダーウィンやデヴィッド・リヴィングストンが収集した標本もあり、いずれも歴史的、芸術的、科学的に貴重なものだ。植物標本館を備えた植物園と、次の世代のために標本を研究し、保存するための知識と経験を備えたスタッフがいなければ、植物を同定して分類することはできなくなる。それだけでもキューガーデンが存在する意義はある。

さて、アカネ科のすべての属の植物（九〇〇〇種以上ある）を調べあげ、アーキーが送ってきた植物と一致するものがないことを確認した科学者たちは、この植物のためにラモスマニア（*Ramosmania*）という新しい属を作ることにした。この属名は、モーリシャスの初代首相サー・シウサガル・ラングーラム（Ramgoolam）と一九七〇年代のモーリシャス総督サー・ラマン・オスマン（Osman）の二人にちなんでいる。ティルヴェンガダムとヴェルドコートは種名をロドリゲシイ（*rodriguesii*）に決め、一九九二年に権威ある学術誌に論文を発表してこの変更について報告した。ラモスマニア・ロドリゲシイは、ただちに近絶滅種に分類された。

ロドリゲス島でカフェ・マロンの自生地が破壊されてきた歴史を考えると、この木が道端で発見されたことは意外だった。道路の建設や、農業や住宅建設のための森林破壊は、かなり前からこの島の在来種を痛めつけていた。私は、この標本はヤギでさえいかないような僻地《へきち》の谷で見つかったのだろうと思っていた。スペインでは、街なかに思いがけない貴重な植物が生えていることがあるため、植物学者はときどき道端で植物を探している。けれどもロドリゲス島ではそんなことをする人はいない。マナン少年が見つけてきた植物は、おそらく一度も植物学者の目にとまったことがなかったのだろう。とはいえ私は、キューガーデンのバルフォアの押し葉標本を眺めながら、しばしば、自分たちが育てている株は、彼が発見してオリジナルの標本を採取したのと同じ植物からきているのかもしれないと想像している。

カフェ・マロンが一九八〇年代に（再）発見されると、噂は急速に広まった。世界中のマスコミがこの話題に飛びつき、ラジオ、テレビ、新聞の一面で取り上げられた。多くの人が、この木を見るためにロドリゲス島にやってきた。マスコミの熱狂が最高潮に達したとき、衝撃的な事件が起きた。ある日の早朝、木の様子を確認しにいった植物の保全活動家たちは、木が切り株になっているのを発見した。だれかが夜の間に木を切り倒してしまったのだ。

この木は昔から地元の人々の民間療法に使われていた。例えば、子どもが悪夢を見たときには、クマのぬいぐるみと一緒に寝かせ、ぬいぐるみをこの木に向かって投げていた（実際、私がはじめてこの木を見たときには、木を保護するためのフェンスにクマのぬいぐるみが二、三個立てかけられていた）。性病の治療にも使われていたが、悲劇を招いた最大の原因は、二日酔いによく効く滋養強壮剤として利用されていたことだった（ロドリゲス島でこの木を管理している人は、このお茶を作るので一枝ほしいと頼まれるたびに金をもらっていたら大金持ちになれただろうと言っていた）。

状況の重大さにようやく気づいた当局はカフェ・マロンのまわりをフェンスで囲んだが、人々は気にせずフェンスを乗り越えてしまう。そこで、木を保護するためにもう一つフェンスが追加された。今度のフェンスは木を上から覆うもので、木は全体を囲まれることになってしまった。何百万年も自由に生きてきた木の最後の野生の生き残りが、人間から保護するために檻《おり》に入れられてしまったのだ。それでもまだ安全ではなかった。木のありかを知る地元の人々が、監視の目を盗んで少しずつ切り取っていくようになったのだ。

脅威の大きさは明白だった。世界自然保護基金（ＷＷＦ）のプロジェクト・マネージャーで、モーリシャス島とロドリゲス島の植物の保全活動に取り組むウェンディ・ストラームは、思いきった行動に出る必要があることを悟った。最後の木の残った部分は保護する必要があり、繁殖の研究を始められるように安全な場所に移さなければならない。植物の数が増えれば生き残る可能性は大きくなる。カフェ・マロンは再発見以来一度も種子をつけていなかったので、これは非常に重要だった。

早速、移送計画が立てられた。切り株から再び発芽してきた三本の枝を切り取ってロドリゲス島空港に運び、週に一回モーリシャス島に飛ぶ小型飛行機のパイロットに託す。枝はパイロットと一緒に飛行機に乗り込んでモーリシャス島に飛び、今度はブリティッシュ・エアウェイズのパイロットに託されて一緒にコックピットに入り、ロンドンのヒースロー空港に向かう。貴重な貨物がキューガーデンに到着したら、そこからは二手に分かれる。一部は微細繁殖ユニットにいき、残りは温帯植物養樹場にいく。

移送計画は成功した。責任は今や、温帯植物・樹木園養樹場の上級繁殖者デイヴ・クックの手にあった。彼と指導員は、それまでにもモーリシャス島やレユニオン島やロドリゲス島の人々と協力して、マンドリネット〔ヒビスクス・フラギリス（*Hibiscus fragilis*）〕などの希少な種の保全活動を行っていた。

同様の実験はたくさん行われていた。デイヴと一緒に働いていたピーター・ティンドリーは、樹木の繁殖のエキスパートだった。キューガーデンのパーム・ハウスは一九八四年から一九八八年にかけて修復が行われていて、なかの植物の多くはそれまで繁殖させたことがなかった。チームは樹木を繁殖させる巧妙な手法を考案して、非常に古いマホガニーなどを繁殖させていた。多くの場合、各種の発根ホルモンの混合物を使った実験に基づく手法が用いられた。

カフェ・マロンの枝は、キューガーデンの植物衛生指導員のジム・キージングのもとに直行し、そこから養樹場に届けられた。養樹場のだれもが、鉛筆ほどの長さの「薄い葉っぱが二、三枚ついた小枝」としか言いようのないものに興奮していた（もう一本はその半分の長さで、ティッシュペーパーと湿らせた新聞紙で巻かれ、クッション封筒に入ってきた）。微細繁殖チームのメンバーと鉢植え用作業台の上の小枝を見ていたデイヴは、「自分はこの枝を根づかせることができる」と感じた。そして、剪定ばさみをさっと手に取り、枝を半分に切ってしまった。チームのメンバーは息をのみ、行儀の悪い言葉も出た。「自分がなにをしているかわかっているのか？」。彼らの問いかけにデイヴはこう答えた。

「チャンスを二倍にするために半分に切ったのさ！」

当時、養樹場の繁殖施設は簡単なものしかなかった。加熱用ケーブルにピートと砂をかぶせたものに挿し穂を挿し、金属製の円形の枠にポリエチレンシートをかけたもので上から覆って、湿度が七五〜八〇パーセントに保たれるようにしていた。デイヴは一本の挿し穂を手に取り、側面から長さ数ミリの樹皮を削り取った。もう一本の方はそのままにした。彼は二本の挿し穂の根元を発根ホルモン液に浸してから発根用コンポスト（堆肥）に挿し、どうなるか見守った。小さい方の挿し穂はほどなく死んでしまったが、大きい方の挿し穂は生き延び、数カ月後には小さなつぼみが開き始めた。デイヴは挿し穂のまわりのコンポストを手で掘り、根が数本出ているのを見つけた。彼のただならぬ歓声に全員が様子を見に駆けつけた。挿し穂は慎重に植木鉢に移され、保護ケースに入った。あとはみなさんもご存知のとおりだ。一九八八年には、木はそれなりの大きさになり、デイヴはいちばんよい若枝の先端から挿し穂を切り取り、とらわれの身のカフェ・マロンの数を二倍に増やした。彼はこの木からさらに数回挿し穂をとり、その後は修復を終えたパーム・ハウスに植え替えて、成長し、花を咲かせるに任せた。

キューガーデンのカフェ・マロンのコレクションがたった一本の枝から始まったと考えると驚嘆せずに

いられない。カフェ・マロンは休むことなく花を咲かせる唯一の植物だ。私がキューガーデンにきて一四年になるが、この木は常に花ざかりだった。ここのカフェ・マロンは、パーム・ハウスの一本のほかに、プリンセス・オブ・ウェールズ温室に二本と、そのほかに八本あり、いずれも同じ挿し穂の子孫である。

カフェ・マロンがしっかり根づき、毎年たくさんの花を咲かせるようになると、だれかが「種子はどこだ？」と言いだした。問題を突きつけられた科学者たちは、カフェ・マロンの花の柱頭（めしべの先端の花粉が付着する部位）や花柱（めしべの柱頭と子房の間の柱状の部分）や近縁の植物の受粉のしくみを調べて、伝統的な手法では種子を作らせることはできないという結論に達した。ほかの科学的手法も検討されたが、さまざまな理由で却下された。

実験をするための個体は十分にあるので、彼らは繁殖を妨げている原因を探り始めた。最も重要な発見は、遺伝子の問題ではないということだった。花粉には受精能力があり、花のなかには十分に発達した胚珠（ヒトの卵子に相当する器官）があった。問題は花粉管にあった。花粉管とは、柱頭に付着した花粉粒から伸びてきて、花柱を貫き、胚珠に到達する管状の構造のことだ。カフェ・マロンの花では、花粉管は少しは成長するが、途中で止まってしまう。花のなかに花粉管の成長を妨げるメカニズムがあって、花粉の精細胞が胚珠に到達できないようにしているのだ。

このことが明らかになった瞬間、カフェ・マロンを生き延びさせることができるという喜びと希望がしぼんだ。もちろん挿し木をすればいくらでも増やすことができるが、この木は自分が生き残るために必要な種子を自力で作ることができないのだ。カフェ・マロンは「生ける屍」の仲間入りをした。この木を野生に返すことは、ロータリーの真ん中にチューリップを植えるようなもので、種の存続という観点からはほとんど意味がない。なにしろ二〇年間も花を咲かせ続けているのに、一個も果実をつけることなく、その気配さえないのだ。そのときまでに一一株がロドリゲス島に戻されていたが、檻のなかで永遠に咲き続ける花は失われたものの形見であり、絶望的な終身刑の宣告にすぎない。

私は、キューガーデンにきて間もない頃から、この植物が「生ける屍」であるという見方にどうしても納得がいかなかった。絶対に、種子を作らせる方法があるはずなのだ。この問題は常に私の心の片隅にあり、消えることはなかった。私はあらゆる方法を考えた。同じ科の別の植物に接ぎ木をしたらどうだろう？この方法で強い株を得られることがときどきある。そうしたら、なにかが変わるのではないだろうか？品種改良のための接ぎ木では、しばしば近縁の変種の花柱を子房についで、花粉をつけて発芽を試みるものだが……。

人はときに、それまで複雑そうに見えていたことが、実際にはごく単純だったことに気づく。私はある日、カフェ・マロンが常に花を咲かせていることに改めて気づいた。毎日たくさんの花が開花し、それぞれがかなり長く咲いている。一本の木には二〇〜三〇輪の花がある。木は六本あるので、異なる繁殖方法を試す機会が一二〇〜一八〇回あることになる。周囲のスタッフにこのことを提案すると、本気で言っているのかという顔をされた。多くの人が「そんなことは時間の無駄だ」と言った。つまり、もっと生産的な仕事をしろということだ。そこで私は勤務時間外に作業をすることにした。絶滅なんてさせるものか。

私は夜遅くまで養樹場で過ごし、カフェ・マロンの花を解剖し、分析し、観察した。そして、植物の自家不和合性について考え始めた。自家不和合性とは、植物が自家受粉を防ぐためのしくみで、自分自身の花粉が柱頭に付着しても花粉管が伸びなかったり、伸びたとしても子房までは到達できなかったりする。どうすればこの性質に打ち勝つことができるだろうか？　私には科学的な答えはわからなかったが、一つの予感があった。

私はイネ科植物の花粉アレルギーで、毎年春になると花粉症に苦しめられる。自転車に乗っているときに目が充血して痛くなってくると、近くでイネ科植物の花が咲いているのだとわかる。花粉が目に入ると、涙に触れて花粉管が伸長する。蒸留水に触れても花粉管が伸長するため、私たちは蒸留水を花粉の発芽試験に使っている。そこで私は考えた。「柱頭を切り取って花粉管の伸長を妨げている原因を除去し、切り口から滲出してきた液体に花粉を落としてみたらどうだろう？　ひょっとすると花粉は発芽して子房まで到達できるかもしれない」。

次に考えたのは、「花を選び、メスを手に取り、花に切れ目を入れて、花粉を花柱につけるのにどのくらい時間がかかるだろう？」ということだった。私はこの作業を何度も繰り返したが、なにも起こらなかった。けれども私にはわかっていた。二〇〇回以上も繰り返していれば、そのうちの一粒の花粉が胚珠に到達して授粉し、種子ができるかもしれない。たった一株でも（数株ならなおよいが）新たに別の個体が育ち、最後の生き残りのクローンと他家受粉させることができれば、彼らの子孫はカフェ・マロンの繁殖能力を回復させるだろう。


二〇〇三年のイギリスの夏は記録的な猛暑だった。キューガーデンの養樹場内の気温は四〇度以上になり、スペインのコスタ・デル・ソルのように蒸し暑かった。八月の一般公休日に出勤して、日陰で静かに植物に水をやったり剪定《せんてい》したりしていた私は、ふと一本のカフェ・マロンを見上げた。

そこには果実があった。小さな緑色のイチジクのような形をしていて、長さは二・五センチほどで、一本の枝に上向きについていた。

私は自分の目が信じられなかった。頭にどっと血がのぼった。めまいがした。ワールドカップの決勝戦で決勝点をあげたような気分だった。私は大声をあげて踊り回った。みんなに教えなければ。私は電話を手に取って電話をかけ始め、早口でまくし立てた。みんなが養樹場に駆けつけてきて、まあ落ち着けと言った。

種子が熟すまでに半年かかった。誕生には時間がかかり、大きな苦痛を伴った。私は気が気ではなく、果実が順調に熟してきているか確認するために毎日チェックしていた。この最初の果実からとった種子を微細繁殖ユニットの無菌環境で蒔《ま》くと、発芽して二枚の小さな葉が現れた。芽はすぐに死んでしまい、スタッフ全員を落胆させたが、種子が生育できることは証明された。それは明らかに成功への一歩だったが、危なっかしい一歩でもあった。

植物の繁殖については執念と情熱が鍵になる。この二つがなければ、どこにもたどり着くことはできない。伝統的なやり方を踏襲してばかりいたら、限界を押し広げることも新しい発見をすることもできない。進歩するためには、憑《つ》かれたような執念が必要だ。カフェ・マロンの繁殖については、私はしばしばお偉方と衝突した。ある人はこう言った。「君はこれまで、この方法を数えきれないほど試しては、ことごとく失敗してきた。今回たまたま果実が一個できたことをもって、この方法の正しさが証明されたと言うつもりなのか？」。またある人は、一八〇輪の花から一個の果実を作れたことを文句なしの成功と呼ぶのはプロらしくないと言った。けれども私は、論文を発表するために科学研究をしているわけではない。私はただ種子がほしかったのだ。一部の科学者は、私たちが彼らに嫌がらせをしていると邪推していた。カフェ・マロンに果実を作らせる方法をだれもが知りたがっていたのに、私たちはそれを教えることができなかったからだ。説明を求められるたびに、私は焦《じ》れてこう言った。「どうして果実ができたのかはわかりません。けれども私は繁殖の問題を解決し、この植物は種子を作れるようになりました。厳密なしくみがわからないという問題は、繁殖させられないという問題に比べれば、とるに足りないものです。これが時間の無駄だとは言わせません」。私がカフェ・マロンに種子を作らせる方法を見つけたのは反駁の余地のない事実だった。

批判に反論するためには、この木だけが果実をつけられた理由を明らかにする必要があった。授粉から種子ができるまでの間になにが起こったのだろう？　いくつかの可能性が考えられた。一つは温度の影響だ。あの夏は例年より暑かった。特に、果実がなった木が生えている場所では、温室の日除けはまったく役に立っていなかった。イギリスよりも高温のロドリゲス島の荒野では、カフェ・マロンの木は日陰で成長する。けれどもキューガーデンで果実をつけたのは、日向で育てられている木だけだった。

私はカフェ・マロンに関する科学文献を見直した。個々の花はどのくらいの期間咲いているのか、花粉粒は花のなかでどのくらいの期間生きているのかなど、この植物を花形生態学的に調べた人はこれまでいなかった。私は開花の瞬間から落花の瞬間までを記録し、それが約一七〜二〇日であることを明らかにした。私は、「それならなぜ、花は二週間もきれいに咲き続けているのなら、花粉媒介者を引きつける必要はないはずだ。だとすると……お前が雄花で、もう花粉を作っていないなら、花粉媒介者を引きつける必要はないはずだ。だとすると……「お前が雄花で、もう花粉を作っていないなら」と考えた。「お前が雄花で、もう花粉を作っていないのか？」

花粉は八日目から茶色く変色していた。性転換する花は多い。こうした花は、雄花だったのが雌花になったり、雌花だったのが雄花として始まり、ご性転換する花は多い。こうした花は、雄花だったのが雄花になったり、すべての花が雄花として始まり、ごくまれに、コイル状になっていた柱頭が少し伸びて、やがてヘビの舌のように割れてくることが明らかになった。しかし、柱頭が完全に割れる頃には、花粉は成熟期を過ぎて質が悪くなっているため、自然に自家受粉できる状態になることはない。新しい花の花粉で人為的に授粉するしかないのだ。

いちばん不思議だったのは、木によって性転換するものとしないものがあることだった。温帯植物養樹場の木は夏も冬も性転換しなかった。熱帯植物養樹場の木は夏に性転換したが、私が注目していたパーム・ハウスの木は冬に性転換した。これでは、太陽と熱の影響に関する私の理論の裏づけにならない。いったいどうなっているのだろう?

その後、パーム・ハウスでは冬になると下の方の植物に照明や日光がよくあたるように高いところの枝を切り戻し、酷寒の夜には暖房をつけていたことがわかった。

当時の私の仕事場はパーム・ハウスではなかったが、私はここの木に授粉してみようと決めた。暖房用の配管の上に張り出し、日光もよくあたっている枝の花に花粉をつけると、果実が一個できた。どうやら、カフェ・マロンの果実ができるためには、日光と、これまで考えられていたよりも高い温度と、咲いたばかりの花から成熟した花に花粉をつけることが必要であるようだった。そのことを証明しなければならない。

その頃、パーム・ハウスのカフェ・マロンは公開されていた。果実がなったことがあまり広く知られてしまうと来園者や植物コレクターに盗まれてしまうかもしれないし、熱心すぎるガーデナーが種子を持っていってしまうかもしれない。果実が熟すまでには半年かかるので、その存在を忘れたスタッフがうっかり切り落としてしまうおそれもあった。

ある日、一人の管理員がパーム・ハウスで学生の植物同定試験に使うサンプルを集めていた。熱帯植物の主な科のよい例を急いで選ぼうとした彼は、アカネ科という科名だけ見て、植物の名前は見なかったのかもしれない。チョキン! カフェ・マロンの若枝が、枝についている果実ごと切り落とされた。数時間後、一人のスタッフが私のところに走ってきて、貴重な植物の一部がなくなっていると教えてくれた。私は悲鳴をあげた。学生用の植物が置いてあるところにこっそり入ると、カフェ・マロンの若枝が花瓶にさしてあった。よく見ると、水のなかに果実が隠れていた。切り落とされた状態で。

私たちはこの果実を微細繁殖ユニットに送ったが、またしてもうまくいかなかった。私は、冬の間、熱帯植物養樹場の六本のカフェ・マロンを暖房用の配管の近くに置き、日よけを開けて日光がよくあたるようにした。

技術の進歩は遅く、成功率は約一〇〇回の授粉で一回程度だった。それでも、ようやく前途が明るくなってきた気がした。しばらくして八個の果実がなり、それぞれに五～一一個の種子ができた。アリは花蜜を盗み、花から花へ動き回るため、実験に悪影響を及ぼすおそれがある。そこで私は、プールの隅の隠れたところに人工の島を作って、一つの個体をアリから保護することにした。ミニチュアのロドリゲス島だ。

おかげで、プールの中のスイレンの世話をするときにカフェ・マロンのチェックをし、蕾ができたときから果実ができたときまで、成長を記録することができた。ミニ・ロドリゲス島は、果実が盗まれたり、ガーデナーにうっかり切られたりしないようにするのにも役立った。昔は、ロドリゲス島は一つしかなく、単一のクローンのカフェ・マロンがあるだけだった。今では二つのロドリゲス島があり、第二のロドリゲス島は私を希望で満たしてくれた。実験は成功し、私は自分が処理した花から種子をとることができた。

私は一年で熱帯植物養樹場とミニ・ロドリゲス島の数本の木から三〇〇個の種子を収穫した。ついに「種なしの呪い」をとくことができそうだった。別の問題が生じた。

最初の果実から種子を取り出すと、種子は乾燥させた方がよいのか、乾燥させない方がよいのかという問題だ。種子のなかには、絶対に乾燥させてはいけないものもある。こういう種子は、乾燥させたら死んでしまう。蒔く前になかの水分量を下げる必要がある種子もある。私の勘では、カフェ・マロンの種子は乾燥させる必要があるか、少なくとも乾燥に耐えられるはずだった。勘が外れたとしても、ほかの果実が熟してくるので、次は別の方法を試せばよい。私は種子を一週間シリカゲルに入れて乾燥させ、その後、特別に調製したコンポストに蒔き、どうなるか見守った。アカネ科の植物には、一週間で発芽するものもあれば、一年も二年もかかるものもある。忍耐は重要だが、いつなら早すぎ、いつなら遅すぎるのか、見当もつかなかった。だから私は、一日一回、ときには二回、コンポストの表面を確認した。

　数日間はなにも起こらなかった。それから突然、私の苦しみが終わった。一つの実生《みしょう》が茎を伸ばしていた。葉はまだ広がっていなかったので、マッチに似ていた。それはまっすぐに立ち、点火のときを、新しい生命の火を燃え立たせるときを待っていた。よく見ると、最初の実生から三センチほどのところでも土がわずかに持ち上がっているようだった。私はそっと口笛を吹いた。第二の実生だ。結局、種子は三週間で発芽した。栽培されているカフェ・マロンが繁殖したのは、これがはじめてだった。ロドリゲス島の最後の木は一九四〇年代には成熟して花を咲かせていたので、人類はほぼ一世紀ぶりにカフェ・マロンの実生を見たことになる。

　朗報を信じない人もいた。彼らは当初は、果実には種子が入っていないかもしれないと言い、次に、種子は発芽しないだろうと言った。私はそのたびに種子と若木を見せて、「これが証拠です！」と反論した。しかし、若木を見せられても「本物？」と疑う人がいた。「わかりました」と私は言った。「ＤＮＡを調べましょう」。それは名案だった。ほかの懐疑的な人々から、遺伝的多様性を保つためには、もとになる木が一本では足りないと批判されていたからだ。最後の野生のカフェ・マロンからできた若木を分子レベルで分析してみると、この植物が、ヒトと同様、大きな遺伝的多様性を持つことが明らかになった。最後の野生の木の両親は、祖先から受け継いだ遺伝子をたくさん持っていたにちがいない。遺伝子にかけられたロックは、種子を作るときだけ解除される。私たちは、カフェ・マロンに種子を作らせ、発芽させることで、自分たちの努力を時間の無駄と決めつけた人々の鼻を明かすことができた。

植物の保全に携わる専門家はときに、種を回復させられるだけの遺伝的生存能力がなく、野生に戻すことはできないとして、見切りをつけてしまうことがある。しかし、植物がペトリ皿のなかの細胞塊になってしまったとしても、私は前を向いて挑戦しつづける。なにが起こるか、本当にわからないからだ。キュー・ディプロマの論文で、私は、植物の個体がいくつまで減ったら、それを救う努力に値しなくなるかを調べた。その答えはゼロだった。

私は、同系交配がどこまで進むと種が崩壊するのか調べようとしたが、その答えはまだだれも知らない。例えば、アジア原産のオニバス［エウリアレ・フェロクス（*Euryale ferox*）］という巨大なスイレンは、何百万年も自家受粉を繰り返してきて、花が開くことさえしなくなったが（まれに花が開くことがあっても、開花時にはすでに受精している）、生存能力が低下するどころか最強の侵略的雑草の一つになっている。また、オーストラリアのウサギは、同じオスによって妊娠した二羽のメスのウサギの子孫だが、二〇〇年で生態系に甚大な影響を及ぼすほど増えてしまった。駆除のために粘液腫ウイルスが導入されてだいぶ減ったが、近年、このウイルスに免疫のあるウサギが出てきた。これは、私たちが考える以上に遺伝学が奥深いことを意味していないだろうか？　同系交配により「ボトルネック（遺伝的多様性の低さ）」が生じたとしても、致死的でないなら、たった一株まで減っても種は回復できるように思われる。ロドリゲス島には以前は多くのカフェ・マロンの木があり、それぞれが異なる花粉をつけていた。一本の木の祖先をたどれば、数百本の多様な木があったはずだ。たとえ最後の一本がすべての祖先の遺伝子を持っていなかったとしても、島に戻される木は、母や父やその他の祖先から十分な数の遺伝子を受け継ぐことになる。

これに関連して、そもそもロドリゲス島に植物があるのはなぜかという問題がある。植物が島に群生しているのは、最初にまとまった数の植物が運ばれてきたおかげで、生存能力が保たれているからだと言う人がいるだろうか？　それは違う。一個の種子や、わずかな数の植物が島にたどり着き、生育条件がよく淘汰圧が低いこの島で多様性を大幅に高め、数千種の植物を作り出した可能性の方が高い。カナリア諸島にはシャゼンムラサキ属（*Echium*）の固有種が多いが、そのすべてが一株の植物の子孫だと考えられている。孤立した島では、遺伝子に異常があっても生き残る機会がある。もちろん、生き残れない理由も常にあるのだが。

私たちのカフェ・マロンは有性生殖による遺伝子のやりとりを経ているため、遺伝的多様性がある。重要な発見もあった。カフェ・マロンには、明白に異なる二種類の木があったのだ。第一のタイプはたくさんの花をつけ、その花は自家受粉した親と同じものだった。花の花粉は生きているが、かなり手をかけないかぎり果実をつけない。第二のタイプの花は密集せずに単独で咲き、花粉の入っていない葯《やく》（おしべの先端にある、花粉を入れる袋状の構造）よりも高く花柱が突き出している。第一のタイプの花の花粉を第二のタイプの花につけると、簡単に果実ができ、それぞれの果実には平均八〇個の種子が入っている。この数は、挿し穂から育てて株になった果実の種子の数よりはるかに多い。私たちは、雄株と雌株を作ることができたのだ。カフェ・マロンをロドリゲス島に再移入して、個体数を回復させられるようになったのだ。

ほかにもいくつかの興味深い事実に気づいた。実生や幼木の葉の外見は、成熟した木の葉の外見とはまったく違う。これはロドリゲス島とモーリシャス島の植物の特徴であり、木の葉を食べる動物から身を守るための適応の結果である。

私は農場育ちなので、ウシたちがよい牧草地を遠くから目で見て探し出すことや、そこまできたら食べる草は匂いで選び、目は周囲を警戒するのに使っていることを知っている。彼らは視覚ではなく嗅覚で毒草を特定する。草むらや花の咲く牧草地で草を食べるには、この方法が理想的だ。だから、こうした土地の植物には、視覚的なカムフラージュは無意味である。しかし、ロドリゲス島やモーリシャス島では、視覚的なカムフラージュは遠くから茂みを見つけて食べにくるカメから身を守る唯一の方法だ。だからカフェ・マロンは、カメが食べやすい高さの若木の葉を隠そうとする。若木の葉はカメの目にとまらないように薄く細長い形をしていて、遠くからは枯れ葉に見えるように、茶色、銀色、赤などの色をしている。たとえカメに見つかっても、細長い葉は幅の広い葉に比べて食べにくい。成長して樹高が一・二メートルほどになり、カメが首を伸ばしても届かなくなると、葉の形は楕円形になり、色は暗緑色になる。ニュージーランドにも同じような植物がある。プセウドパナクス属の植物の葉は、モアのくちばしが届かなくなる樹高三・五〜四メートルになると形が変わる。

二〇〇七年、私は研究助成プログラムから資金を得て、ロドリゲス島にカフェ・マロンの若木一五本と種子を持っていった。ホセ・カルロス・マグダレナ・ロドリゲス（私のフルネーム）がロドリゲス島にいくなんて、里帰りのようで面白いではないか？　木を死なせてしまった島の住民たちは、私の訪問を大歓迎した。この木は一年中花を咲かせるので、庭木として育てたいとのことだった。

私たちがロドリゲス島に到着したとき、検疫施設が島にないため、一部の木はモーリシャス島の施設にとどめ置かれていた。外部の害虫や病気が島に入らないよう、この地域への植物の持ち込みは当局によって厳しく制限されているのだ。私が六〇〇〇個の種子も持っていったのは、この事態を予想していたからだった。

キューガーデンの成熟したカフェ・マロンの木はどれも温室で育てられていて、以前、直射日光があたる場所に移動させたところ、葉が茶色くなってしまった。枯れてしまってはたいへんとスタッフは大慌てで日陰に戻し、以来、この木は日陰でしか育たないということになっていた。けれどもそれは間違いだった。私がはじめてモーリシャス島を訪れたとき、一〇年前にキューガーデンから戻された木の一本が、国立公園保全局の養樹場の白い壁の前で、熱帯の強烈な日差しの下で見事に茂っていたからだ。その葉には茶色のまだら模様がきれいに入っていた。直射日光の下で茶色くなっていったキューガーデンの木の葉は、枯れてきたのではなく、強い日ざしに対する正常な反応として自然な茶色味を帯びてきていたのだ。人間が日焼けを楽しむのと同じように！　木には花が密集して咲いていて、雄株であることがわかった。花には繁殖能力があり、授粉に最適な状態になっていたので、いくつか人工授粉してみた。二週間ほどして同じ場所にくると、果実が二個ついていた。

二〇一〇年四月、ロドリゲス島を二度目に訪れた私は、モーリシャス野生生物基金のアルフレッド・ベゲと森林管理官に案内され、オリジナルのカフェ・マロンを表敬訪問した。私は自分の目が信じられなかった。王侯貴族のように大切に守られていると思いきや、木とその周囲はぞっとするような状態になっていた。島の人々は、島外で繁殖に成功したことを知り、最後の成熟した木を保全することへの関心を失ってしまったのかもしれない。あるいは、ヘマをしたらたいへんだと、剪定や手入れに尻込みしていたのかもしれない。もしかすると、昔は野生で生きていたのだから、今でも自力で生きられるはずだと思っていたのかもしれない。しかし、今のロドリゲス島は、かつてのロドリゲス島とは違う。それに、幹線道路から四メートルしか離れていない檻のなかで侵略的な雑草に囲まれている現状は「野生」とは言えない。

蔓性の雑草が檻の屋根と側面を覆い、日光を遮《さえぎ》っていた。檻のなかはさらにひどかった。カフェ・マロンの幹からわずか一〇センチのところに、侵略的植物として悪名高いフトモモ［シジギウム・ジャンボス（*Syzigium jambos*）］が生え、太さ二〇センチもある茎でカフェ・マロンを押しやり、空間と資源を奪って窒息死させようとしていた。カフェ・マロンは、コナカイガラムシやその他の害虫に苦しめられながら、鉄製の杭《くい》に支えられ、さびたフックで直立させられていた。地下牢で拷問される王を見ているような気がした。

もう一度、カフェ・マロンを救わなければならない。私は、モーリシャス島の壁の前で日光を存分に浴びていた木のことを思い出した。幸せそうで、健康で、びっしりと花を咲かせ、果実をつけようとしていた。この木だって幸せになるべきだ。私は森林管理官の方を向き、精一杯怒りを抑えてこう言った。「少し庭仕事をしてもいいですか？」。

「だめだめ、だめです！」と彼は言った。「ここは重要な場所なんです。これが自然な状態なんです」。

「とんでもない！」と私は言い返した。「ここは全然自然じゃない！　ほったらかしにされて、荒れ果てているだけだ」。

私はアルフレッドに向き直った。「私に聞かないでくれ」と彼は言った。「個人的には、君が正しいと思う。けれども許可なく手入れをすることはできないんだ」。

私は彼にこの件の責任者の名前を尋ね、モーリシャス野生生物基金のスタッフの名前を聞き出した。

「よし」と私は言った。「彼のオフィスにいこう」。

アルフレッドと森林管理官は本格的にうろたえはじめた。「本気かい？」「本当に手入れをする必要があるのかい？」

私は彼らを説得しようとした。「この木については、私を信頼してもらわないといけない。数年前には、ラモスマニアは元気だったね？　フトモモは今の半分ほどの大きさで、雑草は生えていなかったね？」

あの頃はよい状態だったと彼らは認めた。

「こうしよう。君が私に許可をくれ。うまくいかなかったら、私が勝手にやってしまったと言ってくれていい。どうだい？　いいじゃないか。モーリシャス島で一五本の木が待っている。私がこの島を去る頃には、多くの実生が育っているだろう。最古の木を残したいなら、私に仕事をさせてほしい。放っておけば、この木は真っ暗ななかで死んでしまい、私たちが手を下したことになってしまう」。

彼らは気の進まない様子で「わかった」と言った。「でも、やりすぎないでくれよ」。

アルフレッドと私は檻のなかに入り、大急ぎで作業を始めた。フトモモを引き剝《は》がし、蔓性の雑草を切り払い、檻から外した。檻の中に日光が入ってきた。渇きに苦しむカフェ・マロンに水を与え、害虫を駆除し、鉄製のフックと杭をそっと取り除いた。下草をきれいにしていると、隅の方に、雑草に覆われている木がもう一本あるのを見つけた。フェンスのすぐそばにあったので、檻を建てたときには枝を切られていたにちがいない。木はバドゥラ・バルフォリアナ（*Badula balfouriana*）という名前で、現在は、これを含めて世界中で五本しか残っていない。この木はずっとこの場所にあったのだ。アルフレッドはその存在を知っていたが、私はすっかり驚いてしまった。

私はロドリゲス島で六〇〇個の種子を植え、約四〇本の実生が得られた。そろそろ野生環境に戻し始める必要があった。ここでも慎重な意見が多数を占めていた。当局は弁明を始めた。「枯れてしまったらどうするんですか？」彼らは心配でならないのだ。けれども私は野生環境に戻さなければと言い張り、モーリシャス野生生物基金の養樹場のチームと一緒に、二本を曽祖父の木と一緒の檻のなかに植えた。こうすれば三本まとめて世話をすることができる。グランドモンターニュ自然保護区の外来植物を駆除してある山の側面にも数本植えた。

地元では、モーリシャス野生生物基金と森林管理局のどちらが若木を植えるべきかをめぐってもめていたので、私は両方に苗木と種子を渡した。森林管理局の人々は、自分たちに馴染みのやり方をした。前から生えていた雑草のなかに、全部を等間隔に並べて植えたのだ。今では、カフェ・マロンの木は材木用プランテーションのように整然と並び、その間には侵略的な雑草ばかりが繁茂している。一方、モーリシャス野生生物基金は別のやり方をした。彼らは、雑草を駆除してから苗木を植えても、土のなかには雑草の種子が大量にあるので、すぐに雑草だらけになってしまうと考えた。しかし、雑草を駆除し、そのまましばらく待って、再び雑草を駆除すれば、発芽を待つ種子の数をかなり減らすことができる。それからほかの植物と一緒に苗木を植えて、地面が一平方センチも見えないくらい密生させる。植物は競い合いながら成長し、最も強いものが生き残る。狭い間隔で植えてあるため、植物の葉は厚く生い茂って光を遮り、下の雑草は育ちにくくなる。

一〇年後の今、この場所を訪れると、森林のあらゆる層があり、その無秩序さに目を見張る。場所によって異なる植物が優勢になり、ある植物は湿った場所で優勢になり、またある植物は乾いた場所で優勢になっている。すべてがごく自然に見える。

もっと嬉しいこともあった。それまで一般の人々の希望を受けてハイビスカス、コルディリネ、ヘリコニア、ゴクラクチョウカなどのエキゾチックな観賞用植物ばかりを植えていた森林管理局が、方針を変えて、在来種を大切にするようになったのだ。このことは、ロドリゲス島とその植物に非常に大きな影響を及ぼした。

数年後、モーリシャス島にとどめ置かれていたカフェ・マロンの検疫がすみ、私が最初に島を訪れたときに蒔いた六〇〇個の種子から育った雌株も花を咲かせていた。ロドリゲス島のモーリシャス野生生物基金からは数人のスタッフがキューガーデンに勉強にきて、私が彼らに他家受粉の方法を教えた。彼らは、雄花と雌花の見分け方から果実の収穫時期まで、島で保全プログラムを続けるのに必要なすべての知識を習得した。

私はよく、「カフェ・マロンの再発見のきっかけを作ったレイモンド・アーキーやヘドリー・マナンには会いましたか？　きっと地元の英雄になっているのでしょうね」と言われる。実際、最初に島を訪れたとき、私は何度もヘドリーに会いたいと人々に頼んだ。私は彼にありがとうと言い、彼のおかげでカフェ・マロンを島に返すことができたのだと言いたかった。けれども人々は「そのうちわかりますよ」と言うばかりで、私は不審に思った。やがてある人が教えてくれた。「ヘドリーは死んだよ。薬物だかアルコールだかの問題を抱えていたんだ」。

ヘドリーはカフェ・マロンを絶滅の危機から救ったが、悲しいことに、彼を救うことはだれにもできなかったのだ。

第4章　モーリシャス島の救世主

モーリシャス島のブラックリバー峡谷国立公園では絵葉書のような風景が見られる。海まで続く山々、植物が生い茂る渓谷、白い水煙をあげる滝。見上げれば、細長い尾を持つネッタイチョウが、抜けるような青空を背景に白く輝いている。しかし、ここは偽物の楽園だ。あなたの足元から山々の向こうの海岸まで、公園内にある植物のほとんどすべてが外来種である。彼らは侵略者なのだ。

モーリシャスの人間の歴史も侵略者によって作られた。モーリシャスは僻地《へきち》だが、私がこれまで訪れたなかで最もコスモポリタン的な場所の一つである。最も多いのはヒンズー教徒で、一九世紀のイギリス領時代にサトウキビのプランテーションのためにインドから連れてこられた人々の子孫だ。その前の一八世紀はフランス領だったので、アフリカ大陸とマダガスカルのフランス植民地から連れてこられたクレオールの子孫もいる。オランダ人や、ジャワから連れてこられた奴隷や、中国人の子孫もいる。おもにフランス語系のクレオール語が話されているが、ほとんどの住民はバイリンガルで、出身国の言語と英語を話す。小さな村ではキリスト教の教会とイスラム教のモスクとヒンズー教の寺院がすぐ近くにあったり、中華料理店でヒンズー教徒がイスラム教徒の隣のテーブルで食事をしていたりする。彼らの暮らしはそれなりに調和している。

本質的に、モーリシャスは西洋の植民地として整備された英仏文化圏の国だ。パンプルムースの植物園も、最初はフランス式に「ル・ジャルダン・デュ・ロワ（王の庭）」と呼ばれ、次いでイギリス式に「パンプルムース王立植物園」と呼ばれ、今は「サー・シウサガル・ラングーラム植物園」と呼ばれている。ここは南半球最古の植物園で、一度は訪れる価値がある。なかでもすばらしいのはオリンピックの競泳用プールが二〇個も入りそうな大きさの池で、南米原産のオオオニバス〔ヴィクトリア・アマゾニカ（*Victoria amazonica*）〕がいっぱいに浮いている。

このような歴史を持つモーリシャスでは、植物採集は政治的な性格が強い。生物多様性がもたらす利益の公正な配分を重視し、バイオパイラシー（発展途上国の豊かな生物資源から得られる利益を先進国が独占する行為）を警戒するモーリシャス当局は、植物を厳重に保護している。問題は、すべての在来種を国内で繁殖させられるだけの施設がなく、それにもかかわらず他人を信頼しないことだ。そのせいで、絶滅の危機に瀕した植物だけでなく、植物の採集家や保全活動家もしばしば政治的な板ばさみにあい、種の存続にかかわる事態を招いてしまっている。

もちろん、モーリシャス当局がこれほど警戒するのには理由がある。例えば、近絶滅種のトックリヤシ〔ヒオフォルベ・ラゲニカウリス（*Hyophorbe lagenicaulis*）〕の物語は、問題のある事例の典型だ。トックリヤシはかつてはモーリシャス共和国の全域に分布していたが、現在ではモーリシャス島から北に二五キロ離れたロンド島にしか自生していない。野生の成熟した木が一〇本未満しか残っていなかった時期もある。トックリヤシの種子は高い需要があり、中東のシャイフ（長老）は種子一個に大金を支払うという噂があった。だれかが島からこの種子を持ち出すと、トックリヤシはたちまち増やされ、マイアミの豪邸の前庭でよく見かけられる植物になった。モーリシャスは一銭も得ることができなかったが、トックリヤシの保全、繁殖、再導入のための費用を負担して、この島を象徴する景色を作った。

伝統医学でカフェ・マロンの効能とされてきたもののどれかが、将来、本当に確認されることがあるかもしれない。大手の製薬会社は、この植物を原料とする商品を開発して特許を取得し、数百万ドルの利益を得るだろう。モーリシャス共和国とその島々は、ここでも一銭も受け取れない。モーリシャス、インドネシア、ブラジルの熱帯雨林には、シャーマンや先住民がその用法を熟知している有益な植物が無数にある。これらの国々が、先進国の手から植物を守り、そうした事態を防ごうとするのは意外ではない。しかし、植物を守るために制定された法律が、絶滅の危機に瀕した植物を保全する活動の妨げになっていることもたしかだ。

一九九二年に制定された生物多様性条約と二〇一〇年に採択された名古屋議定書は、生物多様性の利用とその利益の公正な配分に関する取り決めであるが、植物採集を時間のかかるお役所仕事にしてしまった面もある。モーリシャス政府はさらに、キューガーデンに対して、モーリシャスから持ち出されたすべての植物は、いつ採集されたものであっても、モーリシャスが権利を有すると主張した。当然、両国は対立した。キューガーデンはモーリシャスの植物を大量に収集していたからだ。名古屋議定書の対象となるのは、合意の日以降に採集された野生の植物だけである。キューガーデンがここでモーリシャスの圧力に屈してしまうと、正式な合意でなくても、先例としてあらゆる国から同じ権利を主張されてしまう。この衝突は、数年後に解決されるまで、モーリシャスでの私たちの採集・保全プログラムを立ち止まらせることになった。

時は流れ、カフェ・マロンを無事に帰国させられたこともあり、両国の協力関係は復活した。モーリシャスの植物は相変わらず絶滅の危機にあり、私は現地にいかなければと考えた。人間の手など借りなくても種は何百万年も存続できるが、最後の数本にまで減少し、チェーンソーの音が近づいているなら、なんらかの手立てを講じる必要がある。

二〇〇七年三月、はじめてのモーリシャスいきの準備をしていた私は、書籍や自然保護団体のウェブサイトで念入りに下調べをし、いきたい場所のリストを作った。けれども現地に到着して私がやったのは、国立公園や森林管理局のスタッフと仲良くなることだった。彼らは移動手段を持ち、植物がどこに隠れているかを知り、許可証を出すことができたからだ。キューガーデンとモーリシャス当局の間には前述のような行き違いがあったが、彼らは快く協力してくれた。モーリシャス野生生物基金とモーリシャス植物標本館の人々も歓迎してくれた。

国立公園保全局のスタッフは、開口一番、「それで、どんな計画ですか?」と言った。

私の主要なミッションは、絶滅の危機に瀕した植物を採集し、繁殖させることだったが、彼らには私が帰国したあとにこの仕事を引き継ぎ、植物を育ててもらう必要がある。さもなければ、私の努力は水の泡になってしまう。

私の「見る必要のある植物」リストに載っていた植物には、モーリシャスで繁殖させて置いてこられたものもあれば、キューガーデンに持ち帰らなければならないものもあった。これらは最後の野生株であることが多く、私が繁殖に成功するたびに、一歩ずつ生き残りに近づいていった。

モーリシャスの植物の保全をめぐる問題はあまりにも多く、切迫している。まずはヤシの話をしたい。モーリシャスには七種のヤシがあり、そのうち五種は世界中でここでしか見られない。かつては島のどこにでもあったが、ヤシの芯（成長点の部分）は島の人々の好物で、「パームキャベツ」あるいは「パームハート」と呼ばれて人気の昼食になっている。現在はほとんどの種類のヤシが絶滅の危機に瀕していて、栽培されているものしか残っていない種類が多い。

私が最初に見にいったヤシの一つがヒオフォルベ・ヴォーニイ（*Hyophorbe vaughanii*）だった。この植物は一時期は野生株が三本しか残っていなかったが、幸い、いくつか種子をつけたので、養樹場育ちの数本の若木が自然保護区に植えられている。私たちはブラックリバー峡谷国立公園のフロリン保護区にあるオリジナルの野生株を見にいった。木は、グアバの茂みに覆い隠されそうになっている狭い道をジープでかき分けるように進んでいった先にあった。驚いたことに、三本のヤシは、葉先が触れ合うほどの近さで、身を寄せ合うようにして生えていた。まるで、絶滅という運命と戦う三銃士のようだった。種子はついていなかったが花はあり、長くたれ下がった花序（花柄《かへい》に並んだ花の集まり）に白と茶色の花が咲いていた。保護区に植えられた若木を見にいくと、種子を三個つけていた。私はその種子をポケットに入れてキューガーデンに持ち帰り、そこで発芽させた。今ではそのうちの一本がパーム・ハウスで展示されている。残りは養樹場にあり、私は木が成熟して種子を作れるようになるのを辛抱強く待っている。

ヒオフォルベ・ウェルシャフェルティイ（*Hyophorbe verschaffeltii*）も野生絶滅の危機にある。ロドリゲス島には野生株が三六本しか残っておらず、保護されているものはそのうちの四本しかない。近年、世界中で栽培されるようになり、ロドリゲス島でも栽培されているが、これらはすべて最後の生き残りの数本の木に由来している。今回の旅は、起源に戻り、最も古い株の種子を採集する絶好の機会だった。私が持ち帰る種子のDNAはタイプ標本のDNAとまったく同じで、種子バンクに保管するには最適なのだ。

次はラタニア・ウェルシャフェルティイ（*Latania verschaffeltii*）だ。野生株は約二〇〇本あり、若い木の葉柄が黄色く、葉も黄緑色であるため、栽培されているものはキラタンヤシと呼ばれている。数は少なくないものの、自然な再生がほとんど見られないため、モーリシャス野生生物基金と森林管理局が、養樹場で育てた若木を原産地であるロドリゲス島に植えている。

アカントフェニクス・ルブラ（*Acanthophoenix rubra*）は、「レッド・パーム」や「バーベル・パーム」などとも呼ばれ、長く黒っぽい棘に覆われた幹の先端の赤い葉柄がよく目立つ。葉が成熟し、葉柄が茶色くなってくると、棘は自然に落ちてゆく。サトウキビのプランテーションを造るためにモーリシャス島の自生地が破壊された上、薬や食品として珍重されていたため、一五〇本まで減少してしまった。この植物も現在は、観賞用に庭園で栽培されたり、パームハートをとるためにプランテーションで栽培されたりするだけになっている（パームハートについては、あとでもう少しお話しする）。

いちばん悲惨なのはヒオフォルベ・アマリカウリス（*Hyophorbe amaricaulis*）の物語だ。このヤシは地球上に一本しかなく、その木はモーリシャス島のキュールピップ植物園にある。だれかがここに植えたのか、もともと生えていたのかはわからない。昔はモーリシャスで二番目に高いピーター・ボス山に広く分布していたらしく、一七〇〇年代にはこの山で採集された標本が論文に記載されている。記載とは、正式な名称を与えて、科学界に知らせることだ。木の高さは約一二メートルだが、幹は比較的細く、直径は二〇センチもない。

H・アマリカウリスは、モーリシャス島とロドリゲス島のすべての植物のなかで、私が特に心配してい

86

るものの一つだ。この木は「地球上で最も孤独なヤシ」として知られる。

ガラパゴス諸島のピンタ島に棲むピンタゾウガメの最後の生き残り「ロンサム・ジョージ」のことはだれもが知っている。四〇年間一人ぼっちで生きてきたカメの死があれだけ話題になったのは、彼が動物だったからだ。最後の生き残りのヤシが死ぬときに、人々はどのように反応するだろうか？　テレビや新聞は報道するだろうか？　ロンサム・ジョージの死と同じくらい大きなニュースになるのだろうか？　私は疑わしいと思う。このことを考えるたびに、胸がつぶれる思いがする。BBCに電話するべきだろうか。それとも、「この木を救わなければなりません。資金が必要です」と言いながら、キューガーデンの園長のオフィスのドアを叩くべきだろうか。私はもっと努力しなければならない。

問題は、保全の必要な植物が多すぎることだ。H・アマリカウリスが私にとってどんなに重要であっても、私の努力と予算のすべてをこの植物だけに注ぎ込むわけにはいかない。一本の植物を救うためにはモーリシャスに最低四回はいかなければならず、その時間と資金があれば、ほかの植物を五〇本救うことができる。わかっていても私の心は楽にならない。

私がある植物の保全に取り組んでいるかぎり、それが絶滅することはない。私が見ている前で最後に残った植物が死ぬ日がきたら、私はひどく残念に思うだろう。

私は、好奇心と同情から、このヤシを何度か見にいった。いついっても葉は三枚から五枚しかついておらず、木を取り囲む足場が設置してあるので、科学者やガーデナーは花に近づくことができた。足場については賛否両論があった。サイクロンから木を守ってくれると信じる人もいれば、サイクロンの際に倒壊して木を折ってしまうのではないかと心配する人もいた。しかし、この木の生き残りを困難にしている主要な問題は、花の咲き方が変わっていることだった。雄花は雌花よりずっと前に咲くため、雌花に授粉することができないのだ。この木は最後の一本なので、人間の助けなしでは種子を作ることができない。最初にこの木を見にいったとき、枝いっぱいに熟しかけの果実がなっていたので、私は楽観的だった。だれかがモーリシャスの植物学者を訓練し、花粉を集めて適切な温度で保管させ、雌花が咲いたときに授粉し、種子を作らせることができたのだ。

そのとき不幸が起きた。島がサイクロンの直撃を受け、果実がなっていた枝が折れて、すべての果実がだめになってしまったのだ。続いて、ほかの花序にも果実がなったが、種子は一個も発芽しなかった。その後の試みも同じような結果になった。ただ、キュールピップ植物園のスタッフが、熟す前の種子をいくつかキューガーデンの微細繁殖ユニットに送ってきて、そこで一本だけ若木を育てることができた。しかし、長い無菌フラスコの中で二五センチまで育ったところで、元気を失い、枯れてしまった。苦闘の果てに生きる気力を失ったかのような死だった。

二〇一〇年四月、私が二回目にモーリシャスを訪れたとき、再び種子ができていた。私は種子をいくつかキューガーデンに持ち帰らせてほしいと頼んだ。途中まではうまくいっていたので、もう一度やってみたかったのだ。これが、H・アマリカウリスが生き延びる最後のチャンスかもしれなかった。島の自然保護組織との複雑な交渉の末、やっとのことで同意を取り付けることができた

私は、自分の計画を詳細に説明した。実を切り取るのは、私がロンドンに帰る前日にしたかった。果実は、少しだけ柄を残して枝から切り取らなければならない。外部の細菌が種子の組織に侵入し、胚を汚染するのを避けるためだ。キューガーデンでは無菌培養を試したいので、胚が汚染されると困る。私は柄のついた種子を滅菌バッグに入れ、この島にある数少ない「フローベンチ（空気中の微生物を除去する装置）」に急いで持っていき、種子の外側を殺菌してから、ロンドンへの長距離フライトのために準備しておいた

別のフラスコに密封する。キューガーデンでは、微細繁殖ユニットのスタッフがフローベンチのスイッチ
を入れ、胚を取り出す用意をして、私の到着を待っているという段取りだ。

キューリップ植物園のスタッフから助言を受けていた国立公園保全局のスタッフは、私の話を注意深
く聞いていたが、「実を切り取るところは私たちに任せてください」と言った。

そう言われてしまっては、彼らに任せるしかなかった。当日、私は彼らに作業の手順を事細かに指示し、
自分が戻ってくるまで食堂の冷蔵庫に入れておくようにと念を押して、別の植物の採集に出かけた。

その日の夕方、採集から戻ってきた私が食堂に入ると、植物園の作業員の一人がなにかをもぐもぐ噛ん
でいて、それからポリ袋の中に殻を吐き出した。

彼らは私に種子を五個くれると言っていたが、袋には三個しか入っていなかった。

私が彼に、「君が食べているタネはどこから持ってきたんだ?」と尋ねると、彼は、「島の人間はヤシの
タネが好物なんですよ。このヤシのタネはまだ食べたことがなかったから」と言い訳した。

私は彼の首を絞めてやりたいと思ったが、衝撃が大きすぎて、「うまかったかい?」としか言えなかった。

彼はぶっきらぼうに、「いや、熟してなかったから」と答えた。

その後の調査で、ミスにミスが重なって、種子が正しく取り扱われていなかったことが判明した。すべ
ての段階に誤解があった。作業員はおそらく、H・アマリカウリスが直面している問題を知らなかった。

彼は昼食をとっておらず、ヤシの種子が好物で、冷蔵庫に入っているのを見つけて味見をしてみたのだ。

全員が当惑していた。種子は三個しか残っていなかった。無菌操作もめちゃくちゃだった。

落ち着いて考えてみると、モーリシャスの人々はみな、私の役に立ちたいと思い、精一杯努力していた。

彼らはH・アマリカウリスの繁殖の成功を強く願い、自分もプロジェクトに参加したかったのだ。ある意

味、よい勉強になる経験だった。キューガーデンの微細繁殖ユニットは残った種子について手を尽くしたが、種子を救うことはできなかった。

いつの日か、H・アマリカウリスの繁殖に成功したあかつきには、この出来事も笑い話になるだろう。そうなることを願っている。けれども、このヤシは次のサイクロンがきたときに絶滅してしまうかもしれない。この木が枯れてしまったら、H・アマリカウリスは永遠に失われてしまう。木が生きているかぎり希望はあるが、残された時間は少ない。

ディクティオスペルマ・アルブム・アウレウム（*Dictyosperma album* var. *aureum*）という金色の葉を持つ優美なヤシは、ロドリゲス島でしか見られず、一時期は世界に二本しか残っていなかった。この二本の野生株は、ロドリゲス島の主要都市ポート・マチュリンから約二キロのモンターニュ・シャルロ地区にある。種子から栽培されるようになり、今では広く植えられているが、種の保全のためには野生株の種子が必要だ。

野生株は二本とも私有地にあった。所有者はこの木の下に花壇を作ってアフリカホウセンカ［インパティエンス・ウォレリアナ（*Impatiens walleriana*）］を植えていて、花壇に落ちたヤシの種子からの実生を丹念に抜いていた。私が到着したとき、彼女はまさにこの作業をしていた。一つの種が直面する脅威としては、他に類例を見ないほどの滑稽さだった。庭の芝生に落ちた種子からの実生は、芝刈り機の犠牲になっていた。最近では、モーリシャス野生生物基金が実生を育てて、ロドリゲス島の人々に配布している。

ロンド島だけに見られる近縁種のディクティオスペルマ・アルブム・コンジュガツム（*Dictyosperma album* var. *conjugatum*）も、数十年前は一本だけになっていたが、繁殖に成功し、今では広く栽培されている。
実は、ディクティオスペルマは非常に丈夫にできていて、強風によく耐える。原産地がインド洋のサイクロンの直撃を受ける地域であるため、風の猛威に耐えられるように進化してきたからだ。風が木を倒せるほどの強さになる前に、このヤシは先端にある成長中の芽だけを残してすべての葉を落とし、幹だけが立っている状態になる。つまり、風に攻撃されるようなものを表面からなくしてしまうのだ。この木が世界中で植えられていて、最悪のハリケーンがフロリダを襲っても生き抜くことができる数少ないのヤシの一つとされているのは、そのためだ。とはいえ、なたで切りつけられればひとたまりもない。

モーリシャスには昔は約五〇万本のディクティオスペルマ・アルブムがあったが、そのほとんどが伝統料理のパームハートのために切り倒されてしまった。今では食用のヤシは畑で栽培されている。種を絶滅の危機に追い込む前にこうしておけばよかったのだが、収穫までに七年ほどかかるため、栽培するより野生株を切ってくる方が楽だったのだ。今日モーリシャスを観光する人は、食用のヤシが栽培されているのをあらゆる場所で見ることができる。

賢明な判断だ。もっとお願いしたい。

「ボリのデイゴ」と呼ばれるカッサリア・ボリアナ（*Chassalia boryana*）は、名前に負けない美しい木だ。花柄はロウのように白く、その先端に星形の花が咲いて、枝つき燭台のような花序になる。それぞれの花は一日しか咲かないが、六輪から一〇輪の花が同時に咲くこともある。上から見ると、雪の結晶や星座や超新星のような形をしていて、優雅な姿は日々変化する。

出会いは偶然だった。私がはじめてのモーリシャス訪問を終え、車に飛び乗って空港に向かおうとしていたときに、モーリシャス野生生物基金のだれかが、最近出版されたばかりの『モーリシャス島の植物』という本をくれたのだ。専門書というよりはビジュアルガイドのような本で、モーリシャス島でよく見られる植物や、めずらしい植物の写真が載っていた。[2] パラパラとページをめくると、これまで見たことのない植物の写真が目に入った。

カッサリア・ボリアナという学名は、一八三〇年にスイスの植物学者オーギュスタン・ピラム・ド・カンドルによってつけられたもので、一八世紀末にモーリシャス島とレユニオン島を旅したフランスの植物学者ジャン・バティスト・ボリ・ド・サン＝ヴァンサンにちなんでいる。どちらも自然科学界の有名人だ。華やかな名前と姿を持つこの木も、モーリシャスの植物の多くを苦しめた不幸を逃れることはできず、長らく絶滅したものと思われていた。

C・ボリアナは「デイゴ（coral tree）」と呼ばれているが、高木（tree）ではなく低木（shrub）である。高い台木に芽接ぎをして冠状の低木に仕立てたスタンダード作りのバラのように一本の茎に育ち、花は一二〇センチほどの高さに咲く。これは、かつてモーリシャスに生息していたが現在は絶滅してしまったカメの口が届かない高さだ。木の先端に最初の花が咲いて枯れると、そこが二、三本の短い枝に分かれて同じプロセスを繰り返し、やがて棒つきキャンディーの形になる。野生株の茎には地衣類がついて水彩絵の具で彩色したようになり、木をいっそう魅力的に見せている。

その写真は欄外に小さく掲載されていただけで、種の記載はなかった。どんな植物かわからなかったので、モーリシャス野生生物基金の人に聞いてみた。

「『ボリのデイゴ』だね」と彼は言った。「一九六〇年代まで絶滅したと思われていたんだけど、一本の木が見つかったのをきっかけに、再び知られるようになったんだ」。

「木はどこにあるんだい？　どうして教えてくれなかったんだ？」

「植物は多く、時間は少ないからね。実を言うと、この木については私たちもあまりよく知らないんだ」。

飛行機が離陸したとき、私は手に持った本の写真を見、それから眼下に広がる風景を見、また写真を見た。C・ボリアナが生えているという場所が上空から見えた。私は、この信じられないほど美しい植物に恋に落ちていた。

C・ボリアナはカフェ・マロンと同じアカネ科なので、単一のクローンがあるだけでは繁殖の見込みはほとんどない。私は、飛行機の窓からもう一つのラモスマニア・ロドリゲシイを見つけたように思った。木が何本もあるなら種子をいくつか郵送してもらえばよいが、一本しかない上、私はすっかり恋をしていたので、この木のことを他人に託したくなかった。私は、よそ見をせずにこの木のことだけを考え、身を捧げなければならないと感じていた。

そのことは、私がモーリシャスを再訪する申し分ない理由になった。二度目に上陸した途端、私は出迎えの人に本題を切り出した。「おはよう。また会えて嬉しいよ。カッサリア・ボリアナはどこだい？」。

マスカリン諸島には六種前後のデイゴがある。どれも美しく、よくあることだが、最も美しいものが最も絶滅の恐れが高い。それが再発見されたのはすばらしいことだった。

C・ボリアナが再発見されたあと、広く捜索が行われ、さらに一五本が見つかった。新たに見つかったばかりの株を国立公園保全局の人たちと一緒に見にいったとき、私は彼らに「複数の木から複数の挿《さ》し穂をとる必要があるね。雄花と雌花が別々の木に咲く植物は多いから」と説明していた。

彼らはあまり乗り気ではなかった。その気持ちはよくわかった。挿し穂をとると、対称的な美しい樹形が崩れてしまうからだ。そこで私は木を注意深く観察して、挿し穂をとっても対称性が損なわれないような木を数本見つけた。ほかの若木はまだ茎が一本あるだけで、枝分かれしていなかった。

私は感慨にふけっていた。前日には、飛行機の窓から美しい森林を見下ろして、最後の木はどこに隠れているのだろうかと思っていたのに、今日はその森に入っているのだ。日陰の茂みの中で一本だけ陽があたっている枝にマスカリンサンコウチョウが止まり、美しい声で鳴いていた。さて、どこから挿し穂をとろうかと考えていたとき、突然、怒鳴り声がした。

「おい、ここでなにをしているんだ？　私有地だぞ。今すぐ出ていけ！」

国立公園保全局の管理官たちは、動植物を探すためならどこの私有地にも入り、ほしい個体を採集する権限があると思っている。しかし、今回の相手は彼らに異議を申し立てているようだった。スタッフの一人がスピーカーホン（手に持たずに通話できるようにスピーカーとマイクが一体になった装置）で国立公園保全局に電話をかけ、地主と話をしてくれるように頼んだが、言い争いになってしまった。キューガーデンの規則では地主の許可なく植物を採集することは禁止されているので、このままでは私がキューガーデンから大目玉をくらってしまう。

フランス語系クレオール語での口論はいちだんと激しくなり、国立公園保全局の二人は、木にタグをつけるように私に言った。私が躊躇していると、彼らは声を張り上げた。「やれ、カルロス、やるんだ！」

そのとき、いちばんよい二本の木は、地主の私有地のすぐ外側の公有地に生えていることに気がついた。もらえるなら、これがほしい。言い争いは解決した。私は木にタグをつけて帰った。

C・ボリアナを栽培してみて気がついたことがあった。本の写真では花の色は紫だったので、この木にも紫色の花が咲くのだろうと思っていたが、最初の挿し木には桃色の花が咲いたのだ。また、太い毛のよ

94

うな花柱（めしべの一部で、花粉の遺伝物質はここをとおって子房に届けられる）が花から突き出していた。最初に咲いた数輪の花がしおれた翌日、私は一輪を切開してみた。花のなかに数本のおしべ（植物の雄性の生殖器官で、花粉を作る葯《やく》と、葯を支える花糸からなる）があったが、これらは黒く、花粉はなかった。

「ふむ」と私は考えた。「これは雌株のようだ。ラモスマニア・ロドリゲシイのように、雄株と雌株があるのかもしれない」。

二番目に開花した木には青い花が咲き、雄株だった。桃色の花が咲く雌株と、青い花が咲く雄株。この二つを一緒にすることができれば、最高に美しく、よい性質を持つ子孫ができるだろう。私は数本の木を他家受粉させてみたが、種子をつけた木は一本だけだった。それは桃色の花が咲き、おしべの葯が短く、花粉ができない木だったが、桃色の花が咲く木のすべてが種子をつけたわけではなかった。それでもやはり、花粉ができない花が咲く木と、めしべが短く、大量の花粉ができる花が咲く木があることは、C・ボリアナが雌雄異株（雄花が咲く木と雌花が咲く木がある植物）であることを示しているように思われた。

この木が枝つき燭台の形をしていること、花の色、花が上を向いていること、蜜腺があることから、チョウの媒介によって受粉を行う虫媒花であることがわかった。また、黒い果実が上向きにつくことは、果実と種子が鳥に食べられて散布されることを示していた（地上の動物に食べられるなら、果実は下向きについて、下に落ちるはずだ）。さらに、枝つき燭台形の茎が白く、その先端の果実が黒いことは、色のコントラストにより果実を強調する意味があるように思われた。

しかし、小さいコーヒー豆のような種子をいくつか蒔《ま》いてみると、白や藤色や桃色や紫色の花が咲いた。最終的に、花の色は混ぜられることが明らかになった。かくして「桃色の花＝雌株」「青い花＝雄株」という私の理論は潰えた。

　Ｃ・ボリアナの種子は乾燥や低温に耐えられない難貯蔵性種子なので、種子バンクには保管できない。だから、絶滅させたくなければ栽培を続けるしかない。私は、この木の授粉と伝播に関する情報を地元で保全活動をする人々に教えた。カフェ・マロンと同じく、カッサリア・ボリアナは熱帯地方の庭木として大きな可能性を秘めている。これも立派な保全方法だ。興味がある方は、ロンドンのキューガーデンのパーム・ハウスにきてもらえれば、その美しい姿をいつでも見ることができる。

　マングローブに似た根を持ち、蔓植物でもあり低木でもあるような植物を想像してみてほしい。奇妙な植物だと思わないだろうか？　それが、モーリシャスの雨の多い高高度森林に自生する近絶滅種のルセア・シンプレクス（*Roussea simplex*）だ。現時点ではルセア科の植物はこれしかないので、Ｒ・シンプレクスが絶滅する瞬間に種と属と科が一度に消滅することになる。

　一九三七年、モーリシャスに住んでいたイギリスの植物学者レジナルド・エドワード・ヴォーンと科学者のポール・オクターヴ・ヴィーエが『生態学ジャーナル』に発表した論文には、この植物はモーリシャスに広く分布していて、「ほかの場所では、木質の蔓植物（ルセア・シンプレクス）が地上四〜六メートルの高さに厚く茂って濃い影を落とし、陸生植物や着生植物（樹木やほかの植物に付着して育つ植物）はほとんど生えない」と書かれている。[3]

　近年、この植物は激減している。

　二〇〇三年と二〇〇四年にモーリシャス島内を徹底的に探し回っても、Ｒ・シンプレクスは九〇本足らずしか見つからなかった。島の北部のル・プスなどの狭い地域には八五本ほどあったが、もっと南のペトランという地域（ブラックリバー峡谷国立公園内のヒースの生い茂る荒野）には三本しかなかった。私は二〇〇七年にこの三本の木を見にいったが、二度目にモーリシャスを訪れたときには二本しか残っていなかった。そのうちの一本は元気だったが、もう一本は大きなタコノキ［パンダヌス属（*Pandanus*）］に脅かされていた。

　R・シンプレクスの激減には、森林伐採、植物の根を掘ったり種子を食べたりするネズミ、ブタ、サルなどの外来動物、生息地を奪う侵略的な植物のほかに、もう一つ、後述する奇妙な原因がある。

　私が見た健康なR・シンプレクスは生命力に満ちあふれていた。私が訪れるたびに花や果実がいっぱいについていて、この木を見ているだけで半日過ごせるほどだった。花の構造は複雑で、果実は風変わりで、その生態はすばらしかった。ほとんどすべての枝にランや地衣類やコケがぎっしり生えていて、周囲の植物にどれだけ頼られているかがよくわかった。ルセアに着生しているクリプトプス・エラトゥス（*Cryptopus elatus*）というランは、マスカリン諸島の固有種で、はっとするほど美しい。その純白の花は、子どもたちが学校で作ってくる切り絵の雪の結晶に似ている。

　ルセア・シンプレクスは多くの点でユニークな植物だ。ルセア亜科の唯一のメンバーであるだけでなく、受粉と種子の散布の両方を同じ動物に頼っている世界でただ一つの植物でもあるのだ。その動物が、モーリシャス原産の青い尾を持つヒルヤモリ、フェルスマ・ケペディアナ（*Phelsuma cepediana*）だ。このヤモリは、尖った葉を持つタコノキに棲《す》み、葉の根元に溜まる水を飲み、同じ木に棲んでいる虫を食べ、捕食者から守られている。なかなかよい生活である。

　受粉と種子の散布を同じ動物に頼っているR・シンプレクスは、繁殖を手伝ってくれるヤモリがいなくなったら受粉も種子の散布もできなくなり、子孫を残せなくなってしまう。ほかの植物が受粉と種子の散布を別々の動物に頼るのは、このような事態を避けるためだ。

この植物の茎は長いが、低木の茂みのようになることもあり、鮮やかなオレンジ色をした、ロウのような質感の厚い花弁を持つ花が下向きに咲く。花は、ヤモリが授粉の見返りとして飲む黄色い花蜜を大量に分泌する。果実が成長すると、哺乳瓶の乳首のような形になり、その先端から、種子がたくさん含まれているジャムのような甘い物質を分泌する。ヤモリはこれを舐め、種子が含まれる糞をする。ヤモリは巣から五〇メートル以上離れたところにはいかないため、R・シンプレクスが受粉し、種子を散布するためには、タコノキの近くに生えている必要がある。つまり、ヤモリのトイレと共生しているのだ。R・シンプレクスが満ち足りた幸せな暮らしをするためには、この複雑な生態学的関連が必要であるらしい。

私がはじめてこの植物を見て挿し穂をとったときに、高い湿度のため自然に根が出ている茎も一本とることができた。繁殖は簡単だろうと考えていたが、私の楽天的な考えはすぐにしぼんだ。一部の挿し木は一年ほど生きていたが、根を出すことなく枯れてしまった。根が出ていた茎（園芸の世界では「自然の取り木」と呼ばれる）も似たような結果になった。大きい根が一本あったが、その根はなにもせずに死んでしまった。本当に不思議だった。

二〇一〇年、私は二度目に訪れたモーリシャスからR・シンプレクスの種子を持ち帰り、繁殖に再挑戦した。国立公園保全局のスタッフは、種子から発芽させるのは難しいだろうと言っていた。キューガーデンの微細繁殖ユニットの友人ヴィスワンブハラン・サラサン博士にメールをして助言を求めると、熟した種子を蒔くという伝統的な手法以外でやってみようと提案された。「ランと同じようにしよう。未熟な果実を収穫して、フローベンチに持っていき、殺菌してフラスコに入れてきてくれ」。私は言われたとおり未熟な果実を収穫し、三六時間以内にキューガーデンに持っていった。

98

果実はたくさんあったので、熟した果実の種子を蒔く伝統的なやり方も試すことにした。問題は、種子をきれいにする方法だった。種子が腐らないようにするには、ねばねばしたゼリー部分を取り除かなければならない。野生では、この部分はヤモリの体内で消化される。私はヤモリの真似事をする必要があった。

最初は少量のゼリー部分を紙の上に広げて乾かしてみたが、蒸発するどころか濃厚な外皮のようになってしまい、うまくいかなかった。そこで私はコーヒーを飲みながら作戦を練り直した。二回目は、種子がたくさん得られるように、果実からゼリー部分をすべて絞り出し、水に入れてみた。上澄みを捨てて水を足すという砂金探しのような作業を何度も繰り返すことで、首尾よくゼリー部分を洗い落とし、砂金のように貴重な種子を蒔くことができた。

発芽した種子は一粒だけだったが、私は世界ではじめてR・シンプレクスを発芽させた人間になった。私が未熟な果実を収穫してきた木が他家受粉していたかどうかは知るよしもないため、ほとんどの種子が未受精で発芽できない可能性もあった。植物は枯死することで人間への不満を表明する。けれども私は、この死から少なくともいくつか学ぶことができた。

一年後、若木の状態はよくなく、挿し木と同じように黄色くなってしまった。栄養不足による白化だろうと思った私は少しずつ肥料を与えてみたが、最終的に枯らしてしまった。

一方、サラサンが微細繁殖ユニットで育てた方の若木は、順調に成長していた。実際、発芽した種子は少なかったが、いくつかは無菌状態で生き続け、株分けによって増やすこともできた。私はモーリシャスの植物標本館で働く植物学者のクローディア・ベイダーに連絡をとり、島の北部のル・プスの大規模個体群からも種子を採集してくれるように頼んだ。私たちは協力して大量の種子を集め、R・シンプレクスの若木と、私が二回目に発芽させた若木の生き残りを確保できたことで、開始から四、

微細繁殖ユニットの若木と、私が二回目に発芽させた若木の生き残りを確保できたことで、開始から四、プスの子孫に遺伝的多様性を持たせた。

99　第4章　モーリシャス島の救世主

五年になるこのプロジェクトもようやく勢いがついてきたように思われた。しかし、私が発芽させた方の若木は猛暑の夏に枯れてしまい、キューガーデンで栽培するR・シンプレクスの数はまた少なくなってしまった。

この植物は高温に弱いのではないだろうか。考えてみれば、小規模個体群がある島の南部は島内では涼しい場所だ。とはいえ、モーリシャスは熱帯だ。論文にも、この植物はかつては島のいたるところにあったと書かれているから、高温に耐えられないとは考えにくい。

そのときふと、「種子を採集した小規模個体群は山の上にあったから、特に高温に弱いのかもしれない」と思いついた。

この仮説を検証するためには、大規模個体群があるラ・プスの気候を知る必要がある。ここでもクローディア・ベイダーが協力してくれた。彼女によると、この個体群は南東を向いている上（北半球では北西を向いていることに相当する）、ラ・プスはかなり涼しい場所なので、イギリスの夏程度の高温であっても耐えられないかもしれないとのことだった。

私は実験を行った。二〇一三年の夏、小さな若木をエアコンの効いた戸棚に入れておいたら、全部が生き残ったのだ。熱帯の植物だから高温を好むだろうと思い込んでいたが、実は涼しい場所を好む植物だったのだ。

おそらくこの植物は、私たちが考えている以上に早い時期から地球温暖化を警告していたのだ。地球温暖化によって、植物とその生態系は島からほとんど消えてしまった。クローディアによると、R・シンプレクスの自生地では、湿り気があって雑草との競争がない木生シダ（茎が直立して高く伸びる大型のシダ）の根本でしか発芽せず、茎から不定根が生えてきて周囲に広がることができるという。それでもなお、種子を託すヤモリが必要だ。

話はここで終わらない。モーリシャスの植物が受けた被害のすべてがヒツジやヤギなどの大型の草食動物によるものではない。島に移住してきた人々は、知らないうちにアシジロヒラフシアリ〔テクノミルメクス・アルビペス（*Technomyrmex albipes*）〕という小さなアリも持ち込んでいた。このアリは一八六一年にインドネシアで最初に記載されたもので、インド・オーストラリア地域（インドからオーストラリア東部を経て太平洋の全域にかけての地域）で見られ、花蜜や果肉を食べる。モーリシャス島にきたアリは、R・シンプレクスの花のなかが空洞になっていて数日間は咲いていることに気づき、共生相手のコナカイガラムシを花のなかに入れて粘土で蓋をして閉じ込め、そこで甘露を作らせることにした。ヤモリがきても、アリがこれを攻撃して追い払ってしまうため、R・シンプレクスは花粉を運んでもらうことができない。何度も攻撃されたヤモリは木を訪れるのをやめてしまい、木は種子を作れなくなり繁殖できなくなってしまう。

絶滅の危機に瀕したモーリシャスの植物のことを考えるとき、アリについて考える人はめったにいない。人間が持ち込んだ環境問題は、思いもよらない場所で爆発するのだ。

幸い、R・シンプレクスの栽培はうまくいっていて、モーリシャス島のフェンスに囲まれた保護区とキューガーデンの熱帯植物養樹場の温室で慎重にモニターされている。いつか、彼らが自由になる日がくることを祈っている。

最後に一つ。ルセア・シンプレクス（*Roussea simplex*）という学名は、一八世紀のフランス語圏ジュネーブの哲学者、作家、作曲家の知識人ジャン＝ジャック・ルソー（Jean-Jacques Rousseau）にちなんで名づけられた。私は彼の政治哲学のファンだし、彼は自然科学のファンだった。ルソーの著作を読んでいたとき、私は次のような文章に出会った。

土地を最初にフェンスで囲んだ男が「これは私のものだ」と言い、愚かな人々がその言葉を信じたとき、その男は市民社会の真の創始者となった。杭《くい》を引き抜き、溝を埋め、「詐欺師の言葉を信じるな。大地の果実がわれわれみなのものであり、土地がだれのものでもないことを忘れたら、われわれは破滅する」と叫ぶ人がいたら、人類はどれだけ多くの犯罪、戦争、殺人から逃れ、どれだけ多くの恐怖や不幸から逃れることができただろうか。[4]

かつてフェンスは野生動物から私有財産や家畜を保護するためにあったが、今では人間から野生生物を守るためにある。おかしなことだ。自分の名を持つ植物が置かれている苦境を、ルソーはどう思うだろうか。

第5章　おしゃべりなカメ

フランソワ・ルガは一七〇八年に、ロドリゲス島内ではゾウガメの甲羅の上を伝い歩くのがいちばん効率がいいと記している。

カメは、現存する動物のなかでは最古のものの一つである。化石記録から、昔はオーストラリアと南極大陸以外のすべての大陸と多くの島々にゾウガメが生息していたことがわかっている。カメは驚くべき生物であり、植物の種子を散布し、糞をして土地を肥沃《ひよく》にし、踏みならした跡がほかの生物の通り道になるなど、今のアフリカのサバンナに生息するゾウと同じような役割を果たしている。

残念ながら、カメはほかの生物に恩恵をもたらすばかりで、自分が恩恵を受けることはない。もとから島に棲《す》んでいた動物にとって、ヨーロッパ人の来訪は核爆弾を落とされたようなものだった。

島々は長い船旅の途中の立ち寄り地となり、船員たちはここで休憩し、食料を補給した。モーリシャス島では旅行者たちがウシやブタやヤギやヒツジを野に放ち、天敵がいなかったため爆発的に増加した。島にはポルトガルの難破船から泳いできたネズミがいたが、イギリス、フランス、オランダからも、たくさんのネズミが乗った船がやってきた。島に移住してきた人々は侵略的な雑草を持ち込み、家畜を放牧するために森林を伐採した（今日ではブラジルで同様のことが起きている）。ヨーロッパ人はいく先々で植民地を作り、自然を搾取し、破壊していった。

多くの地域の野生生物は、ヨーロッパ人がくる前から人間の影響を受けていた。ニュージーランドにはポリネシア人が、オーストラリアにはアボリジニが、北米にも多くの民族が上陸していたが、植民地を作ったヨーロッパ人と比べると、彼らが環境に及ぼした影響は小さく、広がるペースも遅かった。先住民が持ち込んだ作物やニワトリが大きな悪影響を及ぼすことはなく、個体数は小さいままで、在来種と調和して生きていた。彼らの狩りにより、ニュージーランドのモア（ダチョウに似た飛べない鳥で、体高は三・六メートル、体重は二三〇キロもあった）など、いくつかの生物が絶滅したのは事実だ。しかし、そうした悲しい例は比較的少なく、まれにしか起こらなかった。

ヨーロッパからの移住者たちは、自然と人間とのバランスを崩してしまった。無計画な放牧と木材の切り出し、侵略的な雑草の持ち込み、農業のための開拓は、本来の植物相を破壊した。モーリシャスの国土の約五〇パーセントがサトウキビに覆われ、原生林の九五パーセントが破壊され、本来の植生が比較的良好な状態を保っている場所はわずか一・六パーセントと見積もられている。絶滅の波は何度も襲いかかった。一六〇〇年頃には、生物学の驚異とも言うべき巨大トカゲ、ディドサウルス・モーリティアヌス（*Didosaurus mauritianus*）が、不完全な骨格一つを残して絶滅している。ほぼ地上で暮らす黒いオウムも絶滅した。体長約五〇センチのこのオウムは、大きなクチバシを持ち、アオラタンヤシ〔ラタニア・ロデイゲシイ〔*Latania loddigesii*〕の大きな種子を割るのに役立った。このヤシは、今ではモーリシャス本島からは完全に姿を消していて、沖合いの小島だけに残っている。ドードーを絶滅させてしまった不名誉も忘れてはならない。これらの動植物は、人間の活動や人間が持ち込んだ侵略的な動植物から身を守れずに絶滅した。

ルガが乗ったというゾウガメについては、悲惨としか言いようがない運命が待っていた。人間が持ち込んだネズミやブタやマカク属のサルが、このカメの卵や幼生を食べてしまっただけではない。船員たちは、カメの足を一本ずつ切っていっても死なないことに気がついた。カメの頭でスープを作ったあとで心臓を取り出しても、数時間は拍動していた。カメはガレオン船の船底にひっくり返しにして積み上げられ、数カ月に及ぶ船旅の間、新鮮な肉を提供した。カメは貴重な水源でもあった。特殊な膀胱に水を蓄えることができ、死んだ後でも、その水は十分飲むことができたからだ。ダーウィンが世界一周の航海をし、生物学に革命を起こすきっかけとなったビーグル号には、三〇頭のゾウガメが積み込まれていたが、イギリスに到着したものはなかった。すべて途中で食べられてしまったからだ。

カメに不利な事情はあまりにも多く、その絶滅は不可避だった。

ある動物の絶滅は当の動物にとって悪い知らせであるのはもちろんだが、植物にとっても予想外の脅威になる。絶滅したカメは、いくつかの植物の果実を散布していた。また、特定の植物を好んで食べて、島の植生のバランスを保っていた。ある近絶滅種の植物は、種子を何千個も作れるのに、これを散布してくれる動物が絶滅してしまったため、二〇本しか残っていない。花粉媒介者が絶滅していなくても、その植物が僻地《へきち》で孤立していて近くに動物がいなかったり、周囲の生息地が消滅していたりすることがある。動植物の生息地が分断されている島々では、生態系はバラバラのパズルのようになっている。

しかし、短期間によい方向に変わることもある。侵略的な動植物から土地を奪い返し、人間によって持ち込まれた、在来種の植物を食べ尽くしてしまう哺乳類を追い出すことができれば、植生が変化して在来種が再び現れる。その影響は非常に大きいものになりうる。

ダレル野生生物保全トラストの支援を受けてロンド島で実施されたプロジェクトでは、二五〇匹まで減少していたロンド島ボア〔カサレア・デュスミエリ（*Casarea dussumieri*）〕が一〇〇〇匹以上まで増えた。ロンド島ボアは、カサレア属の唯一のヘビで、世界で最もめずらしいヘビの一つだ。この方向転換ができたのは、ヘビの獲物となる小型の爬虫類が増えたからだ。実は、ロンド島ボアは、上顎と下顎を動かせる唯一の脊椎動物である。そのように進化した理由は、主な獲物であるロンド島トカゲ〔レイオロピスマ・テルファイリイ（*Leiolopisma telfairii*）〕という固有種のトカゲが、攻撃されるとボールのように体を膨ませるからだと言われている。ロンド島のボリエリアボア〔ボリエリア・ムルトカリナタ（*Bolyeria multocarinata*）〕を絶滅から救うには遅すぎたが、こうした活動が残された生物多様性の回復に劇的な効果があることは明らかだ。

エグレット島は、モーリシャス島の南東の海岸から八五〇メートルのところにあるサンゴ石灰岩からできた平坦な小島で、現在は自然保護区と研究基地になっている。人々はネズミを駆除し、モーリシャス野生生物トラストの方針（「同じ分類群または同等の生物を補充する」）に従って、在来種と近縁のアルダブラゾウガメ〔アルダブラケリス・ギガンテア（*Aldabrachelys gigantea*）〕を再導入した。プロジェクトの基本的な考え方は、重要な要素が欠けたことにより生態系が崩壊してしまった場合には、別の生物に同じ役割を担わせるというものだ。このカメはロンド島にも導入されて、驚異的な成果をあげている。彼らは外来種の雑草を好んで食べ、その種子をほとんど消化してしまう。在来種はほかに食料がないときにしか食べないので、在来種はカメに食べ尽くされることなく再生して定着することができる。つまりカメは、雑草を効果的に掃除し、糞をすることで在来種に肥料を与え、その種子を散布しているのだ。在来種は回復しつつあり、モーリシャス島の外にミニチュアのモーリシャス島を作っている。

モーリシャス島から数キロのところにあるロンド島には、現在、マダガスカルの在来種のホウシャガメを含む一二五頭のカメが放されている。

多くのリクガメは二〇〇年以上生きると考えられているが、観察する人間の方が先に死んでしまうため、その追跡は困難だ。インドのコルカタの動物園で二〇〇六年三月に死んだアドワイチャというゾウガメは、一八世紀にセイシェルのイギリス人船員からイギリス東インド会社のロバート・クライブに贈られた四頭のカメの一頭で、一八七五年に動物園に連れてこられたとされている。死亡時の推定年齢は二五五歳だった。現在生きているリクガメのなかで最も高齢なのはセーシェルゾウガメ〔アルダブラケリス・ギガンテア・ホロリサ（*Aldabrachelys gigantea hololissa*）〕のジョナサンで、推定年齢は一八四歳だ。第二位はアルダブラゾウガメのエスメラルダで、一七〇歳である。エスメラルダの親戚のカメたちは、モーリシャスの植物相にかつての栄光を取り戻させるのに一役買っている。

エグレット島に上陸したとき、私はゾウガメと直接触れ合うことができた。最初に出会ったのは、愛を交わしている最中のカップルだった。その存在に気がついたのは、彼らが音を立てていたからだ。ここではただ、上品な音ではなかったとだけ言っておこう。その後、私が静かに写真を撮影していると、シューという音と、ゴツン、ゴツンという音が聞こえてきた。その音はだんだん大きく、速くなっていった。顔をあげると、体長約一・二メートルの戦車のようなゾウガメが私に向かって突進してくるのが見えた。そのカメは、庭園で飼育されているリクガメをクロサイとかけ合わせたように頑丈そうだった。私はカメラの三脚でカメをそっと突いてみたが、カメがひるむことはなかった。ここはカメの通り道なのかもしれないと思って二〇メートルほど移動してみたが、カメはまた私に向かってきた。

私が移動するたびに、カメは進路を変えた。私が左によければカメも左に、右によければ右に向かってきた。島内のどこに逃げてもカメは追いかけてきた。気温は三五℃前後もあり、汗びっしょりになった私は、カメとの追いかけっこがほとほと嫌になった。邪魔な荷物を置いて身軽になろうとリュックサックを肩から外して地面に放り投げた瞬間、カメはリュックサックに襲いかかった。

自然保護区の男性スタッフが出てきて、くつくつと笑い始めた。このカメは島でいちばん大きいオスで、片目が見えないという。優位のオスとして、彼は私とリュックサックをライバルと認定したようだ。私はこの男性スタッフと一緒に島内を三、四時間歩き回ったが、もとの場所に戻ってくると、カメはまだ私のリュックサックを攻撃していて、まるでそれが本物のカメであるかのように引っくり返そうとしていた。

この、あまり優しくない巨人たちは、危険なアクロバットをすることでも知られる。低い枝の葉を食べるために、後足で立ち上がるのだ。ひっくり返って起き上がれなくなったら死につながることもある、危険な行動だ。カメにしては非常にめずらしい行動をするアルダブラゾウガメを、メキシコの生物学者ホセ・アントニオ・デ・アルサテ・イ・ラミレスは「カメ界の忍者」と呼んだ。

ゾウガメは、あなたが想像する以上に長距離を旅することができる。泳げないゾウガメがどのようにして島に棲むようになったのか、不思議に思ったことはないだろうか？　浮かぶのだ。二〇〇四年一二月には、一頭のアルダブラゾウガメが、アルダブラ環礁から七四〇キロも離れた東アフリカの海岸に流れ着いている。

モーリシャスは絶滅の危機に瀕した生物でいっぱいだ。そのうちの約八九種が在来種のランである。なかでも興味深いのはアングラエクム・カデティイ（*Angraecum cadetii*）だ。このランはレユニオン島では心配ないが、モーリシャス島では近絶滅種で、野生株は一二株ほどしか残っていない。自生地は海抜約八〇〇メートルのじめじめした森のなかの低木が生えた荒地で、水分は霧と雨から得ている。土地が極端にやせているため、ランは高さ二メートルほどの低木を宿主にしている。枝を伝い落ちてくる雨水から水と養分を得られるように、地上から七〇〜一五〇センチほどの場所に生えていることが多い。

私は、在来種の低木の胸あたりの高さで美しい花を咲かせているA・カデティイを見つけた。つやつやした暗緑色の葉がスペインの扇のような形に並び、緑がかった白い色をしたロウのような質感の花を引き立てていた。私は一緒にいた人々に、ダーウィンとマダガスカルのアングラエクム・セスキペダレ（*Angraecum sesquipedale*）の話をした。ダーウィンはこの花の形を見て、長い舌をもつガが花粉を媒介するのだろうと予想したが、だれもそのことを信じなかった。けれども、ダーウィンの死から数十年も経ってから、マダガスカルでキサントパンスズメガという長い舌をもつガが発見されたことで、ダーウィンの予想が正しかったことが証明されたのだ。

ダーウィンはA・セスキペダレに強い印象を受けていた。一八六二年一月二五日に彼がジョゼフ・ドルトン・フッカー（のちにキューガーデンの園長になった人物）に書いた手紙には、「たった今、ベイトマン氏から、箱いっぱいのランを受け取りました。驚くべきはアングラエクム・セスキペダレで、蜜腺の長さは三〇センチもあります。いったいどんな昆虫がこの花の蜜を吸うのでしょうか」と記されている。

私たちがA・カデティイの花を見つけたとき、国立公園の管理官の一人が私の方を振り返って言った。「君ならわかるかもしれない。このランの花粉は、いったいなにが運んでいるんだろう？」

花はずんぐりしていて、幅が広く、密集していた。花弁は厚く、萼《がく》は緑がかっていたが、そこに花蜜《かみつ》はなかった。ヤモリに花粉を媒介させるには、対価として花蜜が必要なのに。

私はしばらく考えてから負けを認めた。「わからないな。ただ、どんな生物が花粉を運んでいるにしても、くるのは夜だ。花のなかの花粉塊は、頭のような形をした部分に収まっている。この大きさを見ると、ガよりも頭が大きい生物だと思う」。

このランには果実がなっていたので、なにかが花粉を運んでいるのは明らかだった。A・カデティイはダーウィンを驚かせたA・セスキペダレの近縁種だが、花粉を運ぶ生物はガではないはずだ。A・カデティイには、ガが長い吻《ふん》で花蜜を吸うために必要な距《きょ》（萼や花冠の一部がけづめ状に飛び出した部分）がないからだ。

私はその後、キューガーデンの仲間がこの謎を研究するためにレユニオン島を訪問していたことを知った。彼らは荒野で一日中花を見張り、花粉媒介者と思われる生物を探したが、なにも起こらなかった。ところが翌朝、同じ場所に戻ってくると、驚いたことに一つの花が受粉していた。

そこで彼らは暗視カメラを設置して待つことにした。

数日後の夜、遠隔操作カメラが稼働した。彼らは「再生」ボタンを押し、コオロギが花のなかにもぐり込んでゆくのを見て、畏敬の念に打たれた。コオロギはちょうどよい場所に頭を突っ込み、甘い花蜜を飲んでから、頭に花粉塊をつけて立ち去った。それから葉をよじ登って同じランのほかの花を訪れ、隣の木に飛び移った。

私の予想どおり、コオロギの頭の大きさは、ランの唇弁《しんべん》と花粉塊との隙間とぴったり一致していた。ほとんどのコオロギは日中は暗がりに隠れていて、隠れる場所は毎回違っているのがふつうだが、このコオロギはランを再び見つけられるように自分の巣に帰る。マスカリン・ラスピー・クリケット〔グロメレムス・オルキドフィルス（Glomeremus orchidophilus）〕と名づけられたこのコオロギは新種だった。通常、コオロギは花を食べてしまうことで知られるが、このコオロギはランに害を及ぼすことなく花粉を運ぶ。

コオロギが花粉を媒介する植物は、世界中でA・カデティイしか知られていない。このコオロギが絶滅すれば、ランは花粉媒介者を失うことになる。ちょうど、青い尾をもつヒルヤモリのフェルスマ・ケペディアナとルセア・シンプレクスとの関係と同じで、絶滅の悲劇は二倍になる。

私がこの島を訪れた最初の年、養樹場では数株のA・カデティイが植木鉢で栽培されていた。スタッフが私に、「このランを野生に戻すときには、どうやって木の枝や幹に固着させればいいのかな」と聞いてきたので、私は、「女物のタイツを使うんだよ。店にいって、タイツを買ってくるんだ」と答えた。私たちにとってはごく当たり前のことだったが、彼らの反応をみると、私の頭がおかしいと思っているか、強盗の支度のようなものを思い浮かべているようだったので、言い足した。

「タイツの足の部分だけ切り取って、イカリングのように輪切りにするんだ。この輪を切って紐にして、あとは好きなだけ繋いで、ランを枝に縛りつけるんだよ。そうすれば、ランの根を傷つけたり木の樹皮を傷つけたりしないですむからね。もちろんしっかり縛る必要があるけれど、紐が柔らかいから、ランは成長を妨げられることなく、自力で樹皮に固着できるようになるよ」。

私はその後、一人でモーリシャスのランジェリー店にいき、店員に婦人用のタイツがほしいと言った。厚さは三〇デニールで、できれば茶色がいい（もちろんランのためだ）。

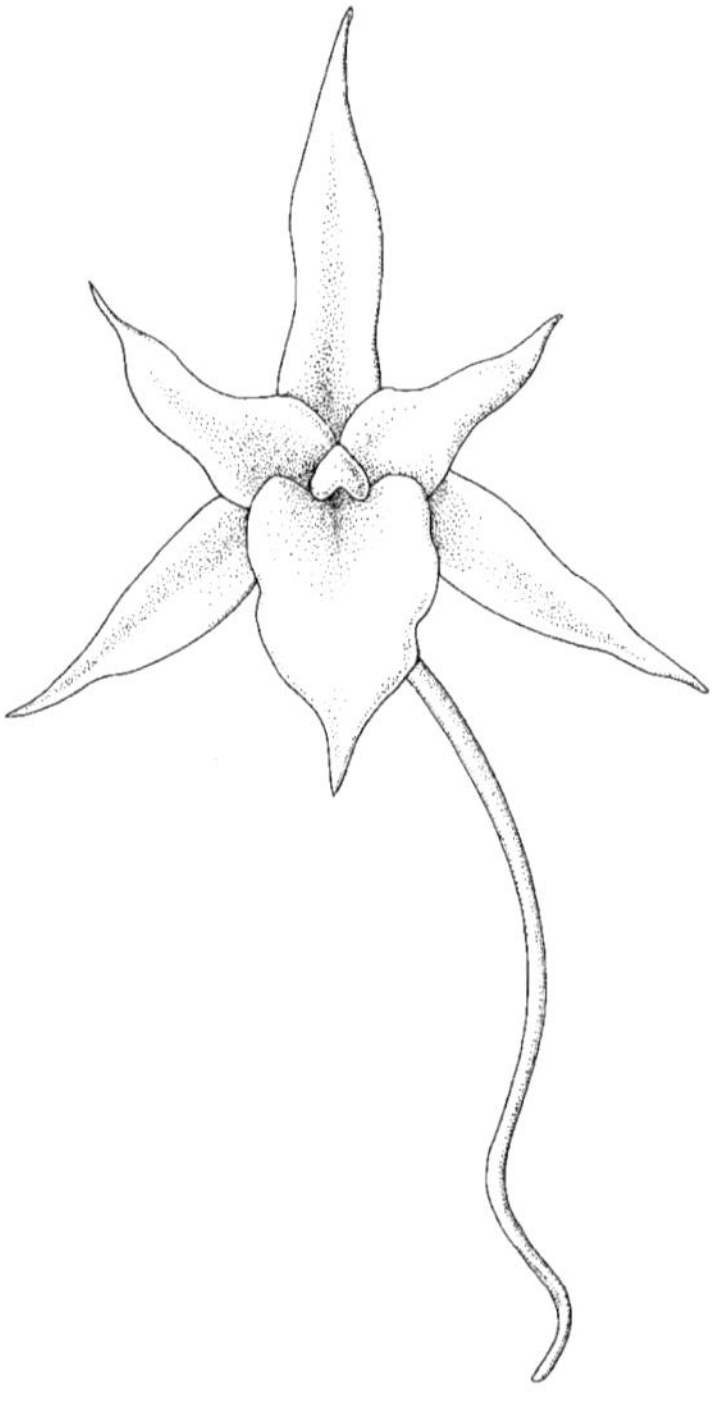

第6章　川は深く、山は高く

モーリシャス島のシンボルと言えば、高さ五五六メートルの玄武岩の露頭「ル・モーン・ブラバン」だ。この岩山は島の南西端の半島にあり、断崖がそのまま海に落ち込んでいて、リオデジャネイロのパンデアスカルやオーストラリアのウルル（エアーズロック）のような不思議で印象的なたたずまいだ。山頂は平らで、広さは一二ヘクタール以上あり、昔は脱走奴隷の隠れ場所だったという。隠れ住むには過酷な場所だが、少なくともここから見下ろすターコイズブルーの海は文句なしに美しい。

ル・モーン・ブラバンには多くの固有種が自生している。その一つが、モーリシャスの国花で、この山にしか自生していないトロケティア・ボウトニアナ（*Trochetia boutoniana*）だ。この植物は真紅のつりがね型の花をつけ、ヤモリに花粉を運ばせる。山頂の断崖で、青い海を背景に咲いているこの花を見ると、魔法にかけられたような気持ちになる。マンドリネット〔ヒビスクス・フラギリス（*Hibiscus fragilis*）〕

もある。この植物はキューガーデンにもある。ほとんどのハイビスカスは高木または低木だが、マンドリネットは平べったく、だらんとしていて、横幅は四メートルほどになるが、高さは一メートルもなく、鮮やかな赤に白い筋が入った花が咲く。私は比較的まっすぐな若枝から挿《さ》し穂をとって栽培してみたが、やはりパンケーキのように横方向に広がろうとした。ル・モーン・ブラバンに登るまで、私は常々このことを不思議に思っていた。

私はここを訪れるたびに登ってみたいと言っていたが、現地の人々は乗り気でなく、私にあきらめさせようとした。「道幅が狭くて、雨のあとは特に滑りやすいんだ」と彼らは言った。「本当に危険なんだよ。許可がなければ植物を採集できないんだから、いくだけ無駄だよ」。しかし、彼らの説得は私の思いを強くするばかりだった。一日の終わりに海岸から山を見上げるのが私の日課になった。山は私を呼んでいた。山登りのきつさはわかっていた。日中の猛暑を避けるため、ハイカーたちは早朝から山に登り始める。それでも、山の植物はあまりにも魅力的だった。野生の植物を見たいという気持ちを抑えるのは難しかった。

ある金曜日、私は地元の景観デザイナーでラン愛好家のフランソワと出会った。彼は、熱帯植物のすばらしいコレクションを持っていて、景観デザインにも地元の変種を使おうとしていた。私が「キューガーデンの人」であることを知った彼は、山に連れていってあげようと申し出てくれた。誘惑に抵抗できなくなった私は、ほかの人たちの警告を無視して、翌朝彼と待ち合わせをすることにした。

翌朝の日の出前、私たちは山のふもとを回る道をジープで進み、車を置いて、山頂に向かうジグザグ道を歩き始めた。両側には侵略的外来種と固有種がもつれ合うように生い茂っていた。途中、何度も道幅が狭くなり、私は背中を岩肌に押しつけ、両腕を広げて、すり足でそろそろと進んでいった。小さなアリになったような気分だった。私と死の谷の間には擦《す》り切れそうなロープが一本あるだけで、めまいがしそうだった。

途中、興味深い植物をいくつか見つけた。近絶滅種のマンドリネットも、キューガーデンの株と同様、岩に押しつけられたように水平方向や垂直方向に平べったくなって生えていた。私はようやく、このような樹形になる理由がわかったと思った。ル・モーンのようなむき出しの場所では、できるだけ平べったくなって、島に吹きつける強風やサイクロンから身を守る必要があるのだ。しかし、モーリシャス植物標本館のスタッフにこの話をしたところ、ル・モーンから少し離れたところにある標高七二〇メートルのコール・ドゥ・ガルドの株はまっすぐ育つと教えられた。どのような形に成長するかは遺伝的に決まっているようで、実生《みしょう》は風の有無にかかわらず親と同じ形になるという。キューガーデンの株はル・モーンで採取されたものだったので、ル・モーンの株と同じように平べったく育った。モーリシャス植物標本館のクローディア・ベイダーによると、まっすぐな株から採取した実生は、必ずまっすぐに育つという。同じ種であっても、違った習性を持っているのだ。

ル・モーンを遠くから見ていたとき、黒っぽい岩肌に鳥の糞のようなものが無数に散らばっているのが見えていたため、私は海鳥のコロニーがあるのだろうと思っていた。しかし山に登ってみると、それは地面にへばりつくように生えているヘリクリスム・モーリティアヌム（*Helichrysum mauritianum*）で、青みがかった白い葉が放射状にこんもりと重なり合い、直径五センチほどの折り紙の雪の結晶のような形を作っていた。ほとんどすべての植物が、海から数百メートルの高さにほぼ垂直にそびえ立つ、黒い火成岩の断崖で育っていた。そのなかに、ヒナギクの仲間の近絶滅種ディステファヌス・ポプリフォリウス（*Distephanus populifolius*）も隠れていた。ノボロギクを大きくしたような、鮮やかな黄色の甘い香りの花が咲き、葉を覆う白い毛が日の光を反射して、葉脈をくっきりと見せていた。この植物はモーリシャスにはほとんど残っていないが、栽培はうまくいっていて、一九八五年からキューガーデンのテンパレート・ハウスでも栽培されている。

ル・モーンの頂上には、バドゥラ・クラッサ（*Badula crassa*）の最後に残った数株のうちの一株がある。バドゥラは木質の低木だが、サクラソウ科なので、サクラソウ、キバナノクリンザクラ、シクラメンなどの草質《そうしつ》の植物の仲間である。一九九五年以来、バドゥラ・クラッサはたった一〇株しか目撃されておらず、そのほとんどが枯れてしまった。フランソワは私に、「この植物が生えているところにいきませんか？そうしたら挿し穂をとれるでしょう？」と聞いてきたが、それは無理というものだった。許可なしにそんなことをしたら、国立公園保全局の人々に迷惑をかけてしまう。おかげで命拾いしたとも言えた。山頂にいくためには、広いクレバスにかかるぼろぼろのロープの橋をわたる必要があったからだ。

　モーリシャスでは数種のバドゥラが絶滅の危機に瀕している。私は彼らのためにできるだけのことはしているが、それがなかなかうまくいかない。バドゥラ・オワリフォリア（*Badula ovalifolia*）の成体はわずか六株しか見つかっておらず、そのうちの四株が枯れてしまったので、今では野生株は二株しか残っていない。そのうち種子をつけるのは一株だけだ。木はクリスマスツリーのような形をしていて、葉は大きくて硬く、小さな白い花が固まって咲き、花が揺れると花粉の塊が落ちる。私はこの木から挿し穂をとり、キューガーデンで育て始めた。現在は数株に増え、そのうちの一株はパーム・ハウスで展示されている。しかし、バドゥラ・レティクラタ（*Badula reticulata*）は問題が多い。野生株は一二株しか残っておらず、私が挿し穂をとるたびに、親の木が枯れてしまうのだ。私は七年もの間、一本の挿し穂と同じ問題を抱えて行き詰まっている。

伝説のル・モーンに隠された貴重な固有種のほとんどを見ることができ、私は満足して山を降りた。バドゥラ・クラッサだけは、いつかヘリコプターでくるときのお楽しみにとっておくことにして。

キリンドロクリネ・ロレンケイ（*Cylindrocline lorencei*）は、高さ二メートルほどの地味な木だ。多くの葉が放射状に重なっていて、若葉はロバの耳のように柔らかくて毛が生えている。私がこの木について語るときには、特定の木をさしている。この植物は、ブラックリバー峡谷国立公園のシャンパーニュ平原で発見された一株しか知られていないからだ。もう一度言おう。たった一株だ。私たちはこの木の母親を見たことがなく、父親も知らない。彼らはとっくの昔に枯れてしまった。この木には家族がなく、声もなく、一人ぼっちで成長した。

一九八〇年、休暇でモーリシャスを訪れた植物学者のジャン・イヴ・レスエフは、この最後の木から数個の種子を採取してフランスに持ち帰った。一九九四年にブルターニュ地方の国立ブレスト植物園で発芽試験が行われたが、種子は発芽しなかった。種子が死んでいたのか、発芽力がなかったのか、栽培方法が間違っていたのか、理由はだれにもわからなかった。地球上には、これ以上実験を行うだけの種子がなかった。一九九〇年までに、野生のC・ロレンケイは絶滅した。残されたのは、研究所の死にかけの種子だけだった。

そのとき、奇跡が起きた。

種子は胚乳《はいにゅう》と胚という二つの主要な部分からなる。胚乳は、根や芽が形成されるまで発芽に必要な養分を蓄える部分だ。胚は、のちに根や茎や葉になる部分であり、植物を形作るために必要なＤＮＡなどの情報はここにある。種子のなかには非常に多くの細胞があるのだ。

見た目に反して、種子は生きた有機体である。今では、染色体検査により、生きている細胞と死んだ細胞を色分けすることができる。国立ブレスト植物園はC・ロレンケイの種子を検査し、ほとんどの細胞が死んでいて、自然に発芽するはずがないことを明らかにした。しかし、すべての細胞が同時に死ぬわけではない。死への過程は徐々に進行するため、まだ生きている細胞もあった。

彼らは細心の注意を払って、最後に残った三個の種子から生きている細胞を取り出した。微細繁殖で植物を育てるときには、胚または細胞を取り出し、試験管ベビーや幹細胞を育てるように、植物が必要とするすべての養分を含む溶液のなかで栽培する。最初のうちは疣のような奇妙な細胞塊にすぎないが、しばらくすると徐々に植物の形になってくる。これを数年間育てたあと、最初の植物を無菌フラスコのなかから出し、三株のクローンを得ることができた。

国立ブレスト植物園は二〇〇一年に数株のC・ロレンケイをイギリスのキューガーデンに送り、私たちは今でもこの植物を育てている。キューガーデンでは挿し穂から一株の木を根づかせることに成功したが、それは容易ではなかった。実は、採取する挿し穂のほとんどが枯れてしまうのだ。そもそもこの木はあまり枝分かれしないため、挿し木で増やすのは時間がかかって効率が悪い。大きな木から採取した挿し穂ではなく植物組織を用いる微細繁殖が最も効率的な手法であることは明らかだった。

二〇〇六年、フラスコの中で微細繁殖させた植物がモーリシャスに戻されたが、現地の環境になじめずに枯れてしまった。その一年後、もっと大きい株を私が個人的に島に持っていくことになった。光栄な役目だったが、最初から不安だった。今度の株は樹高が六〇センチあり、手荷物として飛行機の機内に持ち込むには大きすぎたからだ。航空会社には、貨物室に積み込まれた植物が低温のせいで枯れたり傷ついたりしないようにする設備がないことを、みなさんはご存知だろうか？　飛行機でネコやイヌを送ることは

118

できるが、植物を凍死させないためのサービスはないのだ。

この問題を解決するため、私は航空会社と梱包会社に何度も電話をかけた。みなさんは、私が法外な請求をしていると思われるかもしれない。

「例えばの話なのですが、私が動物園の職員だったとして、トラを貨物室に載せることはできますか?」

そういうサービスはあるという。ウシも飛行機に乗せられるそうだ。

「それなら、植物を生きたまま持っていきたい場合にはどうすればいいですか? ウシが入る大きさの箱に植物を入れればいいですか?」

「私にはわかりかねます。システム上、私にはそうした判断はできないのです」。

そんなやりとりを重ねた末、ついに木の安全を保証してくれる人を探し出すことができた。私はフライト前夜に空港にくるように言われ、そこで植物はすみずみまでチェックされて、飛行機に積み込まれた。

二〇〇七年三月、モーリシャスに到着した一二本の貴重なC・ロレンケイは、在来植物繁殖センターで隔離検疫を受けることになった。この木の自生地は島内でいちばん涼しい場所なので、低地の夏の暑さを嫌う可能性がある。私は最初の株が発見された場所に似た環境の高地で隔離検疫を受けることはできないだろうかと尋ねた。

「できません」と彼らはにべもなく言った。「高地には設備がないのです」。

植物にはお役所仕事は理解できない。彼らは検疫が終わるのを待つことができず、数カ月後に手続きが終わったときには二本しか生き残っていなかった。一本はその後も生きていて、ブラックリバー峡谷国立公園のピジョンウッド野外遺伝子バンクに送られた。ここは、標高が高い場所に生えるめずらしい固有種が植えられている、樹木園のような養樹場だ。

ほかの木が暑さと隔離検疫システムの問題のせいで枯れてしまったのは本当に残念だった。理想的には、低地で短期間だけ隔離栽培してから、高地の野外遺伝子バンクでしっかり見張ればよかったのだ。これらは地球上でわずかに残った貴重な株だった。絶滅の危機に瀕した植物を本気で生き残らせようと思うなら、当局はもっと迅速に手続きをしなければならなかったのだ。

私はしばしば多くの植物を同時に研究し、繁殖させようとしているので、何枚もの皿を同時に回す曲芸師になったような気がすることがある。私は次々に皿を回してゆき、前に回したものが止まりそうになると、そこに戻って理由を考え、再び回す。前回の返還に失敗してから七年後、私はC・ロレンケイの返還に再挑戦することにした。私は、この木から採取した挿し穂のほとんどが腐ってしまったことを覚えていた。C・ロレンケイのようなキク科の木質の植物は、中空の茎にスポンジ状の髄が入っているものが多く、腐りやすい。先ほどもお話ししたように、キューガーデンの微細繁殖ユニットの同僚は、この植物を「切り貼り」して簡単に繁殖させることができた。彼らが繁殖に使ったのは、無菌のフラスコのなかの少量の植物組織だった。

そこで私は、若い茎から挿し穂をとるのはどうだろうかと考えた。若い茎は成熟した茎のように中空ではなく、挿し穂が根付きやすい可能性があるからだ。私は早速実験してみた。主茎を強めに切り戻して、葉のない茎についている休眠状態の小さなつぼみが勢いよく成長してくるのを待った。若枝が二センチほどの長さになったとき、メスを使って先端から小さな挿し穂をとった。それは無菌状態ではないが一種の微細繁殖だった。ふつうは寒天培地を使うが、私は細かく切り刻んだココナッツファイバー（ココヤシの実の殻からとった繊維）と洗った川砂を使い、ミストユニットに置いた。どうなったか？　挿し穂はわずか二週間でしっかり根づいたのだ。こうして私はいつでもC・ロレンケイを増やせるようになった。特に

120

春は成功率が高かった。この手法を用いれば、微細繁殖並みの確実さで挿し穂を根づかせることができるので、島の高地に数株の親株を定着させることができれば、あとは島で繁殖させることができる。現在、キューガーデンと国立ブレスト植物園で繁殖した株を再導入できるように、この木が最初に発見されたエリアの復元作業が始まっている。いつの日か、C・ロレンケイが故郷に帰る日のために。

種の絶滅を宣言するには慎重を要する。絶滅したとされてから四〇年後に最後の一本が見つかったカフェ・マロンのように、どこかでだれにも気づかれることなく一本の木が残っているかもしれないからだ。インターネットとソーシャルメディアの発達のおかげで、どんな僻地にも最新のニュースが届き、専門家が探している植物の画像をだれでも見られるようになったことで、珍しい植物が発見される機会が増えている。

しかし、カフェ・マロンが新たに発見される希望はほとんどない。ロドリゲス島は非常に小さいからだ。ほかの植物については奇跡的な再発見の例があるものの（一つの島に希少な種や絶滅した種が集中している場合には、再発見の可能性は大きくなる）、これまでのところカフェ・マロンの新たな株は見つかっていない。

アオイ科のドムベヤ属（*Dombeya*）の植物は、幽霊のように出没する。よく見られるのはドムベヤ・ワルリキイ（*Dombeya wallichii*）で、熱帯から温帯にかけて観賞用に栽培されている。大きく広がった低木で、葉はハート型で、明るいピンク色の花が密集して咲く。けれども、ドムベヤ属のほかの仲間はこれほど幸運ではない。

ドムベヤ・ロドリゲシアナ（*Dombeya rodriguesiana*）は、ロドリゲス島の固有種で、生き残っている野生株は一本しかなかった。この木は挿し木で増やせるが、挿し穂を根づかせるのは非常に難しく、現在は二本しか生き残っていない。一本はロドリゲス島のソリチュードでモーリシャス野生生物基金が運営している養樹場で、もう一本はフランスのブルターニュ地方の国立ブレスト植物園で栽培されている。

ロドリゲス島の野生株が枯れたとき、私たちに残されたのは挿し穂だけだった。厄介なことに、この植物は、ある株には雄花が咲き、別の株には雌花が咲く雌雄異株であるようだった。そして、最後の野生株は雄株だった。

私がはじめてロドリゲス島を訪れたときはそんな状況だった。けれども二回目に訪問したときには、新しい株が見つかっていた。それはロドリゲス島のアンス・キトール地区の農家の裏庭にあり、木のまわりではニワトリが飼われていた。家の人は数年前にこの地所に引っ越してきたばかりだったが、木はそのときからあったという。木の高さは約二・五メートル、幅は約一・五メートルで、幹の直径は約一〇センチだった。貴重な木は、早速、周囲を金網で囲われた。私はこの木を繁殖させようとしたが、キューガーデンはロドリゲス島からあまりにも遠く、挿し穂をとってからの時間が長すぎて、根づかせることはできなかった。

ドムベヤ・ロドリゲシアナの近縁種で、同じくモーリシャスの固有種であるドムベヤ・モーリティアナ（*Dombeya mauritiana*）の方が期待が持てた。葉は菩提樹に似ていて、高さは二〜三メートルで、幅も同じくらいのこんもりした低木だ。ドムベヤ属はだらりと垂れ下がった大きい花をつけるものが多く、花の色は白から濃いピンク色だが、ドムベヤ・モーリティアナの花は全然違う。咲き始めは小さくて白い、平べったい頭状花（キクのように多数の花が密生して一つの花のように見えるもの）だが、徐々に茶色くなり、しばらくその状態を保ってからしおれてゆく。かつては、モーリシャスの低地の高温で日あたりのよい場所に、野生の雄株が一本だけあった。この株は一度も種子をつけなかったが、挿し穂がとられ、何年も前からキューガーデンと国立ブレスト植物園で栽培されている。これらの株も、一度も種子をつけたことがない。

それにもかかわらず、私がはじめてモーリシャス島を訪れたとき、国立公園保全局がキュールピップ植物園で運営している在来種繁殖センターで多数の実生が育っていた。

「どういうことだい？」と私は彼らに言った。「こいつは種子をつけないと思っていたけど」。

「それがつけたんだ」と彼らは答えた。「何年も前にとった挿し穂を樹木園に植えたら、種子をつけたんだよ」。

私は、実生の葉の裏側に細かい毛が生えていることに気づいた。毛の色は、もとの木と同じように金色のものもあったが、白い毛のものや赤みがかっているものもあった。

私は以前、レユニオン島のルイジア・コルダタ（*Ruizia cordata*）というアオイ科の植物を、ドムベヤ・モーリティアナと交配させようとしたことがある。そのときは種子ができて、簡単に発芽した。ルイジアは単一のクローンしか知られていなかったが、それも雄株だった。不思議なことに、この雄株はのちに性転換して種子をつけた。どういうことだろう？　この植物は、生育条件に応じて性別を変えるようなのだ。

ドムベヤ属の植物は一二〜一五種が栽培されていて、モーリシャスにはいくつかの在来種があるため、私は、養樹場の実生は雑種なのではないかと疑っていた。私は、これらの実生が二つの別々の種に由来しているかどうか確認するため、キューガーデンに数本持ち帰って花を咲かせてみたいと頼んだ。園内のジョドレル研究所でＤＮＡ検査をしてもらえれば、もっと迅速に疑いを晴らすことができる。ドムベヤ・モーリティアナはめったに種子をつけないため、その純粋さは重要だ。養樹場の実生が本物なら、他家受粉させて、さらに種子を作らせることができる。これは、ドムベヤ・モーリティアナの未来にとって重要なことだ。反対に雑種だったら、養樹場で育てるのをやめなければならない。

私が二度目にモーリシャスを訪れたとき、彼らは「なあ、カルロス。植物標本館のヴィンセント・フローレンスとクローディア・ベイダーが、ドムベヤ・モーリティアナをもう一株見つけたんだ。それが、最初の木とは全然違う場所だったんだ」と教えてくれた。その木はストロベリーグアバ「プシディウム・カトレイアヌム（*Psidium cattleianum*）、テリハバンジロウとも呼ばれる」のやぶのなかにあるという。ストロベリーグアバは生態系を破壊する侵略的外来種だが、果実はとてもおいしく、イチゴと洋ナシとフルーツ系調味料を混ぜたような味がする（ちなみに、ロンド島を訪れる予定の人は、モーリシャス島で果物を食べてしまうと大問題になる。ロンド島は自然保護区なので、外部の動植物が持ち込まれないように、装備は事前に徹底的にチェックされる。島にはトイレもないので、一週間前から果物と野菜を食べるのを控えなければならない。私たち人間も種子を散布していることを忘れてはならない。腸も含め、すべてが検疫の対象になる）。

私たちがめざすドムベヤ・モーリティアナは人里離れたところにあった。そこはブラックリバー峡谷国立公園の最高点の一つで、道路から二時間ほど歩く必要があった。私たちは小道をたどって山に入っていった。登り、下り、等高線に沿って歩き、岩を越え、小川をわたり、ストロベリーグアバの茂みをなたでかき分けながら進んでいった。ここの茂みは特に密生していた。現地の人はストロベリーグアバの茎を切ってきて庭のトマトやマメの支柱にするが、その際、切り株に除草剤を撒《ま》いてくることになっていた（私がはじめてモーリシャスを訪れたとき、人々が赤い手をしているのは伝統的な風習なのだろうと思っていたが、高地にきてから、除草剤に赤い色素が含まれていることを知った）。長く、暑く、きつい山登りだった。

私たちは一時間ほど無言で登りつづけた。聞こえるのは、なたを振り回す音だけだった。突然、前の人が大声をあげた。「ガンジャ、ガンジャ、ガンジャ!」。森のなかに大麻のプランテーションが隠されていたのだ。彼らは大げさなほど反応した。私の視線をさえぎるために両手を広げ、入浴中の裸の女性を守るかのように、「見るな、見るな!」と叫んだのだ。「深刻な事態だ」と彼らは言った。「警察を呼ばなければいけない。木を見にいくのは中止になるかもしれない」。一人がリュックサックから衛星電話を取り出し、フランス語の緊迫したやりとりが始まった。私に理解できたのは「ガンジャ」という言葉だけだった。

幸い、山登りは続行できた。永遠に続くようなストロベリーグアバの茂みをかき分けかき分けして、とうとう二時間半後に急勾配の丘の頂上にたどり着いた。そこに、高さ五メートルほどのひょろひょろした幹と、こんもり茂った枝と、私が以前見たものよりはるかに大きい一五センチほどの葉をつけた木があった。ドムベヤ・モーリティアナだ。

背丈が低くて枝が多く、キューガーデンの木に似ていると感じたが、その枝はグアバの茂みよりはるかに高いところにあり、手が届かなかった。

私は木を見上げて「はしごが必要だ」とぼやいた。

「そうかもしれないね」と、だれかが役に立たないことを言った。

私たちは挿し穂にする茎がほしかった。植物標本館の標本にする花と葉もほしかった。果実がなっているかどうかも調べたかった。どれも地上からは無理だった。私は翌日イギリスに帰ることになっていたので、はしごを取りに戻るという選択肢はなかった。では、どうやって枝を手に入れるか?

人間をはしごにするのだ。いちばんがっしりした人が土台になり、その肩に二人が立ち、さらにその上に私が乗る。問題は、私たちの足元に深さ一〇〇メートルの谷があることだった。だれかが足を滑らせたら、全員の命はない。

まずは土台になる人がしゃがんで、その肩に二人が乗り、下の人が重量あげの選手のような大きなうなり声をあげて力み、まっすぐ立った。それから私が三人の体を登っていった。人の肩や髪や耳を足で踏みつけ、何度も謝りながらいちばん上までよじ登り、姿勢をまっすぐにしてから、下の方の枝に向かってできるだけ手を伸ばした。

あと三〇センチ足りなかった。

下から叫び声が聞こえた。

近くの木の枝から枝へ、モーリシャスクロヒヨドリ〔ヒプシペテス・オリワケウス（*Hypsipetes olivaceus*）〕が跳ね回っていた。この島の固有種の鳴鳥で、二九〇組ほどしかいない、珍しい鳥だ。私がカメラに手を伸ばすと、人間のはしごがぐらりと揺れたのでゾッとした。

私たちはもう一度、低い枝を狙うことにした。今回は、はしごになってくれた人が、二股になっていた木の枝を折り、上にいる私に手渡してくれた。私はそれをほしい枝に引っ掛けて、首尾よく折ることができた。花はすべて雄花で、栽培されているものと形は完全に同じだったが、大きさは二倍もあった。果実もあった。このクローンと果実を保存できたのはすばらしいことだったが、訳がわからないことでもあった。一般に、ドムベヤ・モーリティアナには雄花が咲く株と雌花が咲く株があるとされている。この木に咲いていた花はすべて雄花だった。けれども果実がなり、種子があったということは……雌株？

キューガーデンでは、ドムベヤ・モーリティアナは熱帯エリアで育てられていた。しかし、この新しいクローンが自生していたのは温帯だったため、キューガーデンに戻った私は、低地の木と高地の木の一部を温帯エリアと熱帯エリアの両方で育てることにした。カフェ・マロンと同じように、この木の花には温度に関連するなにかが影響を及ぼしているにちがいないという確信があったからだ。おそらく温度が性別を決定していると思うのだが、どうだろう?

そして、驚くべきことが起きた。

冬の低温では、どちらのクローンにも雌花が咲いた。高温では、どちらのクローンにも雄花が咲いた。だから、常に暑い熱帯エリアでは、どちらのクローンにも必ず雄花が咲いていた。温帯エリアでは、春には雌花が咲いていたが、気温が上昇して夏が近づいてくると、ときに中間的な段階を経て、最終的には雄花だけが咲くようになった。

しかし、熱帯エリアの雄花から花粉を採取し、より涼しい温帯エリアの雌花につけて自家受粉させても、種子はできなかった。おそらく受粉には別のクローンからの花粉が必要なのだ。低地のクローンの雄花と雌花の間の受粉は、まだ試していない。これらの花は咲く時期が違っているため、花粉を採取してから木の準備ができるまで貯蔵しておく必要がある。どんな結果になるか、楽しみだ。

モーリシャスの夏は一二月から五月までで、九月から一一月までは涼しくて乾燥している。高地はもっと寒い。ドムベヤ・モーリティアナがもっと広く分布していたら、興味深いシナリオを描くことができただろう。ハエは、遠く離れた植物に花粉を運ぶことができる。実際、一日の間に異なる季節を経験するほど離れた場所を訪れることができるのだ。なんと奇妙な生態系だろう。同じ山の別々の斜面の別々の高さにさまざまな気候があることが、多様なクローンを作り出したのかもしれない。

私が直接観察して確認できるのは、ドムベヤは低温では雌花を咲かせるらしいということだけだ。また、ほとんどの期間は雄株のように見えるのに、ときどき果実をつけて私たちを驚かせる株がある。

このような形で温度が花の性別に影響を及ぼす植物を、私はほかに知らない。私たちは皆、ドムベヤ・モーリティアナは低地の植物だと思っていたが、今は、少し変わった形の高地の植物も持っている。おそらく、この植物は昔は島じゅうに分布していて、いろいろな品種があったのだろう。

生き残りが数本しかないことで困るのは、全体像のかなりの部分が失われてしまうことである。モーリシャスの植物を保存することは考古学に似ていて、すべての破片を組み合わせて昔の様子を推測することは、控えめに言っても非常に困難だ。

私は、養樹場の植物が雑種かどうかを明らかにする必要があった。そこで、葉の裏の毛の色が異なる株のDNAを調べてもらった。結果はどうなったか？　なんと、すべてが同じ種だった。

低地の木が種子をつけ、ブラックリバー峡谷の高地の木に果実がなり、雄花が咲いていたということは、これらの木に受粉させた未知のドムベヤ・モーリティアナがどこかにあるはずだ。モーリシャスでは、絶滅の危機に瀕した植物が生えている場所はほとんど把握されている。もう一本あるなら、絶対に探し出さなければならない。さもないと、その木は切り倒されたり、枯れたりするおそれがある。

この分だと、モーリシャスには植物用のセクシャルヘルスクリニックが必要になりそうだ。植物性科学者という新しい職業もできるかもしれない。性に悩む植物が彼らのところに相談にいけば、「私たちは判断するためではなく、あなたの力になるためにいるのです」と言って、じっくり話を聞いてもらえるだろう。

レース・ツリーとも呼ばれるエラエオカルプス・ボイェリ（*Elaeocarpus bojeri*）は、縁がぎざぎざになっているつりがね型の小さな白い花が密集して咲く、地球上で最も美しい木の一つだ。二〇一〇年に最後の生き残りの二本が発見された場所は、モーリシャスでいちばん有名なヒンズー教寺院だった。この寺院はモーリシャス版タージ・マハルとでも言うべきもので、海抜五五〇メートルのクレーター湖、グラン・バッサンの隣にある。一時期は三本の野生株が残っていた。二本は近くにあったものの、一本は離れたところにあり、地元の建設ラッシュに巻き込まれるおそれがあったため、掘り上げて森林局の養樹場に移植された。私が島を訪れたとき、ちょうどその木が花を咲かせていた。

私はエラエオカルプス・ボイェリを繁殖させたいと言ったが、国立公園保全局の人々は、この木から挿し穂をとってもうまくいかなかったし、種子も発芽しなかったと言って聞かなかった。しかし、同局の在来種養樹場には小さな株が四株あった。ということは、なんらかの方法で繁殖させることができたはずだ。

「ちょっと待って。君たちはここに四株あると言ったそばから、繁殖させることはできないと言うのかい？どういうことなんだ？」と私は尋ねた。

私は挿し穂をとりたかったが、彼らは言い逃れを続けた。最初は、養樹場の木は小さすぎると言い、次に、野生株は遠くにあって、挿し穂をとってもどうせうまくいかないのだからいくだけ時間の無駄であり、その時間で、もっと大切なことをするべきだと言った。私は彼らに圧力をかけなければならなかったが、彼らが私を引き止めようとする理由はわからなかった。ヒオフォルベ・アマリカウリスの悲劇を繰り返すことになるのだろうか？

私が国立公園保全局のケヴィン・ルホモーンに話をすると、養樹場の人々はようやく折れた。その際、ルホモーンは私にこう言った。「種子を発芽させる方法を見つけてくれたら、本当にありがたい。種子はたくさんあるのだけれど、発芽させる方法がわからないんだ」。

この木は本当に美しいので、なんとしても生き残らせたかった。恋に落ちてしまったら、その気持ちを抑えることはできない。

私はようやく森林局の養樹場に連れてきてもらい、自分の目で木を見ることができた。現地の人々が「ボワ・ダンテル（レースの木）」と呼ぶこの木は、縁がぎざぎざになった白い花をつけていて、まわりの地面は腐りかけの果実で覆われていた。種子を見てみると、厚い木質の外皮に包まれていたので、「ニッキング」をする必要があるのは明らかだった。ニッキングとは、鋭利なナイフで種子の外皮を切り取ったり、紙やすりをかけたりして、種子のなかの柔らかい組織に水が届くようにし、発芽を促すことだ。野生では、種子の外皮はどのようにして破られるのだろう？　アマトウガラシに似た細長い緑色の果実をカメが食べて、その消化器官を通過する間に種子が柔らかくなるのだろうか？

私は森林局長のところにいき、種子の外皮に傷をつけてみることを提案した。

「もちろん、やりましたよ」と彼は言った。「種子に傷をつけて、酸性のコンポスト（堆肥）に埋めて湿度を保ち、それから二、三個の種子を蒔《ま》いたら、一個だけ発芽しました。あなたもやってみるといいですよ」。

私は心のなかで思った。「それがわかっているのに、なぜだれもやらないんだ？」

その後、キュールピップ植物園の養樹場にもう一株あることがわかったので、イギリスに戻る直前に見にいった。植物園や公園の木のまわりには、草が生えていない、土がむき出しになっている円形のエリアがあるのがふつうである。草刈り機から木を守るためだ。ところがこの木のまわりには草がぎっしり生えていて、幹のところまで同じ高さに刈られていた。これを見た途端、私は半狂乱になって木の根本に駆け寄り、刈り取られた草をどけると、草刈り機のブレードで樹皮がぐるりと剝《は》ぎ取られていることがわかった。私はあらゆる呪いの言葉を叫んだ。樹皮とその下の層を剝いでしまったら、根とその他の部分を結ぶ栄養補給経路が絶たれてしまう。それでも水は上がるので、木はしばらくは元気そうに見えるものの、おそらく死ぬ。

私は養樹場の責任者のところにいった。

「この木を見ましたか？　悪い知らせです。今は元気そうに見えますが、技術的には死んでいます。どういうことです？」

「ああ、挿し穂がほしいんだね？」

「違います！　技術的には死んでいます」。根から若枝が出るかもしれませんが、上の部分はもうすぐ枯れます」。

私が彼に傷ついた部位を見せると、彼もショックを受けていた。草刈り機の犠牲になる若い木は多い。イギリスを始め世界中どこでも起こることなので、公園管理人に話を聞いてみるとよい。だから、木のまわりには草を生やさず、土がむき出しになるようにした方がよいのだ。まわりに草がある場合には、周囲をフェンスで囲むとよい。そうしておかないと、「あと少しだけ」下草を刈ってきれいにしようとする気持ちが、木の命を奪うことになる。若い木は特に、水の取り合いになる芝生やその他の草質の植物が茎や幹の近くにあるのを嫌うため、まわりに草のない場所を作っておくのは、どちらにとってもよいことなのだ。

結局、私は森林局の養樹場の木から採取したE・ボイェリの挿し穂と種子を持ってイギリスに帰り、挿し穂を根づかせ、種子を発芽させた。あっけないほど簡単だった。嬉しいことに、キューガーデンでは木はよく育った。異なるクローンがあったので、他家受粉させて、多くの変種を得ることもできた。あとは、この木にとっていちばんいい栽培法を明らかにして、木と私の知識をほかの人々に分けるだけだ。E・ボ

131 ｜ 第6章　川は深く、山は高く

イェリは美しく、近絶滅種で、私はそれを繁殖させることができる。だれにとってもよい状況だ。この木は国際自然保護連合（ＩＵＣＮ）のレッドリストの表紙にもなり、自然保護のアイコン的な存在になった。

それから三、四年後、ケビン・ルホモーンからメールがきた。「まだエラエオカルプス・ボイェリを育てているかい？ 何株かあるなら、いくつか送ってもらえないだろうか」とのことだった。その後、キュールピップ植物園の養樹場からも同様のメールがきた。

「いったいなにが起きているんだ？」と私は思った。

そこで私は返事を書いた。「実生が五本と、森林局の養樹場の木から挿し穂をとったものが三、四本あります。挿し穂を送ります。何本必要ですか？」それからもっと重要なことも書いた。「なぜ必要になったのですか？」

ヒンズー教寺院の横の二本の野生株が切られてしまったのだという。植物の保全よりも全体の景観を重視するだれかが、湖の眺めをよくするために、周辺の植物を伐採することにしたのだ。Ｅ・ボイェリも、あっという間に切り倒されてしまった。植物の保全に携わる世界中の人々が、この知らせにショックを受けた。この二本の木の重要性を知っていたからだ。

私は養樹場に種子の発芽のさせ方と挿し穂の取り方を教える指示書を送った。今では、彼らは自分で作業をすることができる。しばらくして、二本の野生株の切り株から、再び芽が出てきたという。おそらく木は株立ちになり、往年の優雅さは失われるかもしれないが、少なくとも生き延びて、いつの日か、昔のように見事な木になるだろう。

挿し穂をとるために繁殖用ナイフを扱う人間と、木を切り倒すために斧をふるう人間との戦いは、ダヴィデとゴリアテの戦いに似ている。けれども私たちは、どちらが勝ったかを知っている。今、キューガーデンで育てられているE・ボイェリの本数は、モーリシャス島で切り倒された木の本数より多いはずだ。

植物の保全活動の最前線では、今日もぎりぎりの攻防が繰り広げられている。

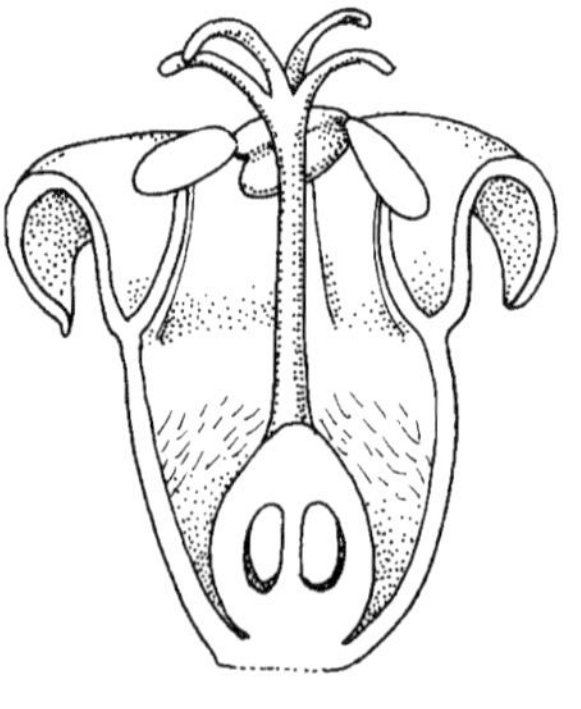

第７章　リサイクルする植物

植物の保全は思いがけない場所から始まる。ゴミ箱で終わるプロジェクトもあれば、ゴミ箱から始まるプロジェクトもある。

二〇〇七年のある日、キューガーデンの養樹場で働いていた私は、コンポスト（堆肥）をリサイクル容器に入れにいった。容器のなかには、落ち葉や植物片に混ざって『カーティス・ボタニカル・マガジン』が数冊入っていた。ちょうどその頃、空いているオフィスの大掃除が行われていたので、この本のことを知らないだれかに捨てられてしまったらしい。『カーティス・ボタニカル・マガジン』はキューガーデンが何世紀も前から出版している植物学の専門誌で、すばらしい植物画で知られ、高い評価を受けている。

これをコンポストにするなんて信じられない。私がもらうことにした。

雑誌は少々汚れていたが、損傷はなかったので、一冊ずつ丁寧にコンポストを払い落としていくと、下から表紙の美しい植物画が現れてきた。数冊目の汚れを払ったとき、まぎれもないマンドリネット（ヒビスクス・フラギリス）の花の絵が出てきた。第一三巻一九九六年一一月号の表紙だった。ぱらぱらとページをめくると、マスカリン諸島の植物の特集号であることがわかった。植物の調査の歴史から島の植生や植物の保全まで、さまざまな側面からマスカリン諸島の植物を取り上げているだけでなく、ラモスマニア・ロドリゲシイやヒオフォルベ・ラゲニカウリスなど、個々の植物に関する研究もあった。私は一部の記事はインターネット上で読んだことがあったが、雑誌そのものは見たことがなかった。二〇〇ページに載っていたロベリア・ワガンス（*Lobelia vagans*）は、それまで知らなかった植物だった。モシャモシャと茂った柔らかい葉の上に、繊細な切れ込みの入った花がびっしり咲いている様子は、ホームセンターで売っている青いロベリアにそっくりだった。違いは花が白いことだった。

記事を読み進めていくと、L・ワガンスは世界中でロドリゲス島にしかない固有種で、近絶滅種であるという。一八七四年にアイザック・ベイリー・バルフォアが採集し、その後、ジャン・イヴ・レスエフが採集した。レスエフは絶滅の危機に瀕した植物を救う活動に熱心で、休暇で家族を連れて島にきていたときにこの植物に出会った。彼は種子を採集して国立ブレスト植物園に持って帰ると、数株を育てることに成功し、一部をキューガーデンに寄贈した。記事によると、温帯植物養樹場の責任者だったマーティン・スタニフォースが、ウォーターリリー・ハウスでハンギングバスケットに植えて展示していたという。キューガーデンの生体コレクションでは、この植物を見たことがない。おそらく失われてしまったのだろう。私はがっかりした。

その晩、私は帰宅後にこの記事をじっくり読みなおし、書かれていることをすべて頭に入れた。この植物をもっとよく知り、どんな運命をたどったのか知る必要がある。私は、キューガーデンのデータベースで調べようと考えた。キューガーデンには、ここで栽培したことのあるすべての植物に関する記録が残されている。個々の植物は数字で識別されているので、たとえ植物名が変わっても（実際、しばしば変わるのだ）、数字はいつも同じである。データベースでは、植物が枯れた時期まで調べられる。

翌朝は早めに出勤して、まっすぐデータベースに向かった。もしかすると、L・ワガンスはまだパーム・ハウスで育てられていて、私が気づかなかっただけかもしれない。キューガーデンには隠された宝物が無限にあるので、ときどきそういうことがあるのだ。

データベースで検索すると、「種子保存中」という情報が出た。植物は育てていなくても、種子はあるのだ。ロベリアの種子は長期間保存できるので、大丈夫だろうと思われた。植物を育てていない理由は理解できた。ロベリアは維持に手間のかかる植物で、いつも繁殖させていなければならない。一度植えたら何十年もそのままでいい樹木とは違うのだ。また、何世代も同じロベリアを育てていると、やがて近親交配の問題が出てくる。

捨てられていた雑誌をきっかけにしてこの植物を発見できたことは、過去からのメッセージのように思われた。おそらく種子は一〇年以上放置されていたので、そろそろ再び育てる時期にきていた。次の世代を育て、新鮮な種子を作らせなければならない。この植物が確実に生き残れるように。

私は養樹場の種子バンクに下りていった。種子は学名を記した袋に乾燥剤のシリカゲルと一緒に入っていて、袋はアルファベット順に並んでいる。私は指先でA、B、C……と袋をかき分けていった。ロベリア属の「L」はキャビネットの奥の方にあり、ついに色あせた紙片にワガンスの「V」が書かれているのを見つけた。袋を開けると、なかに茶色い紙封筒が入っていた。遺伝子の砂金とも言える小さな種子がたっぷり入っていることを期待

137　第7章　リサイクルする植物

して封筒を開け、ひっくり返してふり、種子を出そうとした……が、なにも出てこなかった。

封筒は空だった。

信じられない。心臓がドキドキした。小さい種子なので、封筒のなかに引っかかっているのだろう。ほんの数個あればいいのだ。私はナイフを取り出し、慎重に封筒を切り開いて、角に入り込んでいる種子を探した。

本当になにもなかった。一粒の種子もなかった。

恐ろしい考えが押し寄せてきた。「この植物は何年も採集されていないし、キューガーデンにも種子はない。野生株が絶滅していたらどうしよう？」そんなことは耐えられない。

空の封筒を捨てようとしたとき、うろたえた私の頭に別の考えがよぎった。封筒は昔ながらの口糊を舐めて貼るタイプのもので、フラップの内側に糊が帯状についている。ひょっとして、種子を封入したときに、糊にくっついた種子もあったかもしれない。

私は本体に貼りついたフラップを慎重に剝がしていった。嬉しいことに私の推理は的中し、ほっと胸をなでおろした。数粒の小さな種子が糊についていた。

さて、これをどうするか？

種子を糊から分離することはできなかったので、私は封筒から長さ五センチ、幅一センチのフラップ部分を切り取った。それを湿らせたコンポストの上に置き、茶色い紙に水分を吸収させてから、湿度を高くした繁殖用容器に入れて発芽させた。

最終的に、封筒の口糊についた種子から約一五株のＬ・ワガンスを得ることができた。

この出来事は、植物の信じられないほどの生命力と、保全と絶滅の運命の分かれ道の微妙さ（と不思議

138

さ)を示している。今回は、ゴミ箱に捨てられた雑誌が保全のきっかけになったが、封筒の口糊の舐め方が絶滅のきっかけになるところだった。

私が育てたL・ワガンスは開花し、数千個の種子が手に入った。その一部は未来のために種子バンクに送り、私は挿し芽で植物を育て続けた。近親交配を避けるためだ。キューガーデンではこの貴重な植物を今も数株栽培している。

とはいえ植物は、故郷に、本来あるべき場所にあるのがいちばんだ。二回目にロドリゲス島を訪れたとき、私は地元のスタッフにロベリア・ワガンスを見たことがあるかと尋ねた。自分たちは直接見たことはないが、以前、島内のムルー滝、ヴィクトワール滝、サンルイ滝で見つかったことがあり、ほかには世界中どこにもないとのことだった。彼らも数回探したことがあったが、見つからなかったという。

ここで少し脱線するが、ロドリゲス島では法律により鉢植え用のコンポストの持ち込みが禁止されている。だから、養樹場のスタッフは島内で土を掘ってきて、それを使う。問題は、その土のなかに侵略的外来種の種子が大量に混ざっていることだ。こうした植物は容易に発芽し、在来種の植物の実生を圧倒する。これをどうにかできないかと相談された私は、現地の店で電子レンジを買ってきて、半日がかりで何皿分もの土を高温処理した。この処理で、一種を除き、すべての侵略的外来種の種子を殺すことができた。高温のコンポストの中で唯一生き残るという偉業を成し遂げたのはギンネム〔レウカエナ・レウコケファラ(*Leucaena leucocephala*)〕だ。重粘土のなかで一五分もの間一〇〇℃の温度に耐えたのだから、核爆発にも耐えられるかもしれない。

電子レンジが小さいので、この方法は珍しい種子を少量だけ蒔いて発芽させるときにしか用いない。実生が大きくなり、自力で生きられるようになったら、ふつうのコンポストに移植する。

さて、キューガーデンに戻ったある日、私はロドリゲス島のソリチュードにあるモーリシャス野生生物基金の養樹場のスタッフに、L・ワガンスの写真を数枚送った。現地でこれを見つけたときに、識別するのに役立つだろうと思ったからだ。私が知るかぎり、野生では長い間採集されていなかったので、野生では絶滅している可能性があった。その後、ソリチュードの養樹場のスタッフをキューガーデンに招いて訓練したときに、種子の蒔き方も教えておいた。

二〇一六年一〇月、モーリシャス野生生物基金のアルフレッド・ベゲからメールがきた。「おもしろいものを見つけたと思う。私はあれじゃないかと思うのだけれど、君もそう思うだろうか。ムルー滝の近くの川の堆積物を掘ってきたのをコンポストに使っているんだけど、その土のなかから生えてきたんだ。雑草として紛れ込んでいたらしい。この植物はなんなのか、確認してもらえるかい？」

メールを読んだ瞬間、土を採取した場所や、生息地や、コンポストの説明を聞いて、L・ワガンスにちがいないと思った。けれどもすぐに考え直した。偶然の一致にしてもできすぎだ。

私は添付ファイルをクリックして写真を開いた。コンピューターのスクリーン上に、養樹場の土が入った袋のなかで、彼らが栽培しようとしているアロエ・ロマトフィルロイデス（*Aloe lomatophylloides*）と一緒に花を咲かせている小さなL・ワガンスの姿が現れた。

どんな偶然が重なったのだろう？　想像してみてほしい。ムルー滝の近くで、風に運ばれてきたL・ワガンスの小さな種子が川に落ち、堆積物のなかに埋もれていた。ある日たまたま、養樹場のスタッフがそこに土を掘りにきて、種子も養樹場に運ばれた。土と一緒に袋のなかに入れられた種子は、光と湿度に触れて発芽し、成長し、花をつけ、何十年も野生では確認されていない植物であることを明らかにしたのだ。おそらくムルー滝の上の丘にL・ワガンスが生えていて、つい最近、その種子が風にのって川に運ばれてきたのだろう。あるいは、何年も前からそこで眠っていたのかもしれない。
植物の保全においては、ちょっとした幸運さえあればなにもいらないこともある。

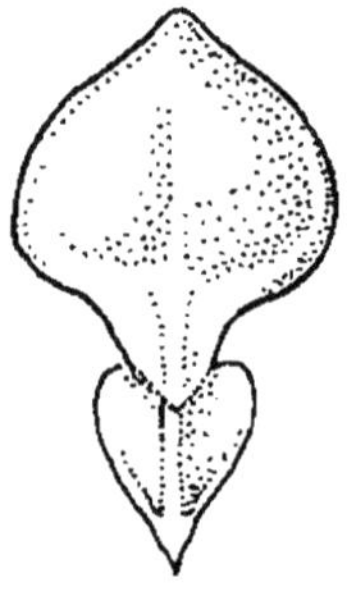

第8章　水の子どもたち

キューガーデンにきてから数年後、私の目は自然と初恋の植物に向けられるようになった。スイレンだ。最初にスイレンを見たのは、ずいぶん幼いときだった。スイレンの花が子どもの心をあれほど摑《つか》んだのは、なにかの魔法のように水のなかから突然現れたからだろうか。それとも、その美しさ、香り、夜の間に咲く不思議さのせいだろうか。仏教徒なら、私の前世がカエルだったからだと言うかもしれない。いずれにせよ、私は今もスイレンを熱愛している。

母はその頃、ラン、アナナス、果樹、野菜、花卉《かき》など多くの植物を収集していたが、スイレンは集めていなかった。フィンカ（農園）を造っていた父は、湧き水が出ていることに気づき、重機を借りてきて水泳プールほどの大きさの穴を掘り、灌漑《かんがい》用水を貯められるようにした。礫岩《れきがん》と重粘土が混ざった土壌は天然のコンクリートで、防水性があると言ってよいほどだった。だから、父が穴を掘った数時間後には、池は魔法のように満水になっていた。父はさらに貯水池に水が入るように水路を作り、余分な水は丘の下に出ていくようにした。父はわずか半日で、これだけの大仕事をしてのけた。なにもないところに貯水池を出現させた作業のスピードとスケールは、私をうっとりさせた。けれどもしょせん、それはただの水だった。池はがらんとしていて、殺風景で、生命のきざしは全然なかった。

池を眺めているうちに、私の想像力がフル活動し始めた。頭のなかで、家にある三〇リットルの水槽が、三万六〇〇〇リットルの金魚鉢になった。よその家でもてあましている金魚をもらってこよう。金魚は思いのほか丈夫で、二年後には「パンと魚の奇跡」が起きた。イエス・キリストは五個のパンと二匹の魚を五〇〇〇人に分け与えてその腹を満たすという奇跡を起こしたが、私が起こした奇跡は、パン屑を池に投げると、さまざまな形や大きさや色の金魚が水面に顔を出すというものだった。

奇跡はもう一つあった。昆虫、オタマジャクシ、水生植物など、多くの動植物が自然に池に集まってきたのだ。けれどもスイレンは生えず、直接見る機会もなかった。私は、本や映りの悪い白黒テレビで見るスイレンに憧れをつのらせるばかりだった。

私が知るかぎり、アストゥリアスに自生するスイレンはなく、栽培もされていなかった（後年、ほとんど知られていない場所に、非常にめずらしいスイレンが一種あることを知った）。両親は多くの園芸業者や愛好家とつながりがあったが、スイレンを販売する人や交換してくれる人はいなかった。両親はいろいろな人に声をかけたが、スイレンを持っている人は見つからなかった。今にして思えば、地形が急峻で川の流れが速いアストゥリアスには、スイレンが自生できる場所や、スイレンを栽培する池を作れるような場所がほとんどなかったのだろう。だから、私の最初のスイレンは少々変わったところからやってきた。

ヒホンの町には展示場がある。ふだんは会議やショーに利用されているが、一年に二週間だけ見本市が開かれ、スモークハム、スポーツカー、生きたニワトリ、革張りのソファーなど、ありとあらゆるものを売る。私が一〇歳くらいのある年、出展企業の一つが、スイレンを浮かべた庭園を展示に使っていた。スイレンはたちまち私の目をとらえた。会期後、その企業は空のプラスチックの池とスイレンの植木鉢を置いて撤収した。そこで私はこのスイレンをもらうことにしたのだ。

当時の自分が、この行為をリサイクルと思っていたのか、救助と思っていたのか、窃盗と思っていたのかは思い出せない。ただ、自分がしたことを両親に打ち明ける必要はあった。そこで、このままでは枯れてしまうだけだと力説して自分の行為を正当化し、ついにスイレンを所有することになった。浮葉はすべて干からびてしまっていたが、私が新たに入手した「水の子ども」の成長点は生きていたので、まずはフィンカの大型の貯水タンクに入れた。最初から池に入れてしまうと生き残れないのではないかと母が心配したからだ。

私は毎週フィンカにいくたびにスイレンの様子を確認した。退屈な冬が終わり、四月の末から五月のはじめ頃になると、浮葉が成長してきて、私の楽しみが始まった。植木鉢にラベルはなかったが、あれはニムファエア・アルバ（*Nymphaea alba*）という、ごく一般的なスイレンだったと思う。スイレンは、私のお気に入りのペットの一つになった。私は二シーズン後に株分けをして池のなかに投げ込み、その年の真夏、水のなかから数十輪の白い花が咲いた。そしてまもなく、スイレンが池の表面を覆い尽くすようになった。

大成功！　蓮《はす》の花咲く極楽浄土は、こんなに簡単に作れるのだ。容積三万六〇〇〇リットルの鉢でオムレツを作ったような気持ちだった。母もこの池を気に入っていたのは明らかだった。

私はこの経験で重要なことを学んだ。自然は破壊することもできるが、新たに作り、変容させることもできるのだ。数カ月後、兄のミゲルがアインシュタインのエネルギー保存の法則「質量とエネルギーは等価であり、反応の前後で一つの形から別の形に変わるだけで、総和は変わらない」を唱えているのを聞いたとき、私は心のなかで思った。「自然と同じだ」。

それから何年も、ほかのスイレンがほしいと思ったことはなかった。ただ、スイレンという植物が、非常に複雑で、無限に魅力的であることを知ることになった。私は本とテレビのドキュメンタリー番組から情報を収集し始めた。私たちがよく知る温帯スイレンのほかに熱帯スイレンというものがあり、熱帯スイレンには青い花が咲くものもあることも知った。白とピンクのスイレンしか知らなかった私にとっては驚きだった。そして、アマゾンの夜の女王オオオニバス、ヴィクトリア・アマゾニカ（*Victoria amazonica*）に出会った。オオオニバスに関する事実や数字は、私を興奮させた。

スイレンという植物がいつからあるか、ご存知だろうか。実は、今から六五〇〇万年以上前にはスイレンの祖先が池を覆っていたと考えられている。恐竜が絶滅したのは、それから五〇〇万年後のことだ。スイレンは、今日も生息している最古の顕花植物として、初期の顕花植物に特徴的な受粉方法や形態などを見せてくれる。ランのような複雑さはないため、ときにスイレンを「原始的」な植物と呼ぶ人もいるが、そんなことはない。スイレンは今も、その生態的地位をしっかり確保し、多様化し、適応している。

花の色もドラマチックで、ピンク、青、白、紫、黄色などがあり、開花から二日目にピンク色になるものもある。強烈なアセトン臭を放ち、アマゾンの池をネイルサロンのような匂いにしているものもある〔訳注：アセトンはマニキュアの除光液の主成分〕。甘い芳香を放つものもあれば、無香のものもある。初期の顕花植物にしては、その花は複雑で、生き残りのためのしくみがよく発達している。スイレンの花は色と香りによって花粉媒介者を引き寄せ、花粉媒介者が止まりやすい構造を持ち、高度に進化した植物と同じように、洗練された方法で種子を散布してきた。

スイレン科（Nymphaeaceae）の植物は約七〇種知られている。スイレン科のスイレン属（Nymphaea）には約六〇種あるが、スイレン属の約五〇種が熱帯地方にあり、その大半が南半球だ。つまり、スイレンは世界中どこにでもあり、南極大陸とよほど広大な砂漠以外ならどこでも見られるので、あなたの身近にある池を探せば見つかるはずだ。ニムファエア・アルバのように、ヨーロッパ原産で北米に近縁種があるものもあれば、ニムファエア・テトラゴナ（Nymphaea tetragona）のように、カナダとロシアのツンドラ地帯だけに見られるものもある。オーストラリア北部の乾燥地帯で、モンスーンの季節に冠水する地域や、ペルーの沿岸部などの乾燥地帯で、決まった季節にだけ水が流れる河床や河川がある地域にも、スイレンはある。北米東部と中南米のスイレンは、多様性が特に大きい。

南米には約二〇種のスイレンがある。もしあなたが、サルサ音楽をBGMにクロード・モネとアンリ・ルソーが出会ったような南米のスイレンの写真を見たことがないというなら、それはこの地のスイレンがどれも夜間に咲くせいだ。グーグルで画像を検索しても写真はほとんど出てこないので、植物学の文献を読んだり植物標本館で魂の抜けた亡骸を見たりして、あとは想像力で補うしかない。

夜に咲くスイレンは、初日の晩は日没後二、三時間だけ雌花として咲く。二日目の晩には雄花（あるいは雌雄同花）に変化し、ある種のスイレンは、その時点で受粉していなければ自家受粉する。

夜型のライフスタイルは、南米のスイレンがあまり栽培されていない理由の一つになっている。ほとんどのガーデニング愛好家は、蕾が開ききらないうちにあきらめて寝てしまうだろう。咲いた花は本当にすばらしいので、夜更かしして待つ価値は十分にあるのだが、ふつうの住宅の庭よりは、イビサのナイトク

147　第8章　水の子どもたち

ラブや吸血鬼のバハマの別荘にある方がふさわしい。とはいえ、スイレンの性的習性の複雑さを理解するには、自分で栽培するのが手っ取り早い。私が知っている植物学者のなかには、自宅でスイレンを栽培して、夜通しパジャマ姿で研究したという人が数人いる。

南米の熱帯地方には日中に楽しめるスイレンがある。アマゾンのオオオニバスの巨大な浮葉などは、植物学の驚異としか言いようがない。アフリカにも数種あり、野生絶滅の種や、栽培されているものしか知られていない種もある。一種以外はすべて日中に開花する。しかし、アフリカスイレンのこの長所は、オーストラリアの熱帯地方のスイレンの多様性と美しさの前ではかすんでしまう。

オーストラリアスイレンは、まったくもって並外れている。まさにスイレンの王だ。オーストラリアスイレンは約二〇種が知られていて、その大半が固有種だ。アフリカスイレンのように日中に開花し、人食いワニと生息地を共有している点も同じである。だからスイレンの採集は危険である。その上、熱帯地方の多くの地域には水が媒介する感染症があるため、野生のスイレンの採集には許可だけでなく度胸も必要だ。

オーストラリアと聞くと、ほとんどの人がカンガルーやウルル（エアーズロック）やコアラを連想する。けれども私が思い描くのは、モンスーンの嵐で冠水した平原だ。洪水は砂漠を白やピンクや青のスイレンの海に変える。静かな水面には黒鳥が浮かび、夕方になってねぐらに帰る真っ白なボタンインコの群れが頭上を飛んでゆく。

ある種の熱帯スイレンは休眠状態で乾季をやり過ごし、河床に雨粒が落ちるとすぐに再び成長し始める。オーストラリア北部の沼や小さな池や小川が水で満たされるのは、一年のうち数週間だけだ。土壌は塩分を含み、アルカリ性または酸性で、養分に乏しいが、多くの植物が生き延びている。こうした条件で成長するのはアネクフィア亜属（*Anecphya*）のスイレンで、キンバリー、ノーザンテリトリー、クイーンズランドなどオーストラリア大陸北部で見られる。ほかのスイレンと同様、その根は小さな池や湖や小川の底の泥のなか深くまで伸びて養分を取り入れている。ひとたび成熟して、新しい葉を作るのが終わったら、すべてのエネルギーは次の乾季を生き抜くために塊茎を太らせるのに使われる。スイレンは根を収縮させることができる。水が蒸発してなくなると、大きい根が徐々に縮み、柔らかい泥のなかに成長点を引き込んで、乾燥や、土のなかの浅いところで食べ物を探す草食動物から身を守る。スイレンは土のなか深くまで潜ることができる。私自身、スイレンが大型の植木鉢の土のなか四〇〜五〇センチの深さまで潜るのを見ているので、野生ではどこまで潜るのだろうかと思っている。二、三メートルは潜れるのではないだろうか。

私は、クイーンズランドまで植物探しに出かけ、つい二カ月前までは水深三メートルの広大な湖の底だったという場所を訪れたことがある。スイレンの青い花が芳香を放っていた湖の水はすでに干上がり、アカシアやユーカリや背の高い草が生えていて、湖やスイレンの形跡は全然なかった。

樹木がまばらに生えた草原の下に数千株のスイレンが隠れていて、年に一度の雨を待っていると思うと、実にシュールだった。いや、年に一度「程度」と言い直そう。オーストラリアには年に一度雨季があるが、降水量には大きなばらつきがあるからだ。数平方キロにわたって平原を水浸しにする、聖書にあるような大洪水を起こすこともあれば、雨がほとんど降らなかったり、全然降らなかったりすることもある。乾季にも予想外の雨が降ることがあり、大陸を通過しながら狭い地域にランダムに雨を降らせ、それ以外の地域にはなんの影響も及ぼさない「モザイク嵐」とでも呼べそうな降水がある。気候から「適応か死か」という選択を突きつけられたスイレンは、前者を選んだ。スイレンは、自分自身が生き残れなくても数百粒の種子を散布する。果実から離れた種子は「仮種皮《かしゅひ》」という組織に包まれていて、一日か二日は水に浮かんで流れてゆき、やがて池の底に沈む。乾燥した種子も、いつか雨が降ったときに遠くに運ばれるように、しばらくは水に浮かんで、それから沈むようになっている。この種子が水中に沈んで二時間ほどすると、発芽して成長し始める。種子が水に濡れるとベタベタしてきて、通りすがりのカモやガンの体に付着して遠く離れた場所に運ばれ、そこで生き抜いてコロニーを形成する。スイレンは、このようにして湖や新しい湿地帯を効率よく植民地化してきた。

不確かな生活様式に対応するため、ある種のスイレンの種子は濡れればいつでも発芽するようになっている。別の種のスイレンは、異なる時期に発芽するようにプログラムされた種子を作る。例えば、ある種子は最初に冠水したとき、またある種子は三回目に冠水したとき、ほかの種子は九回目以降に冠水したときに発芽する、といった具合だ。あるスイレンは長時間運ばれやすいように小さい種子を作り、実生も小さい。またあるスイレンは、より深い水のなかで育つように大きい種子を作る。こうした奇妙な散布方法によって偶然決まる地理的な割り当てと、毎日、毎月、毎年のように直面する困難に適応して生き残ろうとしたことが、スイレンのすばらしい多様性を生み出した。

すべてのアネクフィア亜属のスイレンには、ミツバチに花粉を運ばせるという共通の特徴がある。だから、野生のスイレンを見るためにオーストラリアを訪れる人は、スイレンの本質を保持しながら、そのときの気象や野鳥のわたりのパターンやミツバチに合わせてさまざまな形態や生存戦略をとる植物たちの進化のスナップショットを目にしていることを意識してほしい。スイレンたちは、恐竜が絶滅する前から、あらゆる困難を乗り越えて生き残り、次にくる困難に備えているのだ。

私がこの道に入った当初は、オーストラリアで栽培されているスイレンは、ニムファァエア・ギガンテア（*Nymphaea gigantea*）とニムファァエア・ウィオラケア（*Nymphaea violacea*）の二種しかなかった。どちらも希少な植物だ。その後、私がキューガーデンで水生植物の担当になった頃に、いくつかの新種が発見されたり、大昔に記載されて以来見つかっていなかったものが再び採集されたりしたおかげで、かつて栽培されていたスイレンのほとんどの種子が再び入手できるようになった。

当時、専門家の多くは、N・ギガンテアとN・ウィオラケアを思いどおりに栽培するのは困難だと考えていた。大半のスイレンが、展示に必要なタイミングではなく、自分たちの気が向いたタイミングで休眠状態から目覚めていたからだ。開花に必要な夏の光量と温度を確保できない時期に目覚めてしまうことも少なくなかった。多くの場合、スイレンは花を一輪も見せることなく再び休眠してしまった。

人々は私に「ほかの種のスイレンは育てるのが難しすぎるから忘れろ」と言い、私は彼らに「その難しさを体験したいから種子をくれ」と言い返していた。

スイレンに惚れ込み、執着していた私は、スイレン（と自分自身）を幸せにするためになにが必要かを自分で明らかにしようと心に決めた。私は、ほかのガーデナーとは違う環境にいたからだ。スイレンを栽培する人のほとんどは、亜熱帯ではあるが季節のあるフロリダなどに住んでいるが、オーストラリアスイレンは、赤道地方や常に高温の環境を好む。だから、キューガーデンの人工的な環境でスイレンを育てられる私は、常に一定の光と温度を与えることができる点で、彼らよりも有利だったのだ。スイレンが必要とする条件が明らかになったら、展示用に反応をコントロールしたり、成長を刺激してＤＮＡサンプルを採取したりすることもできるはずだ。

この物語はハッピーエンドを迎えた。適切な時期に適切な素材を入手し、適切な事務手続きをしてキューガーデンのスイレン用水槽を利用することができれば（この水槽は養樹場の後ろの方に隠してある。水温は三二℃に保たれているので、外があまりにも寒いときには、私たちはこれをジャクージにしようと冗談を言い合っている）、オーストラリア産のどのスイレンでも育てることができる。現時点で三種以外のすべてを入手できているが、同じ種であっても色や大きさや性質に大きなばらつきがある上、まだ確実に発芽させることができないものや、数輪の花を咲かせただけで休眠状態になってしまうものもあるので、しばらくは楽しめそうだ。

私はこれまでに、休眠状態の塊茎《かいけい》を慎重に乾燥させてから成長を開始させ、適切なタイミングで鉢に移すことで、オーストラリアの数種のめずらしいスイレンを展示することに成功している。スイレンの愛好家やプロやその他の「ストーカー」からの反響は上々だ。栽培種の数を増やし、いくつかの華やかな雑種も作り出した私は、世界中の熱帯水生植物の愛好家から熱い視線を浴びている。

第9章　ヴィクトリアの秘密

アマゾンのある部族が語り継いできた、美しい乙女たちの伝説がある。乙女たちは、夜になるとアマゾン川の岸辺に座って歌を歌ったり、すてきな未来を夢見たり、月光と星々の魔法にうっとりしたりして過ごしていた。彼女たちは、月か星に触れることができたら、自分も同じものになれると信じていた。熱帯の夜の芳香が乙女たちのあこがれをかき立て、木々の梢から月が優しい光を投げかけていたある晩、最年少の夢見がちな乙女ナイアは、木に登って月に触れようとした。しかし、月に触れることはできなかった。翌日の晩、ナイアと友人たちは、遠くの丘に登ってみた。今度は月に触れられたか？　またダメだった。月は高すぎた。

三日目の晩もナイアはロングハウス（先住民の長屋式住居）を抜け出し、今度こそ夢を叶えようとした。彼女は道をたどって川までいき、水面で美しく輝く満月を見つけた。無邪気なナイアは月が川に水浴びをしにきたのだと思い、それを捕まえようとして水に飛び込んだ。川は深く、ナイアの姿は見えなくなった。無垢な乙女を哀れに思った月は、ナイアをうっとりするような芳香を放つオオオニバスに変え、その美を不滅のものにした。

南米のトゥピ＝グアラニ族に伝わるこの物語は、オオオニバスの魅力を余すところなく伝えている。オオオニバスは、堂々たる風格、巨大で平らな円形の葉、これを育てられることの栄誉によって、数世紀にわたってガーデナーの心を駆り立て、今でも植物界のアイコン的な存在であり続けている。最初の種子がイギリスにきたときには、ダービーシャーのチャッツワース邸の庭師長サー・ジョゼフ・パクストンと、キューガーデンのサー・ジョゼフ・ドルトン・フッカーが、どちらが最初に花を咲かせられるかを競い合った。勝ったのはパクストンで、花はヴィクトリア女王のもとに届けられた。

オオオニバスは夜に開花し、甲虫に花粉を運ばせる。最初の晩は、花は白い雌花である。花粉媒介者の甲虫がやってくると、一晩中花のなかに閉じ込めて受粉する。二日目の晩には、花はピンク色の雄花になる。甲虫は暗いなかではピンク色がよく見えないため、二日目の花には戻らない。閉じ込められていた花から花粉まみれになって脱出した甲虫は、新たに咲いた白い花に向かって飛んでゆき、再び同じことが起こる。

オオオニバスは、花弁と葉の表側以外のすべての部位が鋭い棘《とげ》に覆われているため、少々攻撃的に見える。葉は水面に浮かび、直径二・八メートル以上になることもある。世界記録は、ボリビアのサンタクルスの近くにあるラ・リンコナダというレジャーパークにあったオオオニバスの葉で、三・二メートルもあった。この場合、葉の表面積は八平方メートル以上になる。一株のオオオニバスが、このサイズの浮葉を六～八枚つけるのだから、どれだけ広い水面を覆えるかがわかるだろう。キューガーデンのウォーターリリー・ハウスには直径八メートルの池があるが、スイレンはその表面全体を覆っている。

オオオニバスの花を半分に切ってみると、そのなかは非常に変わっている。異様と言ってもよいほどだ。ここでできる種子からポップコーンのような日常的なものを作れるなんて、想像もできないだろう。花のなかには大きな空洞がある。めしべは底にあり、空洞の天井には、おしべが変化した、硬く、多肉質で、花粉を作らない「仮雄蕊《かゆうずい》」がある〔訳注：雄蕊とはおしべのこと〕。その上には花粉を作るおしべがあり、さらにもう一つ仮雄蕊の層がある。この「サンドイッチ」がおしべの上下に檻《おり》を作り、花の発達段階と成熟度に応じて閉じたり開いたりして、甲虫を閉じ込めたり解放したりする。

植物について学ぶ方法の一つは、それに関連したすべての出版物を読むことだ。言うのは簡単だが、実践はそうはいかない。そもそもすべての知識が本になっているわけではないし、科学文献は入手しにくいものが少なくないからだ（どんな文献があるかもわからないことがある）。だから、植物について学ぶ最良の方法は、自分で観察することだ。理想的には自生地で、周囲の環境ごと見るのがいい。そして、独自に結論を導き出すのだ。

何年も前、私はキューガーデンのかつての園長サー・ギリアン・T・プランス教授がオオオニバスの受粉について書いた一九七五年の論文を読んでいた[5]。すばらしい論文だった。彼は、キューガーデンの展示用温室で研究のためにこの植物を育てただけでなく、アマゾンを訪れて、自生地での様子も観察していた。

プランスは、ブラジルとキューガーデンでの実験の一環として、初日の花の内部に温度計を差し込み、おしべの下の空洞の温度を計り、この部位が発熱していることを明らかにした。同じ発達段階にあるほかの花でも測定を行った。空洞内の温度はすべて同じで、三二℃だった。プランスは、外気より高温になっている花のなかで芳香物質が温められ、蒸発して立ちのぼり、気球のように遠くまで運ばれてゆくことで、花粉を運ぶ甲虫を引き寄せていると考えた。彼はまた、空洞が高温になるのは初日の花だけであることも明らかにした。

けれども私は、花の内部が高温になるのは香りを飛ばすためだけではないはずだと思っていた。キューガーデンでスイレンの世話をしているときに気づいたことがいくつかあるからだ。私は、二日目の花が初日の花より早く開花し始めるが、日没前に完全に開花することは絶対にないことを不思議に思っていた。また、イギリスでは一一月の日没時刻は一六時頃で、六月の日没時刻は二一時過ぎだが、このことが開花時間に影響を及ぼすのかどうか知りたいと思っていた。キューガーデンでは、スイレンは年に一、二株しか育てていないため、同じ株に初日の花と二日目の花が同時に咲いていたり、同じ発達段階の花が同時に咲いたりしているのを見られることはめったにない（こうした様子を観察するには、もっと多くの株が必要だ）。しかし、キューガーデンで日中に開花するスイレンを長年にわたり観察したところ、初日の花は二日目以降の花より少し遅れて開花し、少し早く閉じることがわかった。

私はたまにキューガーデンで夜を過ごすが、イギリスの昼の時間の変化が花に及ぼす影響に気づけるほどの頻度ではない。受粉に必要な甲虫もいないので、ガーデナーがめしべに花粉をつけている。つまり、キューガーデンではおしべや仮雄蕊には仕事をさせていないのだ。実は私は、アマゾン川の流域で野生のオオオニバスを観察したことがある。ペルーのイキトスから出ているクルーズ船に、船専属のナチュラリスト兼植物の専門家として、観光客を案内していたときのことだ。私がジャングルを訪れるときには快適とは程遠い旅になることが多いが、この旅の宿泊施設は豪勢で、カーペットはふかふかで、クーラーがきいていて、朝食もたっぷり食べられた。ただ、船上がどんなに豪華でも、外はやはり過酷なジャングルだった。

アマゾン川もジャングルも野生生物でいっぱいだったが、見物に最も適した時間帯は夕方と明け方だった。私たちは、魚を食べるコウモリや、パラグアイカイマン（アマゾン川に生息するワニで、オーストラリアの汽水域に棲む巨大なイリエワニなどに比べてかなり小さい）や、風変わりでカラフルなカエルたちなど、ジャングルの珍しい生物を見ることができた。なかでもすばらしかったのは、高速モーターボートで細い支流を進んでいたときに見つけた、数百万匹のホタルの光に明るく照らし出されている場所だった。ジャングルの広い範囲の木々の枝が、明滅する光にびっしりと覆われていた。アマゾンにクリスマスがきたような景色だった。

川を遡《さかのぼ》りながら、二〇〇種以上の鳥、アカホエザル、カピバラ（巨大なモルモットのような、世界最大のげっ歯類）、ツメバケイ（頭に長い冠羽があり、顔面が青い、キジに似た大型の鳥）などを見ることができた。ステーキを餌にしてピラニアを釣ったり、多種多様な植物を見たり、冠水した森林やそうでない森林を探検したりした。いちばんの収穫は、ジャングルに自生するオオオニバスを見られたことだった。

オオオニバスに出会うためには、蚊を吹き飛ばしてくれるクーラーのある快適な船から降り、蒸し暑いジャングルのなかを難儀して歩いて、湖までいかなければならない。ほとんどの人はオオオニバスはアマゾン川に生えていると思っているが、それは違う。正しくは「アマゾン川流域」なのだ。アマゾン川はくねくねと蛇行している。ときに、大きく蛇行しすぎて最短距離の新しい流路ができてしまい、三日月湖が取り残される。オオオニバスは、こうした三日月湖で見つかるのだ。

乾季に入ったばかりのある日、太陽が沈み始めた頃、私たちはオオオニバスを見るために快適な船から降りた。鬱蒼《うっそう》とした密林のなかの細く曲がりくねった道を一時間も歩いて、ようやくひらけた場所の湖にたどり着いた。湖には木道が作られていて、近くからオオオニバスを見ることができた。湖の中心付近で、六、七株が花を咲かせていた。いちばん近いものでも木道から約四メートル離れていたが、この距離からでも花の状態はよくわかった。二日目のピンク色の花が数輪咲いていたが、内側の花弁は閉じていた。内側の花弁は、初日の花のつぼみが開く日没またはその直後になってようやく開き、なかに閉じ込められていた甲虫が出てきて、新たに咲いた白い花に向かって飛んでゆくのだ。

私はツアー客に華麗なオオオニバスの受粉のしくみについて解説し、彼らは感に堪えない様子で美しい花を眺めていた。けれども私は、それだけでは満足できなかった。オオオニバスの受粉過程のなかで、キューガーデンでは絶対に見られないもの、花粉を運ぶ甲虫が見たかったのだ。現地ガイドたちは、夕方に花をとり、花のなかに閉じ込められている甲虫をツアー客に見せてから解放するというサービスをしている。ついにこれが見られるのだ。ショーの主役に会えるのだ。

太陽が沈み始め、空がオレンジ色に燃え上がった頃、オオオニバスの浮葉の上にカラカラ（ノスリに似た南米産のタカ）がいて、開こうとする二日目の花のつぼみを凝視しているのに気づいた。鳥は全神経を集中させていて、微動だにしなかった。なにをしているのかと現地ガイドに尋ねると、花から甲虫が出てくるのを待っているのだという。甲虫は、花から解放されたら、鳥に食べられてしまう前に逃げなければならない。「甲虫たちは一斉に飛び出してくるのだろう」と私は考えた。「そうすれば少なくとも一部は生き残れる」。

ツアー客たちは、アマゾンと植物界の最大の見ものの一つである伝説のオオオニバスを見たことに興奮していた。けれども、太陽が地平線の下に完全に隠れようとする頃、突然、蚊の大群が現れた。ツアー客たちは、ガイドが岸に近いところの花を探してとってくるのを待ちきれず、暗くなる前に船に戻ることになった。安全な船に向かってもときた道を急ぎながら、彼らは最後にこう言った。「手の届くところに花が見つかったらでいいので、船に持ってきてくれませんか？」

私にとっては願ってもないチャンスだった。オオオニバスの受粉過程をもっと詳しく知るために、花から花へ花粉を運ぶ甲虫を見たくてたまらなかったからだ。ただし、時間は限られていた。船はいつまでも待ってくれるわけではないので、急いで探してとらなければならない。

ほとんどのツアー客が船に向かって出発したので、ガイドは最後にもう一度、手が届きそうな花を探し始めた。けれどもやがて諦めた。「今回は花はなしだな」と彼は言った。それを聞いた私の顔には、不満と失望がありありと浮かんでいたにちがいない。

ここはアマゾンのジャングルで、すぐ目の前に理想的なオオオニバスが咲いている。木道の先端からせいぜい四メートルのところだ。唯一無二のチャンスなのに、花をとることができないなんて。

湖の水位は低かったが、私とオオオニバスの間には液体に近いぬかるみが広がっていた。泥の上に足を置いた途端、ズブズブと沈んでしまいそうだった。泥のなかに引きずり込まれなかったとしても、暗い水のなかになにが潜んでいるか、わかったものではない。ピラニアか、パクーか、デンキウナギか？

横からだれかの声がした。

「どうしたんだい？」

ツアー客の男性だった。陽気で、機知に富んでいて、一緒に参加していたガールフレンドはオオオニバスの花にうっとりしていた。私とガイドがスペイン語で議論しているのを耳にした彼は、私がなにかを不満に思っていることを見てとり、話の内容を推察したらしい。事情を打ち明けると、挑戦好きの彼は、自分がやってみようと言いだした。船に戻ったときにガールフレンドに話して聞かせるのに、これ以上ないほどロマンチックな冒険ではないか？

「ナイフはある？」と彼は尋ねた。

もちろんある。私のリュックサックにはいつでも剪定《せんてい》のこぎりとナイフが入っている。けれども私がナイフを開く前に、現地ガイドが彼になたを手渡した。新しい友人は森に分け入り、地面に落ちているまっすぐでしっかりした枝を二本見つけてきた。これをのこぎりで同じくらいの長さに整えてから、一本のカメラ用コードでのこぎりとなたを枝に結びつけ、不恰好な巨大剪定ばさみを作った。私たちは二日目の花に向かって慎重にはさみを近づけていった。ようやくはさみが花茎に触れると、ぐっと力を入れて刃先を合わせ、茎を切った。はさみの先端には輪が作ってあり、ハラハラしながら見守る私たちの目の前で、花が輪のなかにポトリと落ちた。私たちは花を岸辺に引き寄せた。

岸辺に到着した花は、歓声と拍手と安堵のため息によって迎えられた。私たちはそのなかに数匹の甲虫が入っていることを祈りながら特大の花を密封バッグにそっと入れ、それを慎重に私のリュックサックのなかに入れた。私たちが湖から立ち去ろうとしたちょうどそのとき、三羽のコンゴウインコが水面すれすれのところを飛んで、ジャングルのなかに消えていった。

私たちは、真っ暗になったジャングルのなかの狭い道を全速力で駆け戻った。船の状況はわからず、自分たちを置き去りにして出発していないことを祈るばかりだった。リュックサックを背中で弾ませ、汗をしたたらせた私たちがジャングルから川に出ると、船はまだそこにいたが、エンジンがイライラしたような音を立てていた。船を係留していたロープはすでにほどいてあり、船は離岸する寸前だった。私たちは大股で船に飛び乗り、甲板に着地したときのドスンという音に、ほっと胸をなでおろした。

考えをまとめるため、まずは自分の船室に直行した。ドアが閉まった途端、断続的なエンジン音に代わって、ハチの羽音のようなブーンという音が聞こえてきた。リュックサックを開けると、ビニール袋のなかは逃げようとして半狂乱になっている甲虫でいっぱいになっていた。

ここでビニール袋を開いたら、甲虫たちは一斉に飛び出してしまい、写真など撮っていられない。選択肢は一つしかなかった。とりあえずビニール袋ごと冷蔵庫に入れるのだ。低温になれば甲虫は不活発になる。その状態でツアー客に見せてから、自分用の写真を撮影し、体温が戻ったところで甲板で放してやれば、ジャングルのなかのスイレンのところに飛んで帰るだろう。彼らの役割もはっきりする。

しかし、二つの大きな問題があった。ビニール袋がかなり大きいことと、私の部屋に冷蔵庫がないことだ。考え込んでいると、シェフに頼んでみればいいと助言された。衛生面でどうかと思ったが、ダメでもともとだと思い直し、シェフに聞いてみることにした。

「ちょっと変わったお願いがあるのですが」と私は言い、自分の希望を説明した。

「いいですよ」と、シェフはあっさり言った。

とはいえ、甲虫が一匹でも逃げ出してツアー客のサラダのなかに入ったら、私はその瞬間にクビになるだろう。シェフも一緒だ。そこで私は、密封バッグを三重にし、さらにタッパーウェアに入れてから巨大な冷蔵庫にしまい、シャワーを浴びに自室に戻った。

夕食の直前に花をとりに戻ると、予想どおり甲虫たちはビニール袋の底の方で眠っていた。

夕食後、オープニングセレモニーが始まった。私はビニール袋から花を取り出してテーブルに置き、食い入るように眺めているツアー客たちの前で慎重に花を切り開いた。花のなかから八〜九匹の甲虫が這《は》い出てきた。しかし、次に起きたことはまったくの予想外だった。花のなかの空洞部分をそっと切り開くと、甲虫がぎっしり詰まっていたのだ。これ以上一匹たりとも入りそうになく、一〜二匹取り出しても違いがわからないほどだった。数えてみると、六センチ×四センチ×三センチの空洞のなかに、ドングリほどの大きさの甲虫が全部で二一匹も入っていた。その場にいた全員があっけにとられていた。

スイレンの種子が作られる子房にはデンプン質の部分がある。ある理論では、花はこのデンプンを燃やして熱を発生させているとされ、別の理論では、甲虫がデンプンを食べるとされている。私が見たところ、どちらの理論も正しそうだった。

損傷の様子から、この部分が甲虫でも食べられそうなマシュマロ程度の柔らかさになっていることがわかった。しかし、花のなかにあまりにも多くの甲虫が閉じ込められていたため、子房が四分の一ほど食べられてしまっていた。食い意地が張った甲虫が少なくとも一匹いて、まだ子房のなかに入り込んでいた。この甲虫は、マルハナバチのようにたえず花から花へ飛び回る花粉媒介者ではない。彼らは花のなかで夜を過ごし、花のなかで異性をめぐって争ったり、食事をしたりする。スイレンの花は、彼らのライフサイクルの舞台の一つなのだ。

一時間半ほどすると、甲虫たちが動き始めた。最初はゆっくりした動きだったが、徐々に活動的になっていった。やがて問題なく動き回るようになったが、飛んでいこうとはしなかった。彼らが低温に弱いことは知っていたが、これは不思議だった。

夜に飛ぶ低温に弱い甲虫に花粉を運ばせるというオオオニバスの戦略は、理にかなっているようには思えなかった。常識的に考えれば、気温が上がり甲虫が飛びやすくなる日中に解放するべきだ。アマゾン川流域は夜でも寒くはないが（ふつうは二六〜二七℃だが、二〇℃まで下がることもある）、甲虫を飛べなくさせる程度には涼しい。

プランスは花の空洞の温度が三二℃であることを明らかにしたが、この温度が鍵を握っているように思われた。甲虫たちが冷蔵庫に入れられる前、リュックサックの中で半狂乱になって飛び回っていたときには、少なくともこのぐらいの温度だったはずだ。

また、プランスの報告では高温になるのは初日の花だけだというが、甲虫は二日目の花から飛び立たなければならない。彼らはなにをきっかけに解放されるのだろうか？　私は、ここで見たように、甲虫が子房を食べ始めることが解放のきっかけになるのではないかと考えた。二日目の花の外側の花弁が初日の花より先に開くのは、子房が食べ尽くされてしまうのを避けるためではないだろうか。

これは「仮雄蕊のサンドイッチ」の説明に大いに役立つ。仮雄蕊の壁は、甲虫を空洞内に閉じ込めるほかに、甲虫が初日の夜におしべに近づくのを阻止しておしべが食べられないようにする役割も担っている。おしべが仕事をするのは二日目の夜で、ほかの花のもとに飛んでゆく甲虫を花粉まみれにする必要があるからだ。それならなぜ、その上にさらに仮雄蕊の層があり、棘だらけの外花被がつぼみを包んでいるのだろうか？　もしかすると、カラカラが花を傷つけてなかにいる甲虫を食べないようにするためかもしれない。また、外側の花弁が早めに開くのは、甲虫が温まりやすくするためかもしれない。初日の夜が終わると、花は暖房を切ってしまうからだ。「マシュマロ」部分を食べられてしまうと、花は熱を発生させられなくなってしまうのかもしれない。

わからないことだらけだった。物語の重要な部分が欠けている。

時刻は遅く、甲虫たちはごそごそと動いているが、それほど活発ではない。動けるようになったらすぐに飛んで帰ろうとするだろうと思っていたが、彼らは飛ぼうとさえしなかった。私は彼らが危険な目に遭わないように箱のなかに入れ、窓の外に出しておいた。翌朝、夜明けとともに甲虫たちが翅鞘《ししょう》を高速で動かすブンブンという音がしてきた。彼らは船室のバルコニーの上の蓋をあけた箱のなかから一匹一匹と飛び立ち、ジャングルのなかのスイレンの家に帰っていった。

数日後、リマに戻った私は、甲虫の奇妙な行動を説明しようと、甲虫や花の温度に関する情報を求めてインターネットで検索した。

検索の結果、二〇〇六年に発表された論文から、この甲虫は三二℃未満では飛ばないという重要な事実を知ることができた。[6] プランスは初日の花の温度が最高三二℃になると報告しているが、彼が測定したのは、甲虫が初日の夕方と夜と翌日の昼を過ごす空洞内の子房や柱頭に近い部分の温度だった。サーモカメラを使った新たな研究は、二日目の花ではおしべに近い部分が温かくなっていることを明らかにしていた。

これでわかった。甲虫が好きな温度は三二℃だ。空洞内の温度が下がってくると、彼らは三二℃に保たれているおしべのところに移動して、ここで花粉をまぶされる。おしべの温度が保たれているのは、内側に折りたたまれた中心付近の花弁がおしべを覆い、花のなかに熱を閉じ込めているからだ（帽子をかぶると温かいのと同じことだ）。そして二日目の夜の活動が始まる。午後六時半頃、二日目のピンク色の花が開く準備が整う。閉じ込められた甲虫は温まり、花粉まみれになって、動き出す準備ができている。さあ、脱獄だ。落伍者はカラカラの餌食になるぞ。甲虫たちは花のなかから這い出し、空母から離陸する航空機のように平らになった花弁の上に乗り、新たな白い雌花を探して飛び立つ。花の色がわかるのは近くにいる甲虫だけなので、花は芳香を放って遠くの甲虫を引きつけ、確実に受粉できるようにする。前夜の花の花粉にまみれた甲虫が白い花を見つけると、空洞内の自分の好きな温度のところにいき、再び同じことが起こる。

子房が食べられていたことから、もう一つ思い出したことがある。プランスは、部分的に食べられてしまった子房でも、数は少ないものの種子を作れることを発見していた。受粉した花は水中に沈み、なかに残っている甲虫を追い出してそれ以上害を及ぼさないようにし、水の温かさを利用して種子を成熟させる。

アマゾンの夜型の甲虫が、深夜にクラブをはしごする若者のように享楽的な暮らしをしていると想像すると、一人でニヤニヤ笑ってしまう。彼らは毎晩、花から花へ飛び回りながら、「よう兄弟、ここのパーティーは終わりだな。次はどこにいく？」と騒いでいるのかもしれない。彼らの行く先には多くのオスとメスがいて、食事をしたり、恋をしたりしているのだ。

おそらくオオオニバスは外見ほど「原始的」ではなく、甲虫たちに住居や保護や暖房や食事やアロマテラピーや性生活や社交を提供している。これ以上なにが必要だろう？

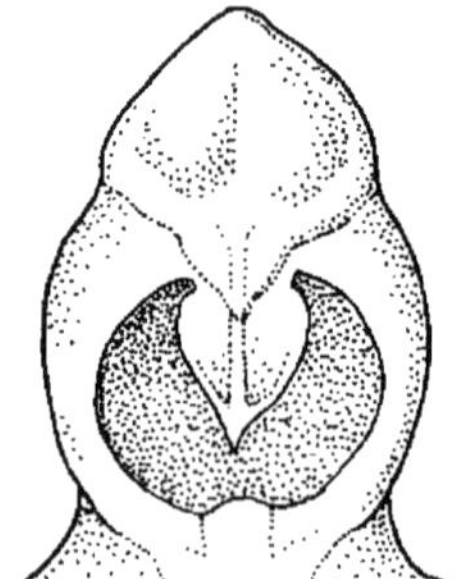

第10章　温泉のスイレン

植物の保全への情熱と、子どもの頃からのスイレンへの愛。私は、この二つを一緒にする方法はないかと思うようになった。絶滅した、あるいは絶滅の危機に瀕していると考えられているスイレンのなかで、私が保全に協力できるものはないのだろうか？　スイレンについては、モーリシャスのエラエオカルプス・ボイエリのような象徴的な物語は知られていないが、それは単に、今までだれも探したことがなかったせいなのかもしれない。

私はスイレンのカタログを調べ始め、タンザニアのニムファエア・スツルマンニイ（*Nymphaea stuhlmannii*）が絶滅の危機に瀕していることを知った。これは世界に三種しかない黄色いスイレンの一つで、二〇世紀初頭以降、植物標本館用の標本を採集した人はいない。何年も前にこれを探そうとする人々がいたが、見つからなかった。

次はニムファエア・ディワリカタ（*Nymphaea divaricata*）という変わったスイレンだ。これは世界に二種しかない、浮葉のないスイレンの一つで、蝶ネクタイか二枚ブレードのプロペラのような形をした葉は水中にある。このスイレンは川のなかに生え、前後にたなびくことで水流から受けるエネルギーを逃している。川岸からは花しか見えない。とはいえ、私はこのスイレンの写真を一度も見たことがない。標本もキューガーデンの植物標本館でしか見たことがなく、ほかにどのくらいあるのか知らない（だから植物標本館の標本は重要なのだ）。約五〇年前にザンビアで目撃されたのを最後に、生きている花を見た人はだれもいない。このスイレンが見つかったという記録があるのはアンゴラ、ザンビア、ザイールの三カ国だが、私が知るかぎり、意識してこの花を探した人はいない。今はドローンや人工衛星などを利用して探索を行うことができ、衛星写真は昔とは比べ物にならないほどよくなっているが（グーグル・アースの写真から、ニムファエア・ディワリカタが最後に採集された場所がまだあることがわかっている）、花に関する情報は乏しい。いつかこの花を探しにいくことが私の夢だが、現時点では、採集許可と官僚主義と資金と時間の関係で、夢を追うことができずにいる。

最後に私はニムファエア・テルマルム（*Nymphaea thermarum*）というアフリカスイレンについて読んだ。これは比較的最近になって発見された極小のスイレンで、地球上で一カ所にしか自生していない。そこは、考えられないような場所である。小川ではない。大河でもない。湖でもない。

温泉だ。

「自分が育てないと」と私は思った。

水生植物で、自生地が一カ所しかないなど、そのうち絶滅しますと言っているようなものだ。私はキューガーデンの同僚や世界中の専門家に問い合わせをして、世界中で野生株が五〇株と栽培株が二株あるものの、増やし方がわかっていないことを知った。私にチャンスが訪れた。情熱を注ぐのに理想的なスイレンだ。

ドイツのエバーハルト・フィッシャー教授は、二五歳の学生だった一九八七年にルワンダの未開地を訪れ、アルバーティーン地溝の植生を調べていた。そこで車が故障して、ブガラマ平原のマシュユザ温泉の近くで数日間キャンプをし、その間に極小のスイレンを発見するという不運と幸運を経験した。スイレンは発見されるのを待っていた。

温泉が湧き出しているのは、セメント工場からわずか数キロのところにある石灰石の採石場のふもとで、大きな緑色の湯だまりができていた。スイレンは、湯だまりの湯が溢れて小さな滝になっているところの下に生えていた。葉の直径はわずか二・五センチほどで、浮葉の縁はなめらかだ（ほかの熱帯スイレンでは、浮葉の縁はギザギザになっている）。スイレン全体の直径はわずか一〇〜二〇センチだった。彼はすぐに、自分が大発見をしたことに気づいた。翌年、新種のスイレンはニムファエア・テルマルムと名づけられた。

フィッシャーは数株のスイレンをドイツに持ち帰り、ヨハネス・グーテンベルク大学マインツとボン植物園の温室で育てた。興味深いことに、このスイレンは野生株よりよい条件で栽培しても小さいままだった。温泉より低い温度でも問題なく育つことが確認されたのは幸いだった。このスイレンはもともと、温泉の端の方の、水温が四〇℃前後のところに生えていた。生き残りのための巧妙な戦略だ。彼はその後、アルバート湖、エドワード湖、タンガニーカ湖を含むアルバーティーン地溝の五〇カ所以上の温泉を丹念に探したが、同じスイレンを見つけることはできなかった。

一つの小さな植物種が、一つの狭い場所にしか存在していないとき、それは脆弱だ。N・テルマルムがマインツとボンで栽培されていることはわかったが、複数の場所でコレクションすることは絶対に無駄にならない。専門家が栽培している植物でも、多くの場所にあればそれだけ安全になる。

ある日、ボン植物園のスタッフから、キューガーデンやその他の興味深い絶滅危惧種の種子を分けてもらう絶好の機会だというメールがきた。N・テルマルムが栽培されていることはわかっていたが、実生を成熟させる方法はわかっていなかった。「不可能であるはずがない」と私は考えた。「なにかできることがあるはずだ」。

ボン植物園からキューガーデンに最初のN・テルマルムの種子が届いたのは二〇〇九年七月のことだった。私は標準的な方法で種子を蒔き、いつものように様子を見守った。種子は発芽し、糸のように細い葉が出てから、子葉ができた。これはスイレンの特徴だ。問題なさそうではないか？　けれどもまもなく成長は止まり、弱々しくなり、発芽したのと同じくらいあっけなく枯れてしまった。

ふつう、スイレンを増やすには根（正確には地下茎）を分割する。種子は乾いているときに蒔かなければならないが、そうすると浮いてしまうので、種子を「騙す」。コンポスト（堆肥）の入った植木鉢を水中に沈めて、コンポストが水面またはそのすぐ下の高さになるようにしてから、上から種子を蒔くのだ。

ボン植物園はこのスイレンを二〇年以上栽培していて、種子をたくさん持っていた。「ニムファエア・テルマルムの種子なら、いくらでも差し上げます」と彼らは言った。「先に言っておきますが、種子は発芽し、子葉もできますが、水面に顔を出す前に枯れてしまいますよ」。彼らは種子を発芽させる方法はわかっていたが、実生を成熟させる方法はわかっていなかった。これは面白い。

しばらくすると（ふつうは一晩で）種子は水を含んで沈む。朝になったら上から砂をかけて場所を固定し、発芽させる。

それはどこか料理に似ている。料理を作るにはレシピが必要だ。料理は魔法ではなく論理である。卵をフライパンに放り込むだけでおいしい料理が現れると思ってはいけない。フライパンの縁に卵をぶつけて殻にひびを入れ、殻を割り、白身と黄身が崩れないようにフライパンにそっとあけ、適切な火力で適切な時間だけ加熱することで、完璧な目玉焼きができるのだ。

スイレンを増やすのも同じだ。植木鉢を慎重に水中に下ろし、しっかりと底に立たせる。乱暴に水中に落としたりすれば、コンポストが植木鉢の縁から流れ出し、種子も移動してしまう。コンポストはあらかじめぎっしり詰めておかなければならない。水中に入れてからコンポストのなかを気泡が移動して種子が動いてしまうと困るからだ。私は挑戦と失敗を繰り返し、そのたびに少しずつやり方を修正して、うまくできるようになった。植木鉢の表面が一〇～一五センチの水に覆われると、ベビーレタスに似た沈水葉ができ、これが大きくなって最初の浮葉ができて、表面に向かって伸び始める。たいていの場合は簡単だ。

私はN・テルマルムでもこの方法を試してみたが、うまくいかなかった。どうやら並列思考でいく必要があるようだ。私はすべての条件の組み合わせを考えて実験を行うことにした。まずは、水温、コンポストや水のpH、塩分濃度（ふつうはpHと関係があるが、常にというわけではない）、光（強度と照射時間の両方）など、植物の成長に影響を及ぼす因子を検討した。水温を変えても同じ結果になるなら、水道水（キューガーデンではかなりアルカリ性）や、逆浸透膜で濾《ろ》過した水（純水に近く、温室の植物に用いる）を試してみよう。植木鉢に入れるコンポストを泥炭と砂を混ぜたものにしたり（酸性で低養分の、よいコンポストになる）、粘土と砂が混ざったローム（アルカリ性寄りで高養分）をそのまま使ってみたりするのもいい。

私は、さまざまな条件で四、五個ずつ種子を蒔いてみた（種子は二〇〇個ほどあったので、たっぷり試すことができた）。丈夫なスイレンは自然に株分かれするが、一部の熱帯スイレンはほとんど株分かれせず、N・テルマルムもボンでの二〇年でほとんど株分かれしなかった。だから、この方法に頼るわけにはいかなかった。N・テルマルムを栽培し続ける方法は一つしかない。種子により増やすことだ。

それなのに、どの条件でもうまくいかない。最初はどの実生もがんばっているのだが、三、四週間もすると見るも哀れな様子になり、種子の養分を使い果たすと、だんだん水に溶けていってしまう。二四時間以内に死んでしまうものもあれば、一週間生きているものもあった。彼らが好まない条件は徐々にわかってきたが、どうすればよいかは見えてこなかった。いったいなにが起きているのだろう？

私は何週間もN・テルマルムにかかりきりになっていた。昼も夜もそのことばかり考えていて、どうにかして暗号を解読できないかと知恵を絞っていた。近いうちにこの植物が絶滅して育てられなくなってしまうとは思いたくなかった。どうにかしなければならない。そこには、こう書いてあった。

この植物について、科学者はなんと言っているのだろうか。私は、N・テルマルムの歴史について解説する文献を探し出した。文献はドイツ語だったが、幸い、キューガーデンのフェリクス・メルクリンガーという学生に翻訳してもらうことができた。

希少で美しい植物種。ニムファエア・テルマルムは一九八七年にエバーハルト・フィッシャー博士によって発見されたばかりで、これまでのところニャカブイエに近いマシュユザの温泉（源泉温度四〇℃）でしか見つかっていない。ニムファエア・テルマルムは、湯だまりの湯が溢れた、水温約二四〜二六℃の場所で育つ。

N・テルマルムは四〇℃の湯のなかで育つと思い込んでいたが、湯だまりから溢れた湯が流れ落ちて温度が下がったところに生えていたのだ。この点は重要だ。

ある晩、私は自宅でトルテッリーニ〔訳注：肉などを詰めた三日月形の生地をねじって両端を合わせてリング状にしたパスタ〕を作っていた。鍋のなかでボコボコと沸き立つ水を眺めているとき、ふと透明人間のように目に見えない存在のことを思った。二酸化炭素だ。人類が排出量を削減しないと文明を滅ぼしかねないとされている二酸化炭素が、スイレンを救うかもしれないのだ。二酸化炭素は水に溶けにくく、水槽内ではすぐになくなってしまう。そのため、一部の水生植物を栽培するときには、二酸化炭素の濃度を人工的に高めないと、成長させるのはかなり難しい。私がこれまでに育てたスイレンではそのような問題はなかったが、N・テルマルムはふつうのスイレンではない。

二酸化炭素はどの植物にも必要だ。植物が光と水と二酸化炭素を利用して糖類を作る光合成については学校で習っているので、だれでも知っているはずだ（生物の授業中に空想にふけっていなければ）。植物は、こうして作った糖類と、土壌や肥料に含まれる窒素、リン、カリウムなどを利用して、成長に必要な複雑な物質を作り出す。私たちはスイレンに二酸化炭素以外のすべての物質を与えてきた。二酸化炭素を与えなかったのは、空気中から取り入れる分だけで十分だろうと考えていたからだ。

多くの水生植物は、水中の二酸化炭素濃度が低いときには高い効率でこれを捕捉することができる。たいていのスイレンは水中に沈んでいる間の二酸化炭素濃度の低さに対処することができるのだが、おそらくニムファエア・テルマルムは例外なのだ。私は子どもの頃に水槽を使っていたときの経験から、二酸化炭素は水中で拡散するが、均等な濃度にはならず、補給には長い時間がかかることを知っていた。植物が少ない大きな湖なら大量の二酸化炭素を蓄えられるが、小さな水槽は蓄えられる二酸化炭素の量が少なく、植物が成長するにつれて需要ばかりが増えてゆく。二酸化炭素濃度が特定の値を下回ると、植物は二酸化炭素を十分に取り入れることができず、成長できなくなる。スイレンの浮葉が水面に出てしまえば、浮葉の上面にある気孔からいくらでも二酸化炭素を取り込むことができるので大丈夫だ。けれども水面下では……。

私はなぜ（いや、なぜだれ一人として）、このことを考えつかなかったのだろう？　二酸化炭素を補う必要がある水生植物は多く知られているが、スイレンを栽培する人々は、これを考えたことがなかったのだ。

ルワンダの自生地がなくなれば、希少なスイレンはすぐに死んでしまう。

私は自分にできることを考えた。水に二酸化炭素を添加する装置は市販されているが、数千ポンド（数十万円）もする上、導入の際には健康と安全に関する複雑な規則に従って手続きをしなければならない。高価すぎるし、手続きも面倒だ。さらに問題なのは、装置を導入すれば必ずうまくいくという証拠をキューガーデンの経営陣に示せないことだった。

なにか別の方法があるはずだ。役に立ったのは「山がムハンマドのところにこないなら、ムハンマドが山に歩いていかなければならない」ということわざだ。水中に二酸化炭素を送り込むのが難しいなら、スイレンを空気中に置けばよいではないか？　きっとうまくいくはずだ。スイレンの葉の高さが一センチしかないなら、コンポストの表面が水深五ミリのところにくるように植木鉢を置けば、葉は初日から水面よりも高くなり、二酸化炭素を取り入れることができる。

私はもう一度種子を蒔いてみた。いくつかの種子は、コンポストの表面が水深一ミリのところにくるように水中に置いた植木鉢に植え、またいくつかの種子は、完全に湿らせて、水分が失われないようにしたコンポストの表面に置いた。湿らせたロームの上の種子は、わずかな間でも乾燥したらだめになってしまうと思ったので、湿度を一〇〇パーセントに保つミストユニットで育てた。この方法はうまくいった。水面下一ミリの深さに植えた種子からは、糸のように細い葉が出てきた（浮葉ができるのはそのあとだ）。ロームの上で育てた種子も同様だったが、水中に沈んでいないため、葉は小さくて厚かった。最初に直立した細い葉ができたことには驚いた。

あと一つだけ実験を行うことにした。両方の場所から実生をいくつかとり、植木鉢のなかの湿らせたロームに移植して、この植木鉢を水を満たした容器に入れ、水面の高さが植木鉢のロームと同じ高さになるようにした。これを明るい場所（それまでの実験よりかなり明るい）に持っていき、二四℃に設定した加熱マットの上に置いて様子を見た。するとスイレンはさらによく成長した。

すべてが変わった。二週間もしないうちに、状況は劇的に改善した。約一カ月後には浮葉も現れ、ふつうのスイレンのように成長していった。

問題は解決した。私は何度も種子を蒔き、スイレンが強くなるにつれて水深を深くしていき、最終的に成熟した葉が水面に浮かぶことができるようにした。やがて花が咲き、種子をとることができた。このスイレンを増やすのにどのくらい時間がかかったのか、自分でもよくわからない。おそらくレム睡眠の間の夢でもスイレンのことを考えていたのだ。重要なのは取り憑《つ》かれたような情熱で、好奇心がそれを育てた。

私はニムファエア・テルマルムの増やし方を雑誌に投稿することにした。いつ何時、キューガーデンからキングストンにいくルート六五のバスに轢《ひ》かれるかもしれないのだから、急いでやったほうがいい。そこには、ドイツで起きたような悲劇はなんとしても避けなければならないという思いがあった。ボン植物園でN・テルマルムを担当していた園芸家は、その育て方の秘密をだれにも教えることなく退職してしまっていた。希少な植物の育て方は、個人が独占するべきものではなく、だれもが知っておくべき知識である。大切なのは、種が確実に生き残れるようにすることだ。私は国際スイレン・ウォーターガーデニング協会の雑誌にN・テルマルムの増やし方を寄稿した。料理レシピのような形になっているのは、この方法のヒントをくれたトルテッリーニに敬意を表するためだ。

カルロスの料理本

ニムファエア・テルマルムの作り方

水を入れられる小さめの容器を見つけてきましょう。この容器よりも幅が狭く、高さが少しだけ低く、なかにすっぽり入るような植木鉢を探しましょう。

容器に水を入れます。植木鉢の上ぎりぎりまで細かい土をいっぱいに入れます。容器のなかに植木鉢を置きます。容器の水位と植木鉢が正確に同じになるようにしてください。土が完全に湿って、落ち着いたら、表面に数個の種子を置きます。水位に注意しましょう。一、二ミリ低くても、〇・五ミリ高くても大丈夫ですが、必ず空気に触れていなければなりません。小さいじょうろを持っている人は、容器の水量を毎日チェックして、少しずつ補充しましょう。水温は二二～二六℃に保ちます。容器の水を温めてから植木鉢に入れても、二四～二六℃に設定した加熱マットや台の上に植木鉢を置いてもよいでしょう。私はどちらの方法も試してみましたが、両方うまくいきました。

最初に糸のように細い葉が出てきて、水面から出れば、もう大丈夫。空気中の二酸化炭素を取り込むことができます。下の部分は水中にあるので、水も十分とることができます。やがて、丸い形をした二番目、三番目の葉が出てきて、水面から出てくるか、上面が空気に触れて下面が湿ったロームに触れている状態になります。水位さえ正しく保てば、あとは植物が自力でどうにかします。

容器は日あたりがいちばんよい場所に置きましょう。

数週間か数カ月で花が咲き始めます。扱いやすい大きさになったら（幅五ミリの葉が五枚になったら）、個別の植木鉢に移植しましょう。

レシピを雑誌に送った頃には、ニムファエア・テルマルムの直径は六、七センチほどになり、しっかり定着していた。このスイレンは、魅力的な背景を持つ特別な植物として、権威ある『カーティス・ボタニカル・マガジン』の記事にするのに理想的だった。雑誌の判型が小さいので、ふつうのスイレンの葉では実物大の植物画を掲載することはできないが、Ｎ・テルマルムなら大丈夫だ。嬉しいことに、この記事は採用され、植物画家のルーシー・Ｔ・スミスがイラストを描いてくれることになった。彼女は熱帯植物養樹場でこれをスケッチしてから、水彩絵の具で仕上げをするためスケッチを植物標本館に持っていった。

彼女が作業をしていると、奇跡的な偶然が起きた。ボンからきていたフィッシャー教授が、たまたま植物標本館にいて、絵を描いているルーシーの横をとおったのだ。好奇心旺盛な人ならだれでもするように、ルーシーの肩越しにスケッチを覗き込んだ彼は驚愕した。

「失礼ですが」と彼は言った。「あなたが描いている植物の実物はどこで手に入れたのですか？」

彼女は答えた。「ああ、熱帯植物養樹場にいるスペイン人が一〇〇株ほど育てているんです」。

「一〇〇株⁉　ニムファエア・テルマルムは野生では絶滅しました。終わったのです。死んだのです。

二度と戻ってこないのです。地元の人々がただで洗い物をするために温泉から湯を引く水路を作ったせいで、湯だまりが干上がり、スイレンも消えてしまったのです。生きている株は、もうドイツにしか残っていないと思っていました」。

フィッシャー教授は熱帯植物養樹場まで走ってきて、ドアから飛び込んでくるなり言った。

「スペイン人はどこです？　どこにいるんです？」

私を見つけた彼は、質問を少し変えた。

「ニムファエア・テルマルムはどこです？　どこにあるんです？」

フィッシャー教授は、自分が聞いてきたことが本当なのか確認したがった。彼にとって、それは切実な問題だった。

私は彼にスイレンを見せた。

彼はすっかり興奮し、歓喜のあまり口が大きく開いた。人間の口があれほど大きく開くのを、私は見たことがなかった。爆発するのではないかと思ったほどだ。

私はこの実験で自分が何個の種子を使ったのか、特に意識していなかった。のちに、唯一の野生株が失われていたことを知り、ショックを受けた。さらに悪いことに、ボン植物園の温室にネズミが侵入して、最後のスイレンを食べてしまっていた。

トルテッリーニの発見をしたとき、私は地球上で最後に残った五株の実生を扱っていたのだ。

第11章　金のなる木

毎年五月二二日は「国際生物多様性の日」だ。二〇一〇年のこの日、キューガーデンはニムファエア・テルマルムの物語を世界に向けて発信することにした。世界には植物園にしか残っていない野生絶滅の植物が一〇〇種以上あり、N・テルマルムはその一つなのだ。

この発表のおかげで、私たちは二週間近く対応に忙殺されることになった。CNN、アルジャジーラ、BBCなど、主要な新聞とテレビネットワークのインタビューを受け、植物について積極的に話をし、生物多様性の危機について解説し、植物が絶滅するとはどういうことなのか、人々に意識してもらうようにしたのだから、ある程度の反響があったことは予想してもらえるだろう。それどころではなかった。N・テルマルムは、突如として、植物界のポップスターになった。多くのガーデナーが喉から手が出るほどほしがる絶滅危惧種のエキゾチックなランのような存在になってしまったのだ。

キューガーデンにはN・テルマルムを譲ってほしいという問い合わせが相次いだ。けれどもこのスイレンを譲ることができる相手は植物園だけで、個人のコレクターには譲れない。私たちは「できません」と断るしかなかった。

とはいえ、「譲れない」と言われたら、いっそうほしくなるのが人情だ。N・テルマルムがほしいという思いで頭がいっぱいになってしまう。ほとんどのガーデナーがそうだと思う。見た目は二の次で、めずらしいもの、ほかの人が持っていないものがほしくなるのだ。ヒマラヤの青いケシ〔メコノプシス・ベトニキフォリア（*Meconopsis betonicifolia*）〕が道端に咲く雑草だったら、だれも庭に植えようとはしないだろう。芝生のなかに生えるヒナギク〔ベリス・ペレンニス（*Bellis perennis*）〕も同じだ。芝生のなかにヒナギクをびっしり咲かせるのが難しかったら、ユーチューブには、ヒナギクを除去する方法ではなく栽培する方法がいくつも投稿されるだろう。めずらしい植物がほしいという気持ちと、そうした植物を育てる特権がほしいという気持ちの両方がかかわってくるのだ。

私に接近してくる人もいた。「あなたはキューガーデンであのスイレンを増やして世話をしているのだから、自宅で栽培する権利もあるのでしょう？」

「ありません」と私は答えた。「私にもあなたにも、そんな権利はありません」。

やがて彼らは、キューガーデンはなぜこのスイレンを温室で公開しないのかと不平を言い始めた。私たちはしぶしぶ、プリンセス・オブ・ウェールズ温室の池の一つの、来園者の手が届かない不便な場所に、二二株を展示した。この頃には、N・テルマルムが野生絶滅していることは広く知られていた。

譲ってもらえないものを手に入れるには盗むしかない。数カ月後、そのうちの一株がなくなった。

二〇一四年一月九日の木曜日だった。当時の温室の責任者だったニック・ジョンソンが最初に穴に気がついた。最後にチェックしたときの株の数と比較すると、やはり一株足りなかった。窃盗は計画的に行われたにちがいない。この株は池の端近くにあった。それを盗るには、枕木の上を這《は》うように進み、アンスリウムの葉をかき分けて、泥の上に身を乗り出す必要があったはずだ。のちにサム・ナイトが『ガーディアン』紙に書いていたように、泥棒は敏捷で、ほかの来園者の前でそんな行動に出られるほど大胆不敵な人物だったのだろう。そして、自分がなにを盗んでいるのか、よくわかっていた。スイレンは開花していなかったので、小さくて目立たないレタスの葉のようにしか見えなかった。近くの池で午前中ずっと作業をしていた同僚は、なにも気がつかなかったと言っていた。

しかし、泥棒は現代のピンク・パンサーではなかった。彼（または彼女）が残した穴は、明らかに手ですくったときにできたものだった。泥にはまだ指の跡が残っていた。

この事件の約一カ月前、ニックは植物の間を変にうろうろしている若いフランス人の来園者を見つけた。写真を撮っているようにも見えたが、念のためリュックサックを見せてもらうと、植物がいっぱいに入っていた。そのほとんどがふつうの種苗場で入手できるものだったが、東南アジア原産の植物で、アリと共生することで知られるミルメコディア（*Myrmecodia*）というめずらしい植物が混ざっていたのが窃盗の決め手になった。ミルメコディアは、ニック自身がキューガーデンの保全養樹場で育てていたものだったからだ。ニックは青年を叱責し、植物をどうするつもりだったのかと尋ねた。

「根づかせてインターネットで売るんだ」と青年は答えた。

悪びれた様子もなかった。

ニックはキューガーデン警官隊（園内の安全を守る専門組織。設立は一八四五年と古く、当時はパートタイムのガーデナーとクリミア戦争の退役軍人から編成されていた）を呼んだが、出来心で窃盗を行った初犯者が逮捕されることはまずない。警官隊はフランス人青年の写真を撮影し、出口まで連行し、キューガーデンから立ち去り、二度ときてはいけないと言って送り出した。

一連の出来事にすっかり狼狽したニックは、クリスマス期間中に、インターネット上で疑わしい人物が販売している希少な植物がないか探してみた。そして、イーベイのオークションにセントヘレナエボニー〔トロケティオプシス・エベヌス（*Trochetiopsis ebenus*）〕の種子が出品されているのを見つけた。セントヘレナエボニーは近絶滅種で、市場に出回るべきものではない。ニックはカリフォルニアの出品者にメッセージを送った。希少種を販売する人々が、その利益を原産国と分かち合い、自生地の回復の資金にできるようにすることも、キューガーデンのような植物園の仕事の一つなのだ。ニックは出品者にこのことを説明しようとし、セントヘレナエボニーの野生株は二株しか残っていないのだと教えた。

返ってきたのは「そんなの知ったことか」というメッセージだった。「これが資本主義ってもんだ」。

私はタイの栽培者にニムファエア・テルマルムを分けていた。信用できる人物であることは知っていたが、商業的使用を禁じる契約の上での譲渡だった。ところが、このスイレンがタイにわたった途端、だれかが望遠レンズを使って盗み撮りし、地元の種苗場のウェブサイトにその写真を掲載して、N・テルマルムを販売するという広告を出した。しかし、購入者が受け取ったのは、本物ではなく雑種のスイレンだった。盗み撮りの写真でさえ詐欺の材料になってしまうのだ。

N・テルマルムは国際的に重要な植物だったので、その窃盗は正式に記録される必要があった。管理員は警察を呼び、窃盗事件として事件番号の交付を受けたが、現場のスタッフはあまり騒ぎを大きくしたくないと思っていた。盗まれた植物が販売された場合、当局はそれがどこからきたかを知っている必要がある。そこで警察官が二人温室にきて、供述書をとり、白衣を着た科学捜査チームがルーペを持って花壇のまわりを這い回った。彼らが発見したのは、スイレンが植えられていた場所に近い枕木の割れ目にネズミの毛が挟まっていたことぐらいだった。ちなみに、監視カメラはなかった。キューガーデンの上層部は以前から園内に監視カメラを設置することを検討していたが、現場のスタッフが反対していたからだ。

その間ずっと、私は休暇でイギリス国外にいて、次の日曜日に帰国した。月曜日の午前八時、私が出勤する直前に、ロンドン警視庁がツイッターに「世界で最もめずらしいスイレンがキューガーデンから盗難」と投稿した。この短い文章にはアガサ・クリスティーの小説のすべての要素が含まれていて、ツイートを読んだ人々は、世界にたった一株しかないスイレンが怪盗に盗まれたのだと誤解した。人々の想像力を刺激するためのツイートは、狙いどおりの効果をもたらした。

ニュースを知らない私がのんびり養樹場に行くと、電話が鳴っていた。どうやらずっと鳴っていたようだ。電話に出ると、キューガーデンの広報担当者からだった。「みんな君と話したがっている。今もここにガーデニング雑誌の人がきて君を待っている」とのことだった。そのとき、私の携帯電話が鳴った。知り合いのジャーナリストからだったので、待ってもらった。広報担当者は話を続けた「知らなかったのかい？　展示されていたニムファエア・テルマルムが盗まれて、たった今、ロンドン警視庁がこの件についてツイートしたんだ」。ここにきてようやく、私は頭上で雪崩《なだれ》が起ころうとしていることに気がついた。

世界中のマスコミがこの事件に飛びつき、美術品の盗難のように大げさに報道した。おかげで、N・テルマルムは「値段がつけられないほど貴重な植物」として有名になり、BBCの犯人探し番組『クライムウォッチ』は事件を目撃した人の協力を呼びかけた。

私にとっては、いいことがたくさん起きた。この窃盗は議論を呼んだ。絶滅危惧種の売買や生物多様性などの話題が新聞に取り上げられたのは数年ぶりのことだった。私は一週間ノンストップでマスコミの取材を受けた。ある日など、午前四時に起きてアメリカのテレビ番組に中継で出演した。奇妙なことだが、私たちは窃盗から利益を得ていた。N・テルマルムはまだたくさんあったので、一株くらい盗まれてもなんの問題もなかった。私たちの仕事が広く知られるようになったのは嬉しいボーナスだった。

個人的には、スイレンが盗まれたことには驚いていない。むしろ、それまで盗まれなかったことの方が意外だった。ただ、どんな人物が、なんのために盗んだのだろうとは思う。いい商売にはなるだろう。ニムファエア・テルマルムは小さくて水もたいして必要としない、手軽に栽培できる理想的なスイレンだ。鉢植えとして楽しむのもクールだし、育てるのも比較的容易だ。実は、窃盗事件が起こる前に、イギリスのある種苗場から、とりあえず一株五ポンドで二万五〇〇〇株購入したいという話もきていた。かなりの金額だ〔訳注：一ポンド一五〇円で換算すると一八七五万円〕。おそらく世界中で売れるだろう。日本ではミニチュアの植物が好まれるので、特によく売れるはずだ。規模を大きくして二〇〇万株販売すれば、一〇〇〇万ポンド（一五億円）になる。

ニムファエア・テルマルムを盗んだのは「植物オタク」だったのかもしれない。キューガーデンは世界的に有名なので、窃盗犯はどこからでもやってくる可能性がある。明確な根拠があるわけではないが、犯人は、金持ちのコレクターから依頼を受けて美術品などを盗むプロのような気がする。まさかと思われるかもしれないが、植物愛好家の世界では実際にそうしたことが起こるのだ。私自身、植物を手に入れるためにとんでもないことをしてしまう理由がよくわかるし、植物がほしくてたまらない気持ちがどんなものかもよく知っている。実際、私の母は「カルロスが最初に育てたスイレンは盗んできたものでした」と証言するかもしれない！　私には、この事件の両面が理解できた。一方は、植物に取り憑《つ》かれ、薬物常用者のように渇望する人の情熱であり、もう一方は、丹精込めて育ててきた植物を盗まれた人の心の痛みだ。

犯人が自分自身に対して窃盗を正当化するのは容易だろう。例えば、「自分が盗んだのは二二株のうち一株だけだ」と言えばよいのだ。植物の窃盗をめぐる議論は興味深い。植物は、そもそもだれのものなのだろう？　プラントハンターたちは、ヨーロッパの庭園の彩りにするために、世界中から野生の植物を採集してきたのではなかったか？　キューガーデンの最も有名な園長の一人であるサー・ジョゼフ・ドルトン・フッカーや、フランスに五〇〇〇種もの樹木をもたらしたアンドレ・ミショーや、中国からチャノキ（茶の木）を持ち出したロバート・フォーチュンは、植物を求めて長年にわたって世界を旅し、数万種の植物を略奪して、それを販売した人々に富をもたらしたのではなかったか？

イギリスのキューガーデンやスペインのプエルト・デ・ラ・クルーズの順化植物園にも、過去の略奪によって手に入れた植物がある。プエルト・デ・ラ・クルーズの順化植物園はスペイン領カナリア諸島のテネリフェ島にあり、熱帯の植物をマドリードの植物園に送る前に、新しい環境に順応させるために造られた。オランダのチューリップ産業は、一五九〇年代にライデンの植物学者カロルス・クルシウスの庭から球根が盗まれたことをきっかけにさかんになった。キューガーデンは一八七六年に、ヘンリー・ウィッカムがアマゾンの熱帯雨林から密輸してきた数万粒のゴムノキ（ゴムの木）の種子を七〇〇ポンドで買い取っている。ブラジルで「泥棒王」「アマゾンの殺し屋」として知られていたウィッカムは、一九二〇年にジョージ五世によりナイト爵を授けられた。

そんな背景もあったため、世間の人々の全員が私たちの損失に同情的だったわけではなかった。サム・ナイトが『ガーディアン』紙に寄せたすばらしい記事に対しても、「キューガーデンの人間以外が植物を盗むと泥棒と言われる」という皮肉や、「彼らの話はえてして美化されるものだ」という冷ややかな声があった。そしてまた、「個人的にはどうでもいい事件。キューガーデンは傲慢だと思う。当然の報いだ」などという、根拠のない決めつけもあった。私が自分の業績を宣伝するために盗んだのではないかという陰謀論を主張する人さえいた。

植物の窃盗の重大性を評価するのは難しい。生息地の破壊の方がはるかに大きい脅威だし、それを阻止するための法律も少ない。私は、英国ラン協会の会長を務めたこともあるヘンリー・オークリー博士がペルー・アンデスの森林の跡を訪れたときの話を読んだことがある。森林は、アングロア属の希少なランの最後の自生地の一つだったが、残されていたのは三〇メートル×九〇メートルの区画だけで、その区画でさえトウモロコシを植えるために少しずつ削られていた。彼がランを保全するためにその場で採集しようとしたら刑務所に入れられてしまうだろうが、農夫にはランを根こそぎにする権利があるのだ。

私たちはニムファエア・テルマルムの一部をほかの植物園に譲渡した。将来的には市販されることになるかもしれない。モーリシャスのトックリヤシのように、だれかが盗み出したものを増やして販売するのではない。利益を受けるべき人々が利益を受けられるように、正しい手続きを経て販売されるはずだ。現在、世界には三八万種の植物があり、そのうちの約二〇パーセントが絶滅の危機に瀕している。絶滅の危険が大きくなるほど、その希少性によりコレクターの「戦利品」としての魅力が大きくなってしまうのは困ったことだ。

リッチモンド・アポン・テムズ区の警察は数週間で捜査を打ち切った。薬物犯罪やテロの方が優先順位が高いのだろう。

もはや存在しない僻地《へきち》の小さな生息地にあった植物を保全してなんの役に立つのかと思う人もいるだろう。保守党の元下院議員のルイーズ・メンシュも、盗難事件の際に、「いったいなんの意味があるのか？　ぱっとしない植物など保全する価値はない。#ダーウィン」とツイートしていた。

一九八〇年代まで、ニムファエア・テルマルムの存在はだれにも知られていなかった。私がこれを増やそうとして四苦八苦していたときも、その重要性をわかっていなかった。けれどもキューガーデンで栽培してみると、見た目からは気づくことのできないすばらしい性質を持っていることがわかった。

生物学や生物関連分野の研究では、しばしば「モデル生物」が必要になる。すべての研究者が同じ種を使って実験を行うことで、研究成果を有効なものにするのだ。医学ではラット、動物遺伝学ではショウジョウバエ、植物遺伝学ではシロイヌナズナ［アラビドプシス・タリアナ（*Arabidopsis thaliana*）］がモデル生物となることが多い。シロイヌナズナは非常に便利で、植物のなかで最初に全ゲノムが解読された。種子から一カ月未満で果実をつけるので、一年で何世代も育てることができる。また、小型の植物なので、狭いスペースでたくさん育てることもできる。ただ、花が咲くとすぐに枯れてしまう。

もっと長生きする植物があれば、遺伝子改変などの長期的な実験の機会が広がるのに……。長年、顕花植物の進化系統樹の「幹」のもっと下の方にくる、別のモデル植物が必要だと言われてきたが、求められる条件を満たす植物はなかなか見つからなかった。

そんなとき、ニムファエア・テルマルムが登場した。

分子レベルの解析から、N・テルマルムのゲノムは比較的小さいことがわかっている。モデル植物として好ましい点はそれだけではない。一平方メートルのスペースがあれば一〇〇株は育てることができるし、二、三カ月で開花するし、何十年も生きられるため、長期間の実験が可能なのだ。

N・テルマルムは、夢のモデル生物として、世界各国の研究チームによって調べられている。植物はときに、それを成長させる二酸化炭素のように目に見えない可能性を秘めている。ダーウィンがこれを知ったら大喜びしそうだ。

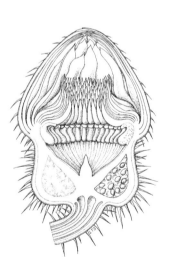

第12章　ボリビアの植生

私は常に待機している。植物の保全に携わる私たちに、気を緩めている暇はない。助けを求められたら、植物を救い、その世話の仕方を現地の人々に教えるために、世界中どこにでも駆けつけなければならない。キューガーデンのボリビアでの新プロジェクトが決まり、私たちは何カ月も待たされていたが、突然、同国のパンド県にいくことが決まった。ブラジルとの国境に近いアマゾン川流域で、交通の便が非常に悪いところだ。

出発直前の二、三日は、いつだっててんやわんやだ。旅行に必要なものを用意し、自分がキューガーデンで世話をしている植物をどうするかを考えなければならない。私がいないとだめになりそうな植物については特別な準備をし、最悪のシナリオに備えて挿《さ》し穂をとり、詳細な指示を出しておく。そんなバタバタが飛行機に搭乗するまで続く。

今回のプロジェクトは、キューガーデンの科学部門で南米の植物を研究しているアメリカ自然資本チームが、スムージー会社「イノセント」の支援を受けて進めているものだ。私たちの目的の一つは、木材の切り出しやウシの放牧のあとに大きく損傷された状態で放棄されている区画を、アイスクリームビーン〔インガ・エドゥリス（*Inga edulis*）〕という木を使った「アレイ・クロッピング」という農法で再生させる方法を指導することだった。この農法は、現地の人々が育てる作物の種類を増やし、食生活を改善し、作物を販売できるようにし、野生の植物への依存を小さくすることができる。

インガ属はマメ科の丈夫な植物だ。莢《さや》のなかの果肉は甘く、ミネラルを豊富に含んでいる。果肉はそのまま食べることができ、バナナ風味の綿菓子のような味がする。木の成長は非常に早く、根に共生している細菌が空気中の窒素を肥料となる窒素化合物に変換する。ほとんどの農地や庭園では、窒素は土壌中に蓄えられていて、窒素濃度が低いときには人間が堆肥や肥料を追加している。けれどもアマゾンでは違う。窒素は植物や落ち葉に蓄えられているので、森林を伐採して燃やしてしまうと、土壌に含まれるわずかな養分とミネラルが灰になり、激しい雨によってみるみるうちに流出してしまう。やがて植物がほとんど生えなくなり、ウシの放牧もできなくなるので、その土地は放棄される。

アイスクリームビーンは、土地の生産性を回復させるのに役立つ。理想的な条件下では信じられないほど速く育ち、一年に二回花が咲く。この木を何列か並べて植えると、葉が茂って日陰を作り、落ち葉によって地面を保護し、落ち葉が腐れば土が肥沃《ひよく》になるので、雨季には樹列の間でモチトウモロコシなどの作物を育てることができる。やがてその土地が耕作に適するようになったら、木を剪定《せんてい》して薪《まき》にする。木を植えるのは簡単で効果的な土地再生法であり、世界中で利用されている。ここでもまた、人類が生き残れるかどうかは植物にかかっているのだ。

キューガーデンはボリビアの数カ所に養樹場を建設したが、現地の人々にその運営法を教える人間が必要だった。私はそのために来た。私の仕事は、各地を訪れて現地のグループと一日過ごし、養樹場を活用する方法を教えることだった。なかでも重要なのは、挿し木などにより植物を増やす方法を教えることだ。アマゾンには、こんなやり方は聞いたこともないという人が多い。

アマゾンの農民たちが、森のなかに住んでいたり、森の出身であったりするにもかかわらず、植物の育て方をほとんど知らないことに、私は今でも驚かされる。彼らは熱帯雨林の植物の利用法や、最もよい植物が生えている場所や、植物を収穫する時期については知っているのに、植物を増やしたり作物として育てたりする方法は知らない。そうした知識を持てば、彼らの生活は一変するはずだ。農民たちが森をわかっていない理由の一部は、彼らの出自にある。農民の一部はアンデス地方の出身者で、アンデスの気候に合ったトマトやジャガイモなどの作物を育てている。彼らは最近になってアマゾンにやってきたので、この地域で受け継がれてきた農業の知恵を持っていないのだ。残りの農民は、主に狩猟採集生活を送っていた先住民の子孫だ。熱帯雨林は彼らの食料貯蔵室で、薬局で、建築資材店であるにもかかわらず、彼らはまだ木を切り倒している。

ボリビアの農民たちに熱帯雨林に適した農法を指導するためには現地にいかなければならないが、そこにたどり着くまでがひと苦労だった。

ロンドンからボリビアのラパスを経由してパンド県へいく旅は、飛行機の数回の乗り継ぎと、三六時間の不眠と、厳しい高山病から構成されている。海抜四〇六一メートルのラパス空港は、世界で最も高いところにある国際空港の一つだ。山高帽をかぶり、タマネギのように何枚もスカートを重ねた、アイマラ族とケチュア族の「チョリータ」と呼ばれる女性たちに出迎えられたときには、幻覚を見ているのではないかと思った。

現実離れした感覚は、空港の売店で「コカで最高に健康」と謳《うた》う広告を見たときにいっそう深まった。これはイギリスの医師たちの意見とはまったく違うが、アンデス地方の人々は数千年にわたってコカノキ（コカの木）の葉を嚙《か》んできた。コカは彼らの文化の一部であり、酸素濃度の低さによって軽い頭痛や眠気を生じ、最悪の場合は死に至る恐れのある高地で生きてゆくためには必須のものだ。どちらを見ても、ハムスターのように両頰を膨らませて大量のコカを嚙んでいる人がいる。

コカノキはサンザシとイボタノキを掛け合わせたような平凡な植物に見えるが、全然そんなことはない。強い光に葉をかざすと、ごくふつうの葉脈のほかに縁に沿って二本の長い葉脈がある。これはユニークな特徴だ。小さな花から多数の小さな赤い果実ができてクリスマスの飾りのような見た目になるが、葉から作られる「白いやつ」は、本物の雪が引き起こすよりはるかに大きい社会的混乱を世界にもたらした。

利用されているコカはエリトロキシルム・コカ（*Erythroxylum coca*）とエリトロキシルム・ノウォグラナテンセ（*Erythroxylum novogranatense*）の二種で、それぞれに二つの変種がある。DNAの分析から、これらがいずれも近い類縁関係にあり、コロンブスがアメリカに到達するより前から栽培品種化されていたことがわかっている。E・コカの一つの変種はアンデス東部で野生株が見つかっているが、それ以外の三つの変種は栽培株しか知られていない。

コカの人為選択をめぐる事実には、驚くべきものがある。ボリビアナ・ネグラ（*Boliviana negra*）という比較的新しい品種は「スーパーコカ」「ラ・ミジョラリア（大金持ち）」とも呼ばれ、グリホサートという除草剤への耐性がある。グリホサートは、アメリカとコロンビアが麻薬産業を壊滅させるために数十億ドルを投じて除草剤を空中散布した「プラン・コロンビア」に使われたことで知られる。B・ネグラが除草剤耐性を獲得した原因については二種類の説明がある。一つは、コカ農家のネットワークが選択的交配を行い、試行錯誤を重ねて、除草剤耐性を強めていったというものだ。まさに「忍耐は科学の母」である。もう一つは、どこかの実験室でコカの遺伝的改変が行われたというものだ。実際、モンサント社はグリホサート耐性ダイズの特許を取得し、一九九六年に発売している。コカも同じようにどこかの実験室で遺伝的改変を受けた可能性は大いにある。コカ栽培者は常に当局の一歩先をいっている。「地獄の沙汰も金次第」なのだ。

研究によれば、コカの葉は、そのまま噛んでいるだけなら生理的・心理的な依存を引き起こすことはない。コカ・コーラのオリジナルのレシピにコカの抽出物が入っていたことも忘れてはならない。伝統的な方法で摂取するかぎり、問題は生じないようだ。

コカについてあなたがどんな意見を持っているにせよ、私たちが同意できることが一つある。平凡な見た目の植物を見くびってはいけないということだ。

高山病のダメージはあったものの、私たちはどうにかコカの葉に頼ることなくパンドに向かうことができた。そこでプログラムに取りかかる準備ができると、ジープに乗り込み、最初の村に向けて出発した。行程の邪魔をする唯一の要素は私だった。

パンドを出発した途端、スイレンを見つけてしまったのだ。町を出てやっと一時間というところで流れの遅い川をわたったのだが、その近くに大きな池ができていた。

私はときどきスイレン探知ロボットになる。水があるのに気づくと、鋭い視線をさっと走らせ、どんな水生植物が生えているか確認せずにはいられない。私は一瞬でスイレンを見分けることができる。「スイレンだ！　止まって！」は、私の決まり文句だ。

けれどもジープは最初の目的地に向かって急いでいた。すでにスケジュールから遅れていたからだ。だから、私が叫んだあともジープは走り続けた。私は池の方を振り返り、それから運転手の方を見た。私の顔には恐怖と憤怒が深く刻まれていたはずだ。

「止まらないと、どうなるかわからないぞ！」

私がスイレン中毒で、スイレンを見たいと言ったら好きにさせないとたいへんなことになるということを、彼らは理解する必要があった。これを禁止されると、私はイライラ、癇癪《かんしゃく》、苦痛などの禁断症状に見舞われて、使い物にならなくなってしまう。数メートル走ったあと、車は急停止した。運転手は、「わかりました。でも、できるだけ急いでください」と言った。

私は車から飛び降り、道路に近い橋までダッシュし、斜面を滑り下りて池のほとりまで走っていった。スイレンがいちばん多く咲いているところの真ん中で、一人の女性が洗濯をしていた。私は、これからすることの意思表示としてブーツを脱ぎ、池に入ってスイレンの方に歩き出し、花を一輪だけ摘《つ》んで、女性の横をとおってジープまで駆け戻った。私が乗り込んだジープが猛スピードで発進するまで、彼女はあっけにとられた様子で眺めていた。

私が持ち帰った花は開いていなかったが、車内にいた全員がショックを受けるような強烈なアセトン臭を放っていた。目がヒリヒリし、鼻がムズムズするような刺激臭だ。

私は早速、スイレンの観察を始めた。葉柄《ようへい》（葉を支える柄《え》の部分で、葉や浮葉を茎とつないでいる）のつけ根をぐるりと取り巻く毛が生えていた。最初はよくわからなかった。この決定的な特徴をもつスイレンが一種あることは知っていたが、名前が思い出せなかった。わかっていたのは、これがニムファエア属のヒドロカルリス（*Hydrocallis*）という亜属であることだけだった。ヒドロカルリス亜属は地球上のスイレンの亜属のなかで最も多い約二〇種からなり、カリブ海域諸島と中南米に自生する。夜型の植物で、夜中の一時から明け方の五時というとんでもない時間に開花するものもあれば、初日は夜の八時から一〇時ごろまで二時間ほど咲き、二日目は夜の八時から夜明けまで咲くというものもある。その分類は複雑だし、あまり栽培されてもいない。私自身、生きている花より植物標本館の押し葉標本を見た回数の方が多い。しかし、生きている植物を実際に目にしたとき、押し葉標本の記憶はあまり役に立たない。

動いている車のなかで、匂いについての質問に答えながら、私は手にナイフを持ち、花を半分に切った。その断面は驚くべきものだった。夜に咲く南米のスイレンは心皮付属物に特徴があり、柱頭を覆う小さな籠《かご》を形成している。スイレンの分類は、この心皮付属物の形（円筒形か、円錐形か、先細になっているか）や長さや色にもとづいて行われる。ふつうは白いが、ピンク色や赤の種もある。私が摘んできた花では紫色だった。私は、紫色の心皮付属物について文献で読んだ記憶がなかった。柱頭は明るい黄色をしていた。このタイプのスイレンは見たことがないと思った。おそらくまれな（めったに栽培されておらず、本にも載らず、おそらく野生でもまれな）種にちがいない。

たっぷり二時間が過ぎた後、私たちは昼食のために車を降りた。その日の料理はアグーチ（南米の齧歯類。ウサギほどの大きさで、地面に穴を掘って巣穴にしている）か魚だった。私は魚を注文し、ついでに古新聞をもらってスイレンを押し花にした。

二日後、ひらめきの瞬間が訪れた。もしかしてニムファエア・アマゾヌム（*Nymphaea amazonum*）ではないだろうか？　これは特にめずらしくないスイレンだが、濃い紫色をした心皮付属物を見た記憶はなかった。数日後にパンドに戻る途中、私たちの車は再びあの池の横をとおった。もう夜になっていて、ジャングルは真っ暗だった。

「疲れているところ、おかしなことを言って申し訳ない。でももう一度、止まってもらわないといけない」と私は言った。

返事は「もう遅い時間ですよ」だった。

私はすぐに戻ってくるからと約束し、池の方に駆け下りていった。今回は咲き始めたばかりの花が一輪あったが、種子は一個も見つからなかった。前回は女性が一人いたが、今回はパーティー帰りの男性のグループが橋の上から私を見ていた。自分たちより酔っ払っている奴がいると思われたかもしれない。

前回ここにきたときには、三〇〜四〇本のスイレンがあったのに花は一輪しかなかった。それは二日目の雄花で、今日と同じように、池のなかにも近くの川にも雌花は見当たらなかった。もしかすると、受粉できるほどの数の花がないのかもしれない。たとえ複数の花が咲くことがあったとしても、十分な数の花粉媒介者を引き寄せられるほどの数ではないのかもしれない。

これは重要な情報だった。N・アマゾヌムを始めとする一部のスイレンは自家受粉をし、単独で種子を作ることができる。このスイレンの種子が見つからなかったことは、自家受精をしないことを示しているのかもしれない。ほかにも可能性がある。自然にできた雑種で、不稔《ふねん》（正常に発育する胚を持つ種子が生じないこと）なのかもしれない。あるいは、もし私が幸運なら、新種なのかもしれない。パンドのホテルに戻った私は、調べ物にとりかかった。私が採集したスイレンはN・アマゾヌムとは一致せず、どの種を調べても紫色の心皮付属物についての記述はなかった。私たちは植物を採集する許可は得ていたが、国外に持ち出す許可は得ていなかったため、池で採集した小さな株二つを植物標本館用の標本と一緒にサンタクルス植物園に寄贈した。植物園はこのスイレンを私たちもよく知るスイレン愛好家に分けて、研究を続けられるようにしてくれた。まずは、この植物が他家受粉により種子を作れるかどうかを調べる必要がある。種子ができなければ、たぶん雑種だ。種子ができたら新種だろう。

紫色の心皮付属物をもつスイレンがほかにないことは、その後、確認できた。ベネズエラのニムファエア・ノウォグラナテンシス（*Nymphaea novogranatensis*）の心皮付属物は深紅で、ブラジル東部のニムファエア・ラシオフィルラ（*Nymphaea lasiophylla*）の心皮付属物は先端が赤紫色をしているが、私が見つけた標本と完全に一致するものはなかった。こうして私は、自分が見つけたスイレンは雑種か新種のはずだと確信するに至った。ボリビアのスイレンは約一〇種あり、南米で最も多様性に富んでいるので、未発見の種があると考えるのはそれほど突拍子もないことではない。

パンドがブラジルとの国境に近いことは、到着した日の午後に実感させられた。町の散策に出かけた私は、斬新なデザインの橋を見つけたので向こう側にわたってみた。しばらく歩いてからふと気がつくと、周囲の人々がポルトガル語を話していて、私は自分がブラジルに入り込んでしまったことを知った。幸い、橋の両側数キロは中立地帯であるため、そこから出なければ地元当局に申告する必要はない。

初日（スイレンを最初に見つけた日）の目的地は、パラシオス湖の近くにあるパラシオスという僻村だった。ようやく到着した村には、ほとんどだれもいなかった。地元のサッカーの試合の方が、私たちより人気だったのだ。おかげで落ち着いて養樹場を訪れることができた。地元の人が一人、案内役を買って出てくれた。私は、新たにできたばかりのアイスクリームビーンの区画を見せてもらった。ここの木はまだ日差しを遮るほどには育っていないので、定期的に草むしりをする必要がある。まっすぐ村に続く、長さ数キロのクロッピング・アレイ（間隔を広くあけて木を並べて植え、列の間で作物を育てている場所）もあった。美しい場所だった。一部は三日月湖の近くにあり、案内人は、湖には巨大なスイレンがあると言った。私には一つも見えず、水位も低すぎるように思われたのだが、彼は絶対にあると言い張った。一〇分後、私は花を咲かせられる程度に育った二株の小さなスイレンを見ていた。オオオニバスだった。

雨季には必ず洪水が起こるので、多くの木には人間の頭ほどの高さの水位標が見られた。私は案内人に、洪水の間はどうやって暮らすのかと尋ねた。答えは簡単だった。「車の代わりにボートに乗るんです」。村への道は運河に変わり、熱帯のベニスのようになる。人々はボートに乗って買い物にいく。非日常的な経験ができて楽しそうだと思ったが、雨のせいで蚊が増えて、たまったものではないという。

私たちはパラシオスでの短時間の滞在を終え、車に乗り込んで次の目的地であるモタクサル村に向かった。この村ではブラジルナッツノキ〔ベルトレティア・エクケルサ（*Bertholletia excelsa*）〕を見ることになっていた。

二時間ほどジャングルのなかの道を進んだところで、突然、開けた場所に出た。数台の重機が森林を切り開いて大きな新しい道を造っているところだった。一台の重機が、森の王のようなすばらしい巨木を、スイートコーンでも刈り取るように軽々となぎ倒していた。木がなくなった跡は、ほかの重機が巨大なローラーで地ならしをしていった。恐ろしいほどの破壊のペースだった。

ブラジルナッツノキだけは、ボリビアの法律により傷つけることが禁じられている。この木からとれるブラジルナッツは地域社会の大きな収入源になっているため、許可なく木を切ることはできない。道路はブラジルナッツノキを避けて建設されるため、高速道路の真ん中に巨木が挑戦的に立っているのを目にすることもめずらしくない。その名に反して、ブラジルナッツの最大の輸出国はブラジルではなくボリビアで、世界のブラジルナッツの年間供給量である約二万トンの約半分を占めている。ブラジルナッツノキは森林の「天井」を支える木の一つで、森林のなかで最も高い木になっていることも多い。木材の品質も高いが、ナッツの経済的価値がそれ以上に高いことが、法律による保護の理由になっている。

地元の人々は、収穫期には一日一五〇ドル分までナッツを収穫して売ることができる。これが一家の主要な収入になっていることも少なくない。すべてのブラジルナッツは森で収穫される。ブラジルナッツノキは文字どおり「金のなる木」なのだ。地元の人々はこの木を「castaño《カスタニョ》」と呼んでいる。ちなみに私たちスペイン人にとっては、「カスタニョ」と言ったらヨーロッパグリ〔カスタネア・サティワ（*Castanea sativa*）〕だ。樹木の伐採を伴わない森林利用の例は少なく、野生のナッツを収穫することは、その希少な一例になっている。

みなさんは、ブラジルナッツノキを自生地の外で商業栽培しないのはなぜなのかと思われるかもしれない。主な理由は花粉媒介者の少なさだ。この木の花は一年に一度、一日しか咲かないのだが、花弁がかなり厚いため、花粉媒介者には花弁を押しのけて花蜜《かみつ》のある場所にたどり着けるだけの力が必要だ。その条件を満たすハチはオーキッド・ビー〔エウラエマ・メリアナ（*Eulaema meriana*）〕しかいない。このハチはブラジルナッツノキの自生地と同じ地域でしか見られない。ブラジルナッツノキの花粉を運ぶのはメスが多く、オスには別の仕事がある。オスはメスとの交尾の機会を増やすため、コリアンテス属などのランの香りを身にまとう。さらに、このランが成長するためには、古い森林が保全されている必要がある。ブラジルナッツノキのまわりには非常に複雑な生態系があるのだ。

さらに厄介なことに、ブラジルナッツの実は硬い木質の殻《から》に包まれていて、これを齧《かじ》って種子（ナッツ）までたどり着ける動物はアグーチしかいない。私の昼食の選択肢になった、あの大型の齧歯類だ。ほかには、オマキザルがこの実を何度も岩に投げつけて割る様子が観察されている。人間はなたを使って割っている。ヨーロッパや北米のリスと同じように、アグーチには森のあちこちに種子を埋めて備蓄する習性がある。ブラジルナッツノキの種子を散布して土に植えるアグーチは、おそらく人類にとって最も価値ある齧歯類だ。

ブラジルナッツノキのプランテーションの多くは失敗に終わっている。花粉媒介者がこの木の自生地にしかいないため、それ以外の場所で育てることは不可能だ。私が訪れたエリアの森林は、破壊された区画と、二次林（かつて伐採により破壊されたが、現在は再生している森林）の区画と、原始の状態をかなりよく残している小さな区画のモザイクになっていた。破壊された区画とブラジルナッツノキをまばらに植林した区画をアイスクリームビーン農法で回復させ、それからブラジルナッツノキを植えれば、森のなかのほかの場所から花粉媒介者が移ってきて、受粉させてくれるだろう。ブラジルナッツノキは森林と生態系を再生させ、地元の人々にさらなる収入をもたらし、人々は自分たちが生み出した価値ゆえにその区画を大切にするようになるだろう。

地元の人々は、なぜそのようにしないのだろう？　私の方から質問する前に、モタクサルの村人が、もっと根本的な質問をしてきた。「カスタニョの増やし方を知っているなら、教えてくれないか？」ブラジルナッツノキの種子は発芽までに一年以上かかる上、発芽しないことも少なくない。種子が発芽するかどうかは、村人にとっては死活問題だ。発芽率が低いと多くの種子が無駄になり、失望も大きい。

それは、モタクサル村で最初の講習を行ったときのことだった。私がほかの植物を挿し木で増やす方法を説明し始めたとき、地元の人々はすぐに、ブラジルナッツノキにも同じ手法を使えるかどうか知りたがったのだ。私はブラジルナッツノキについては知らなかったが、これと同じサガリバナ科の植物が挿し木で簡単に増やせることは知っていた。考えをめぐらせたあと、私は「たぶん」と答え、これだけでは説得力を欠くと思い、「やってみましょう」と言い足した。

一般に、ブラジルナッツノキの高さは五〇メートル以上もあり、下枝がないため、モーリシャスで私たちがやったような「人間のはしご」を試すのは危険だった。幸い、地元のプロジェクトマネージャーが気を利かせて若い木を探しておいてくれたので、木登りをすることなく若木から十分な数の挿し穂をとることができた。挿し穂は非常にデリケートで、乾燥を防ぐために濡らした状態で袋に入れても、熱にさらされるとたちまち使えなくなってしまう。私たちの挿し穂は、各地の養樹場に分配するまで、数日間は袋のなかに入った状態でいることになる。挿し木がうまくいかなければ、私の信用は失墜する。現地の人々は私のことをヨーロッパからきた調子のいい宣伝屋としか思わなくなるだろう。

あたりが暗くなり始めた頃、私たちはキャンプに戻った。ボリビアのセミたちが奏でる夜のシンフォニーは深い陶酔をもたらした。宴の準備ができた。私たちはアヒルやニワトリがうろうろしている土間の台所に招き入れられた。電気はなかったので、ろうそくの柔らかい光の下で牛肉と米を食べ、現地の人々を植物の救世主にする方法を考えた。

翌日、モタクサル村の森の空き地で、樹木の増やし方について講習会を行った。木にセロテープで紙を貼ったものが黒板だ。黒板の端から端まで移動するには、板根《ばんこん》を迂回する必要があった。

地元の人々が考えていることは手にとるようにわかった。「こいつは外国人だ。外国人が俺たちになにを教えるというんだ?」

緊張が解けたのは、一人の村人が連れてきていた二匹のペットのハナグマのおかげだった。ハナグマはアライグマに似た動物で、長く突き出した鼻と、体長と同じくらい長い尾を持つ。彼らは村人たちの体によじ登り、剪定《せんてい》ばさみ、ビニール袋、挿し穂まで、私がテーブルに置いたものをめちゃめちゃにした。村人たちは活気づき、講習会が終わる頃には、次々と質問を浴びせてくるようになった。

イノセント社が支援する養樹場は、在来種と外来種の両方を育てていた。小さい植物には、枠をシュロの葉で覆った日よけがつけられていた。プラスチックの水槽やじょうろはしばしば盗まれていた。けれども、やるべきことがわかっていれば、最小限の資源でいろいろな植物を育てることができる。必要なのは創意工夫だ。出発前に、私は道沿いの商店にいき、挿し穂を保護する湿潤な環境を作るのに必要な透明なビニールシートといちばん太い針金を買った。現地の人々は、どんな植物でも、挿し木を試みるとほとんど失敗してしまうと言っていた。このビニールシートが、村のまわりをゴミだらけにする代わりに、村人たちが望む植物を育てる役に立てばよいのだが。

いよいよ計画を実行するときがきた。枠を作るのに必要なものは、なたと、短い支柱が二本と、真ん中を支える細くしなやかな茎が一本と、太い針金だけだ。この枠をビニールシートで覆い、端をソーセージのようにひねって紐《ひも》で結び、紐をおもしになる石に結びつける。あとは水を少し足せば、挿し穂への日差しを遮《さえぎ》り飽和湿度で発根《はっこん》を待つスペースの完成だ。そこまではよいのだが、あいにく、ブラジルナッツノキの挿し穂はどれもすっかり弱ってしまっていた。だめもとで繁殖用スペースに挿し穂を入れてみると、翌朝には回復し始めていて、村人たちを大いに喜ばせた。うまくいかなかったらどうなることかと思った。けれどもまもなく、いちばん危なっかしいのはこれではないことが明らかになった。

モタクサル村の次の目的地はモンテシナイ村だ。地図を見ると、この世の果てのような場所である。そこでジープが故障した。私たちは、車で四、五時間のところにあるマドレ・デ・ディオス（聖母マリア）川をわたるフェリーに乗ろうと急いでいたが、車を借りるのにほぼ一日待たなければならなかった。

キューガーデンの植物学者たちとジャングルで足止めされることは、私にとっては特に苦痛ではなかった。私たちは植物を採集したりあてっこをしたりして過ごした。

「なんという種だと思う?」

「わからない?」

「じゃあ、どの科だと思う?」

葉が三枚しかない木もあった。その三枚も部分的に毛虫に食べられていたが、それでも科と属はわかった。このエリアの生物多様性は非常に大きく、科や属を言うのがやっとで、すべての植物の名前をあてることは不可能だった。

代わりの四輪駆動車が到着したときには予定より六、七時間も遅れていた。私たちは車に乗り込むとマドレ・デ・ディオス川の渡し場へと急いだ。ちょうどその日の最終のフェリーが出発したところだったが、私たちが着いたのを見た船長が、船をUターンさせて戻ってきてくれた。

埠頭でフェリーを待っていたとき、乗客の女性が全員、イライラした様子で、布切れで自分の体を鞭打つようにしているのが見えた。その理由はすぐにわかった。

車がフェリーに乗り込むと、運転手以外の人間は車外に出なければならなかった。けれども外に出た途端、サシチョウバエという吸血バエの大群が襲いかかってきたのだ。ハエたちはフェリーに餌がたくさん乗っていることを知っていて、肌を覆い隠そうとしてもわずかな隙間から入ってきてしまう。手も顔も耳も、刺されないところはなかった。この川はアマゾンの支流としては小さい方だが、それでも畏敬の念を生じさせるほど大きい。大西洋までまだ四、五千キロも離れているのに、その川幅は非常に広い。

中国がこの川に橋を建設していて、空気はガソリン臭かった。あまり安全ではない油田も建設されている。その上、合法および違法の金鉱採掘も行われていて、このエリアの自然を脅《おびや》かしている。

川の真ん中付近にくるとハエは少なくなっていったが、最後のハエが岸に帰っていく前に対岸のハエが襲ってきた。対岸の埠頭は急勾配の斜面で、ジープが推進力を生むためのスペースがなかったため、私たちは急坂を歩いて登り、頂上で車と合流した。そこで車に飛び乗り、エンジンをふかして、猛スピードでモンテシナイ村に向かった。

村に着いた頃には日が暮れかかっていた。私たちは講習会の延期を提案したが、村人の一人が、「中止？　そんな！　隣の村にいってコカの葉を半キロばかり手に入れてくるよ。そうすれば今からでも訓練を始められるから、みんな喜ぶよ」と言った。

私も断りたくはなかったが、まる三日近い強行軍で疲れきっていた。まだテントも張っておらず、食べ物もなく、全身が赤い泥で汚れていて、サシチョウバエに刺されていた。私は現地の主催者に食べ物がほしいと説明した。

「妻が牛肉と米を料理しますよ」と彼は言った。

私は心のなかで言った。「もう飽きたよ！」

結局、私たちは店にいった。そこで私は、一日ぐらい牛肉ではなく鶏肉を食べても死にはしないとみんなに訴えた。幸い、ほとんどのメンバーが同意してくれたので、牛肉ではなくローストチキンを食べることができた。

私は次に、シャワーを使える場所はないかと尋ねた。

「もちろんあります」と主催者は言った。「こっちです」。

私は洗面道具が入ったバッグをわしづかみにし、彼を追って真っ暗なジャングルに入っていった。「シャワー」は樽《たる》に入った水だった。私は闇のなかで服を脱ぎ、バケツで水を汲んで体にかけた。水浴びが終わると、私はバッグに手を伸ばしてなかから……ナイロン蚊帳《かや》を取り出した。タオルと蚊帳は同じデザインの別のバッグに入っていたので、違う方を持ってきてしまったのだ。ナイロン蚊帳で体を拭くのは容易ではない。

私はイヌのように全身をふって水滴を飛ばし、なんとか短パンを履いて、ビーチサンダルをひっかけ、タオルが置いてあるところに向かってよろよろと歩き出した。ところが、数人の村人がまわりに立っていて、私が横をとおり過ぎようとすると、「カルロス、カルロス、講習会！」と叫んだ。時刻は夜の九時で、私はボロ切れのように疲れていて、一瞬、なにを言われているのかわからなかった。

「本当に、勘弁してくれ」と私は思った。「古き良きスペインの『mañana《マニャナ》、mañana《マニャナ》（明日、明日）』の精神はどこにいった？　今だけでいいから、これを実践することはできないのか？」

どうやらそれは許されないようだった。二〇人ほどが私の講習会に集まった。彼らは揺らめく光のなかで座っていた。その頬はコカの葉でぱんぱんに膨らみ、目はかっと見開いていて、表情は少々熱狂的すぎた。私は挿し穂のとり方を実演したあと、だれか前に出てきてやってみてほしいと呼びかけた。その役を買って出てくれた村人は、武術でもやるように作業にとりかかった。ぎこちない、ロボットのような動きだった。ザシュッ、シュパッ、バキッ。こんなに危険な実地訓練は見たことがなかった。

質疑応答に入る頃には、彼らはすっかり興奮状態になっていて、矢継ぎ早に質問したり、やたらと大きな声で喋ったりしていた。気がつくと真夜中になっていた。私は彼らの前で木材と細いパイプとなたを使って繁殖用テントを作る方法を実演し、この場から逃げるチャンスだと思って、「明日はみなさんにこれをやってもらいます」と言った。

ところが彼らは「嫌だ」と言った。「今やりたい」。

作業をするには、三キロ離れた養樹場まで移動する必要があった。彼らは全部で三〇人ほどいたが、移動手段はジープが二台とバイクが二、三台しかなかった。半狂乱と言ってよい状態になっていた村人たちがどうやってバイクに乗ったのか、神のみぞ知るところである。

養樹場に到着した私たちは、イギリスの子ども向けテレビ番組『ブルー・ピーター』の工作の時間のように（私たちは大人なのでなたも使うが）、わいわい言いながら繁殖用テントを作った。繁殖用テントが完成した頃には空が白み始めていて、私はこれ以上ないほど疲れていた。

「最後に質問は？」

村人の一人が言った。「一緒に村に帰ってコカの葉を持ってきて、ここに座って根が出てくるのを見よう」。

魅力的な提案だったが、ここにとどまるわけにはいかない。私たちには広めるべきメッセージがあるから。

次の目的地であるレマンソ村は、標識のないぬかるんだ道を車で二時間ほど走ったところにあった。今回の聴衆は若者と老人が混ざっていて、すぐには信用してくれなさそうな雰囲気があった。しかし、私が彼らに指図をしたり物を売りつけたりするためではなく、彼らの力になるために来たのだとわかると、心を開いてくれた。

一般に、アマゾンの人々は柑橘類の果物が大好きなのだが、この村の人々も例外ではなかった。熱帯のあらゆる種類のエキゾチックな果物に囲まれているアマゾンの人々が育てたがるのは、私たちにとってはめずらしくもなんともないレモンとタンジェリン（ミカン）なのだ。モーリシャスの人々もそうだった。

206

彼らは私にチューリップの育て方ばかり質問していた。どんな植物にエキゾチックな魅力を感じるかは、場所によってこんなにも違うのだ。

私は、アマゾンで柑橘類が育っているのを見て驚いた。アマゾンではなくアンデスだったら、夜間は気温が下がるので、驚かなかっただろう。しかし、アマゾンのジャングルで柑橘類が花を咲かせて果実をつけているのは別だ。木はスペインから持ち込まれたようだった。柑橘類でもライムはなかったので、ジントニックは飲めなかった。現地での私のお気に入りの一つは、カカオポッド（カカオの実）のなかにある茶色の種子の間を埋めている白い果肉から作った飲み物だった。

レマンソ村にきた私はどうしても体を洗ってさっぱりしたかった。村の入浴施設は一〇メートル×五〇メートルほどのただの池で、周囲には植物が繁茂し、真ん中に橋がかかっていた。私は衣服を脱ぎ、ゴーグルをつけて、水中に飛び込んだ。

水生植物の間を泳いでいると、幼い頃に水槽で飼っていたような、鮮やかな色の小さな魚がいた。カワスズメや各種のカラシンのほか、底の方にはコリドラスというナマズの仲間もいた。突然、頭上に魚よりはるかに大きい影ができ、音も聞こえた。登校途中の少女が私が泳いでいるのに気づき、立ち止まってなかを覗き込んでいたのだ。もちろん、めずらしい光景だったにちがいない。村の池で、ゴーグルをしたよそ者の男が素っ裸で泳いでいたのだから。

「やあ、こんにちは」と、私はぎこちなく挨拶をした。

「こんにちは」と彼女も言った。彼女は私ほど面食らっていなかったようだ。

池で体を洗っていると、シャワージェルが水質に及ぼす影響が心配になってきた。地元の人々もここで石鹸を使うだろうし、定期的に雨が降って石鹸の濃度が下がるから大丈夫だろう。池の水は軟水だったが、それほど泡が立つわけでもなく、魚たちは楽しげに私の足をつついていた。

私も水浴びを楽しんでいた。「アマゾンで水浴びをしていて、ワニもピラニアもパクーの心配もないのははじめてだ」。パクーはピラニアと同じカラシン科の大型の淡水魚だ。果実と間違って人間の睾丸に食いつくことがあるという言い伝えがあるものの、実際には草食性で、川辺の樹木の種子を広める重要な役割を担い、川の流れに逆らって種子を上流に散布することができる数少ない魚の一つでもある。この池に私を傷つける魚はいない。

ところが背中を流していたときに、ふとBBCのドキュメンタリー番組のことを思い出した。番組によると、南米の小さな池で泳ぐのは危険だということだった。デンキウナギがいた場合、放電により池全体に電流が流れることがあるからだ。私は自分自身に慌てないように言い聞かせながら、そっと入浴を切り上げた。

キューガーデンに戻ってから数カ月後、アマゾンの協力者たちがすべての村を再訪し、現地の人たちが育てている植物の写真を添付した電子メールを送ってくれた。

アレックスとカルロスへ

挿し木の調子は良好です。新たに育ってきた部分がわかるでしょう？　あなたが教えてくれた手法がうまくいくことがわかり、村じゅうが喜んでいます。彼らは、どんな果物でもこの方法で増やして育てられる可能性に気づきました。

植物の種類によって異なるものの、六〇～一〇〇パーセントの挿し木がうまく育っていた。数枚の写真では、コンポストを詰めた袋から根が飛び出していた。ブラジルナッツノキの挿し木からは、新たな葉が放射状に出てきていた。

ビニールシートとナイフと地元の人々のほんの少しの興味を利用したプロジェクトとしては悪くない結果ではないか？

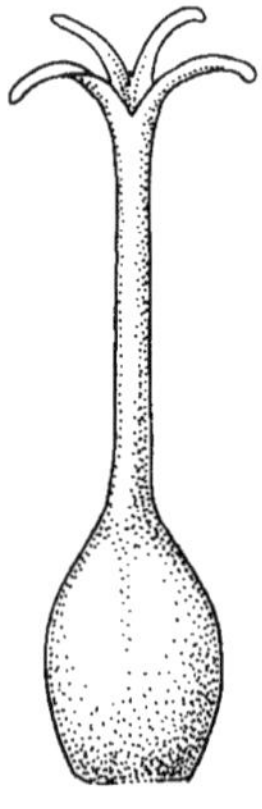

第13章　ペルーの植物

ペルー沿岸部は不思議な魅力にあふれている。世界で最も乾燥した砂漠の一つであり、北部太平洋岸の乾燥林（気候や地質が乾燥した地方に発達する森林）などの古代の神秘的な生態系が残っている。厄介なのは、日照時間が長く、常に地下水が供給されているという、食料生産に最適な条件も備えていることだ。ペルーの農作物輸出産業は急成長を遂げていて、この地域は、ヨーロッパの冬にスーパーの果物や野菜の棚に並ぶ商品を生産するための巨大な「温室」になっている。ペルーの森林伐採の多くは、一九世紀から二〇世紀にかけて、綿花、砂糖、ワイン生産の工業化に伴って起きたものだ。しかし、今日の森林伐採のおもな原因は農工業ではない。現代の農工業は森林の保全に配慮したものになっていて、伐採のあとには再植林を行っている。今日、ペルーの森林を破壊しているのは、薪《まき》にしたり、炭として売ったりするために木を切る移民たちだ。ここにも人間と自然の対立がある。この問題がどこから生じているにせよ、砂漠のなかの貴重な生息地を犠牲にすることは許されない。伐採を阻止するためには、持続可能な農業について現地の人々を教育することが急務になっている。なかでも重要なのは、在来植物の役割を知ってもらうことだ。在来植物は、生態系を保全し、維持することで、私たち人間を保護し、その生活を支えてくれている。

キューガーデンはペルー沿岸部の貴重な植物の研究、保全、回復を支援していて、困難な条件下ですばらしい成果をあげている。一五人強のチームが、現地のボランティアや熱心な学生の協力を得て、在来種の生息地の保全や持続可能な農工業のためのプログラムに取り組んでいる。

二〇一三年、私たち四人はキューガーデンからリマに飛び、リマの北にあるサラス村のラ・ペニャという場所で一週間仕事をした。アマゾンの水をアンデス山脈の下をとおして沿岸部に運ぶ新しいパイプライン「H2オルモス」の建設により、この地域の農業は大幅に拡大する予定だ。それと同時に、広範な影響も生じることが懸念されている。私たちの使命は、地域社会の力を借りて、破壊された乾燥林のために一万ヘクタールの保全エリアを作り、乾燥林を再生させることだった。

森林とその生態系の復元について理解するための鍵は「モニタリング」にある。自分たちがどこに向かっているのかを知るためには、最初にベースラインを設定する必要がある。どの植物が繁茂し、どの植物が死にかけているか。どんな植物が種子を散布し、どんな因子が種子をだめにしているのか。復元を成功させるためには、地面に四つんばいになってデータを収集するミクロの視点と、数十年分の衛星写真を比較するマクロの視点の両方が必要だ。私たちは、酷暑のなか、葉のない木々の下で、ドローンを飛ばし、植物を採集し、常設モニター区画を決め、ライダー（大気中の物体にレーザー光線を照射し、その反射を観測することで、物体までの距離やその性質を分析するリモートセンシング技術）を使った測定を行った。

なかでも大切なのは、現地の人々のニーズを理解し、彼らが経験してきた環境の変化を知るために、その話を聞くことだ。環境の変化に関して最も重要なのはエルニーニョである。エルニーニョは干ばつを大雨に切り替えるスイッチだ。

キューガーデンのチームは、「粘土団子」を利用して在来種の森を復元することにした。まずは現地の人々が、プロソピス属（*Prosopis*）、パロサント〔ブルセラ・グラウェオレンス（*Bursera graveolens*）〕、カプパリス・スカブリダ（*Capparis scabrida*）などの樹木から種子を採取して必要な処理を行った。時間も手間もかかる作業だったが、彼らは愛情を込めてこれを行った。続いて、次の大雨（もしかすると一〇年後になるかもしれない）の前に植えるために、粘土団子を作った。私たちにとって、残された小さなエリアから森林を再生する大規模な試みをするのは、これがはじめてだった。現地の人々が粘土団子を作る姿は感動的だった。粘土団子を作るには、自然界で一緒に育つ五種の樹木の種子を集め、丸めた粘土のなかに押し込み、種子が昆虫に食べられないように、さらに手で丸めて種子をしっかり閉じ込める。丸め終わった団子を日陰で乾燥させれば完成だ。あとはこの団子を森林が伐採された生態系に埋め、雨が降るのを待てばよい。

植物は、成長すればするほど多くの二酸化炭素を吸収するようになる。繁殖用容器のなかのように高温多湿の熱帯雨林は、すべての生態系のなかで最も成長が速く、密度も最も高いが、有機物が腐敗しやすいため、一部の二酸化炭素は必ず大気に戻る。一方、乾燥林の成長速度は遅い。見ただけでわかるように、熱帯雨林ほど成長に有利な条件ではないからだ。ただ、水が少ないため、有機物は腐敗しにくい。森林がどのくらいの量の二酸化炭素を吸収・放出するかを知るためには、森林のタイプ別に評価しなければならない。それぞれの植物の成長速度、土壌のタイプ、近隣で育つ植物などの情報も必要だ。最も重要なのは、現地の人々がどの植物に依存していて、どの植物に最も影響を及ぼしているかを知ることだ。そのためには、細かいところまでじっくり観察する必要がある。私たちは、このエリアを代表する区画を無作為に選び、そこにあるすべての高木と低木の地図を作り、木々の高さや広がりだけでなく、基準点での太さも測定した。莢《さや》が異様な形をしていて、現地では「cojones del diablo《コホネス・デル・ディアブロ》（悪魔の睾丸）」として知られるルッファ・オペルクラト（*Luffa operculat*）や、真紅の花を咲かせるプシツタカントゥス属（*Psittacanthus*）の熱帯ヤドリギなど、キューガーデンの植物標本館で確認するための標本を集め、区画のなかとその周囲で育つすべての植物の種類も記録した。私たちは一本一本の木にラベルを貼り、今後数十年間の気候変化を記録するための測候所（ツナ缶ほどの大きさの装置もある）も設置した。

こうして得られるデータから、木々が大気中から、いつ、どのくらいの量の炭素を吸収しているかがわかる。特に重要なのは、気候変化や干ばつやエルニーニョのサイクルに木々がどのように反応するかが明らかになることだ。私の仕事は、キューガーデンの生体コレクション部門の方法に従って木々にラベルをつけることだった（キューガーデンでは七万種類の植物のすべてにラベルがつけてあるのだから、私たちがラベルづけが得意であることは認めてもらえるだろう）。

小さなコミュニティーで暮らす現地の人々の力を借りて、私たちは道なき道をバイクで旅した。ペルー北部の奥地に住む人々は、あらゆることにバイクを使っているようだった。買い物にいくにも、ウシを集めるにも、外国人の科学者や園芸家を案内するにもバイクを使う。小石や砂や棘《とげ》のある植物のなかをバイクで突っ走るのは少々危険で、イギリス式の衛生安全管理に慣れている私たちは皆、ヘルメットをかぶらないバイクの運転手の耳元で「Mas despacio, por favor《マス・デスパシオ・ポル・ファボル》（もう少しゆっくり頼むよ）！」と叫んでいた。ようやく目的地に到着した頃には、イバラの棘に引っかかれたり、砂埃《すなぼこり》を吸い込んだり、執拗に足首を狙う奇妙なイヌに追いかけられたりしてボロボロだったが、大きな怪我はせずにすんだ。

私たちは数日の間に大きいモニター区画を四カ所設定した。四人ずつ二つのチームに分かれ、各チームでは二人が測量をし、一人が記録し、一人がラベルをつけた。私たちが焼けつくような日差しの下で作業をしている間、ここまで連れてきてくれた現地の人々は大木の木陰でくつろいでいた。彼らは夢中になって作業をする科学者たちにあきれながら、区画内にあるウシの糞が自分たちのウシのものか、隣の谷に住むライバルの農夫のウシのものかをめぐって議論していた。

この乾燥林はサバンナに比べてやや植生の密度が高い。樹木の間隔は狭く、高木でも高さは三〜五メートルしかない。ほとんどの植物が乾季に葉が落ちる落葉性で、雨が降るときに成長する。降水量が少ないため有機物の分解は遅く、湿潤な地域に比べて枯れ木ははるかに長く残る。気候が予測できないので、一年生植物や休眠状態の球根は、雨さえ降ればいつでも成長を始める。

ペルー沿岸部ではたくさんのサボテンが見られる。高さ七、八メートルにもなる、円柱状で、いくつにも枝分かれしたネオライモンディア・アレクウィペンシス（*Neoraimondia arequipensis*）から、もっと小さい、ハアゲオケレウス属（*Haageocereus*）のサボテンやメロカクトゥス・ペルウィアヌス（*Melocactus peruvianus*）などがある。メロカクトゥスは不思議な形のサボテンで、サッカーボールほどの大きさの緑色の本体の上に、花が咲く突起が帽子のように載っていて、これが空に向かってゆっくりと伸びてゆく。この突起は「花座」と呼ばれ、柔らかい棘と白い毛に覆われていて、鮮やかなピンク色の小さな花が花輪のように咲き、ハチドリの餌場になっている。メロカクトゥスは通常、岩の上や、地震で崩れた岩の間の急斜面などに生えている。そこには土も水もなく、サボテン以外に成長できる植物はない。サボテンの種子にとっては、ほかのサボテンが影を落とす地面に小さな割れ目があれば十分なのだ。養い親のサボテンが、強烈な日差しから種子を保護し、風による乾燥も防いでくれる。それさえあれば種子は成長を始めることができ、成熟したあかつきには、砂漠がどんなに厳しい条件をぶつけてきても耐えることができる。

メロカクトゥスの成長パターンもユニークだ。緑色の本体がサッカーボールほどの大きさになると成長が止まり、すべてのエネルギーを花座に向けるようになる。その後は休むことなく花を咲かせ、果実をつける。果実はピンク色の小さな唐辛子のような形をしていて、花座に半分埋もれた状態で成熟し、鳥がついばんで丸呑みし、できれば親から離れたところに排泄してくれるのを待つ。メロカクトゥスの本体の形は、成長する場所によって変わってくる。ラグビーボールを立てたような形のものもあれば、まん丸なもの、ウリのような形のもの、空気が抜けたビーチボールのような形のものもある。花座はゆっくり成長し、これもさまざまな形をしている。非常に長いものや、斜面に生えている場合には、上に向かって曲がっていくものもある。このことが個々のサボテンに個性を与えている。

山裾から広がる沖積土の斜面には、ケーパーの一種で、果実を食べることができるカプパリス・スカブリダ（*Capparis scabrida*）や、明るい黄色の美しい花が咲くコルディア・ルテア（*Cordia lutea*）など、棘の多い木質の植物が多く生えている。パロサントの木も多かった。パロサントは香木で、折れた小枝はうっとりするようなよい香りがするので、乾いた岩の深いひび割れから芳香が漏れ出しているような気がしてくる。また、灰色と茶色だらけの風景のなかにブーガンヴィレア・ペルウィアナ（*Bougainvillea peruviana*）のピンク色の苞《ほう》がちらほら見えると嬉しくなる。

私たちは、モニター区画のすべての植物にラベルを貼って記録する作業を終えると、ジープのところまでバイクで送ってもらい、南にあるイカ市に向かった。イカには私たちの提携組織の本拠地があり、プロジェクトの運営スタッフのほとんどが滞在している。私はここで、現地チームに植物の増やし方と養樹場の管理について指導を行った。私の最大の功績の一つは、現地の市場で売っている安物ののこぎりを使って、人々が薪に使っている木を剪定する方法を実演してみせたことだ。切るべき場所で慎重に切れば、木は枯れることなく、何度でも枝を生やす。それまで現地の人々は、なたを使って枝を打ち払っていたが、このやり方だと切り口が真菌にやられてしまいやすいのだ。同僚のオリヴァー・ウェイリーには、教材になる植物を探し、現地の人々をぞろぞろと引き連れてヒツジやヤギや砂漠の低木の間を歩く私の姿は、聖書の一場面のようだったと、今でもよくからかわれている。イカの後には、かつてナスカ文化やインカ文明が栄えた地域を訪れ、途中で数カ所の養樹場に立ち寄って講習会を開く予定になっていた。養樹場の目的は、森林が伐採された跡地に在来種を植え、現地の人々が多様な作物を栽培して食生活を改善できるようにすることにある。子どもたちを保全・教育活動に巻き込んで、私たちの知識が未来の世代に受け継がれるようにするという目的もあった。

イカに向かう途中、私たちは現地の人々が伝統的な野菜を守るために作った農場に立ち寄った。入口のところに、ペルー原産の毛のないイヌ、ペルービアン・ヘアレス・ドッグがいた。ふつうは完全に無毛なのだが、このイヌは頭頂に白いフワフワした毛が生えていて、映画『グレムリン』に登場する「ストライプ」によく似ていた。

農場にはクイ（モルモット）の小規模な飼育場もあった。ペルーの人々は昔からクイを食べてきたが、観光客はしばしば皿に乗っているものの正体を知ってパニックを起こす。農場のクイは、食用のほかに野菜畑の肥料源にもなっている。クイは高いところに置かれた長いケージのなかにいて、雑草や食品くずを餌として与えられている。その排泄物を肥料として野菜畑に埋めるのだ。

ヨーロッパでもおなじみの植物が、まったく違った状況で育てられていることには衝撃を受けた。その一例が、食用カンナ〔カンナ・インディカ（*Canna indica*）またはカンナ・エデュリス（*Canna edulis*）〕だ。カンナやその雑種は、欧米では園芸植物として親しまれていて、作物として見られることはまずないが、多くのコミュニティーでは古くから食用にされている。カンナの根茎は人間と家畜のためのデンプン源になり、茎と葉は動物の飼料になり、新芽は野菜になり、種子はトルティーヤ（トウモロコシ粉で作った薄焼きパン）に入れられる。

農場内の別の場所ではワタを育てていた。ワタの朔果《さくか》はもう割れていて、なかの繊維が見えていた。繊維の色は、からし色、深紅、灰色がかったピンク色、赤褐色などさまざまだ。私が見慣れていたのは、商業品種の白いワタと、こげ茶色の野生種だけだった。しかし、インカ以前の時代から、ペルーの人々は鮮やかな色のワタを選んで栽培してきた。最も難しいのは真っ白いワタを育てることだが、西洋の繊維産業界は合成染料（ジーンズ用のインディゴなど）で染めやすい真っ白いワタを求めてきた。ペルーで白い変種の栽培が始まったとき、カラフルな在来変種により他家受粉する恐れがあったので、在来変種の栽培は禁止された。けれども幸い、命令に背く人々がいたことで、在来変種は生き残ることができた。在来変種の色は、伝統衣装のパターンやスタイルにとって、なくてはならないものなのだ。

私たちはペルーの太平洋岸を南下しつづけた。南にいけばいくほど、環境が乾燥していくのが感じられた。ナスカやその周辺で淡水を見ることはめったにないが、私たちが見落としがちな形で大量に存在している。一〇年に一度程度の頻度で起こるエルニーニョによる洪水を除くと、ペルーの平原には雨はほとんど降らない。ほとんどの雨はアンデスに降り、川はアンデスから太平洋へと流れ下る。常に水が流れている川もあるが、一時的にしか流れが見られない川もあり、そうした川はふだんは地下を流れている。在来種のヤナギの一種であるサリクス・フンボルティアナ（*Salix humboldtiana*）や、高さが四メートルにもなる巨大なアシで、スペイン原産の侵略的外来種であるアルンド・ドナクス（*Arundo donax*）など、ほとんどの植物がこうした川に沿ったところに見られる。

けれども実は、水が最も豊富にある場所は空気だ。

「霧の深い砂漠」などと言うと矛盾しているように聞こえるかもしれないが、ペルーでは霧がよく発生する。秋と冬の霧は、永遠に消えない雲の層のようだ。霧があまりにも厚いので、リマの人々は海岸ではなく山に日光浴をしに出かける。

現地の人々に管理法を指導した樹木のなかで特に考えさせられたのは、マメ科のフアランゴ〔プロソピス・リメンシス（*Prosopis limensis*）〕だった。プロソピス属は約四五の近縁種からなり、その多くが棘のある高木や低木で、南北アメリカ大陸、アフリカ、西アジア、南アジアの亜熱帯および熱帯で見られるが、圧倒的に多いのは南米だ。

フアランゴは地球上で最も深く根系をはる植物で、水を求めて七五メートル以上も根を伸ばすことがある。寿命は一〇〇〇年以上で、ほかに植物がない場所で見つかることもめずらしくない。その心材は地球上で二番目に硬い木材とされている。

ある種の植物は、表面で霧を凝結させて、水をうまく捕まえている。フアランゴは特にそれが上手で、地中深くから水を吸い上げるだけでなく、夜間に葉や幹の表面で霧を凝結させ、滴《したた》り落ちた水を根で吸収している。

フアランゴにはもう一つ特技がある。アイスクリームビーンのように、根粒にいる特殊な細菌を利用して、空気中の窒素を葉から取り込むことができるのだ。通常、土壌中には落ち葉や動物の糞や動植物の死骸などの有機物が腐敗する際に発生する窒素があり、多くの植物が根から窒素を吸収している。水がこのプロセスを補助しているが、雨の少ない砂漠では土壌中の窒素が少なく、植物の成長を維持できるほどの濃度になることはめったにない。けれども空気中には窒素は豊富にある。ほとんどの植物はこの窒素を利用できないが、フアランゴは違う。

フアランゴが過酷な条件下で生きていけるのには、こうした理由があるのだ。それはまた、この木がハワイやオーストラリアの熱帯地方で侵略的な雑草となり、谷全体を覆い尽くしてしまっている理由でもある。

ならばフアランゴは無敵の植物なのかと言うと、そうでもない。実際、原産地のペルーでは危機的な状況にある。

フアランゴは砂漠の生態系にとって欠かすことのできない要素だ。ハシボソシトド〔クセノスピングス・コンコロル（*Xenospingus concolor*）〕という小さな鳥のように、ほぼ完全にフアランゴに依存している生物も多く、フアランゴの減少とともにこうした生物の個体数も減少している。ハシボソシトドは川辺の森林を好むため、木がなくなった場所からは鳥もいなくなってしまう。

コミュニティーにとっても、フアランゴは貴重な財産だ。この木はウシと人間に木陰を提供してくれ（ただし、木の下でくつろぐには厚底の靴が必要だ。地面には大量の棘が落ちていて、靴底が薄いと足に刺さってしまう）、干ばつのときには枝を剪定して飼料にすることができるし、幹は材木になる。栄養分に富む莢《さや》もたくさんできる。莢は甘く、バニラの香りがして、牛の餌にも適している。現地の人々はこれを「huaranga《ファランガ》」と呼び、細かくひいて粉にして、パンやデザートやアイスクリームを作ることもある。

伝統的な需要と現代的な需要の間で衝突が生じた結果、このすばらしい木は非常につまらない理由で伐採されるようになった。一九五〇年代の終わり頃、ペルー政府の経済戦略が変化し、数千カ所に養鶏場が建設された。ローストチキンの時代の始まりだ。「pollo a la brasa《ポヨ・ア・ラ・ブラサ》（薪《まき》でローストしたチキン）」のために大量のフアランゴが切り倒された。高カロリーのチキンはペルーの人気料理で、フアランゴは切りにくい木なのだが、薪としての需要は非常に高い。ペルー滞在中、私は多くの養鶏場を見た。その多くが水の豊富な海岸地域にあった。フアランゴの木の切り株を目にすることもめずらしくなかった。

私が最初にペルーに到着したとき、おいしいローストチキンが大いに気に入った。数日後になってはじめて、このおいしい料理のためにフアランゴが犠牲になっていることに気づいた。「huarango milenario《ファランゴ・ミレナリオ》（千年フアランゴ）」と呼ばれた古木まで、薪にするために切り倒されてしまった。ペルーの樹木被覆率は激減している。キューガーデンのプロジェクトでも、ドローンを使ってフアランゴが生えている地域の地図を作り、毎年の増減を調べている。

しかし、ナスカ平原の森林が伐採されたのはローストチキンの時代が最初ではない。

古代ナスカ文明は、上空からしか全体像を確認できないほど巨大な地上絵を砂漠に描いたことで知られる。地上絵は紀元前五〇〇年から紀元五〇〇年の間に作られ、サルやクジラなどの動物や長さ数キロに及ぶ幾何学図形が描かれている。古代ナスカの人々は洗練された社会を形成し、農業用の複雑な灌漑システムも持っていた。しかし現代の研究者は、ナスカの人々がこれだけ高度な技術と知識を持っていたにもかかわらず、フアランゴの不用意な大量伐採により自分たちの首を絞めてしまったと指摘している。もともとこの地域にはフアランゴの木が豊かにあり、エルニーニョによる洪水の被害を小さく抑えていた。木々の根は土壌を固めて浸食を最小限に抑え、地下水の補給にも役立っていた。しかし、樹木の本数が減少し、伐採量が限界を超えたとき、土壌はむき出しになり、エルニーニョの影響をまともに受けるようになった。

洪水はわずかに残っていた植生を根こそぎにし、土地は砂漠になり、ナスカ文明は滅びた。私たち全員が心に刻んでおくべき教訓だ。

私たちキューガーデンのスタッフが見るナスカ平原の砂漠は、高温（三〇℃以上になることも少なくない）、厳しい干ばつ、頻繁な地震、ほぼ一〇年ごとの聖書レベルの洪水に痛めつけられる、あらゆる意味で極限的な環境だ。南米の自然の女神パチャママは、大声で叫び、腹を空かせている。おそらくあなたも、ずっと大切に育ててきた木（なかには樹齢二〇〇〇年になる宝物もあった）をローストチキンを焼くために伐採されたら激怒するだろう。

フアランゴを救うためにキューガーデンが最初にしたのは、植樹プロジェクトに現地の人々を巻き込む方法を考えることと、将来のために「vivero《ビベロ》（養樹場）」を作ることだった。次にすることは、園芸家を派遣して、イカ市とナスカ平原に点在するコミュニティーのビベロで指導を行うことだ。私はそのためにペルーにきた。

ナスカ平原の旅はじつに印象的だった。風景のいくつかはきわめてシュールで、私のなかの「乾燥」と「不毛」という言葉の理解を大きく変えた。車で何キロ進んでもむき出しの岩と砂があるばかりで、植物は一本も生えていないのだ。不毛な大地で活動しているのは人間だけだった。

ここは巨大地震が頻繁に起こる地域で、そのたびに町は荒廃し、多くの人命が失われている。そこで政府は、家を失った人々に好きな場所に定住する許可を与えた。だれも占有していない土地を見つけたら、そこに家や小屋を建てて、自分の土地として登録することができる。この制度は、当初は名案に思われたし、多くの国民にとっては、生きるために絶対に必要なものだった。けれどもやがて、この制度を悪用する業者が出てきて、環境に悪影響を及ぼすような開発をするようになった。見つけた土地に「構造物」を建てて所有権を主張する行為は、現地では「invasión《インバシオン》（侵略）」と呼ばれている。

登録できる構造物の定義はごく簡単で、四枚の壁と一つの屋根に囲まれていれば、なんでもいい。多くの構造物は直方体で、正面には開けっぱなしのドアがある。海のないビーチハウスといった風情だ。壁になっているのは、スペイン原産の侵略的外来種のアシであるアルンド・ドナクスを編んだ「estera《エステラ》（ござ）」だ。エステラは、ガソリンスタンドなど、あらゆる場所で売っている。だから、車の上に載せられるだけエステラを買い込み、気に入った土地を見つけたら、構造物を建てて所有権を主張すればよい。近年では、インバシオンは大規模に行われるようになり、業者が夜陰に乗じて数百ヘクタールの砂漠をまとめて手に入れ、書類を偽造したりして、家を探している学生やアンデスからの移住者に販売している。

リマ郊外などの人口密度の高い地域では、高さ三メートルの「恥辱の壁」をはさんで、富裕層が住む地区とスラム街が隣接している。スラム街では数千人がエステラの家で暮らしている。リマのスラム街には水道も樹木もないが、多くの人々がひしめき合って苦しい生活を送っている。

もっと田園や隔地にいくと、特に幹線道路の近くに、こうした構造物が数千件も無秩序に建っているが、だれも住んでいないように見える。ときどき、小屋のなかに女性が一人だけいて、ニワトリがうろつく床を掃除している。

ペルーを侵略した私たちスペイン人が侵略的外来種のアシを残し、今日のペルー人が、このアシを使って自分たち自身の土地の「invasor《インバソル》（侵略者）」になっているのは皮肉なことだ。かつて、スペイン、フランス、イギリスの植民地主義者は、自分たちがたどり着いた土地に国旗を立てて所有権を主張した。今ではアシの茎さえあれば所有権を主張できる。周囲の土地のことなどおかまいなしだ。国旗は必要ない。

私はペルーで多くのすばらしい人々に出会ったが、いつも心に浮かぶ人が一人いる。キューガーデンの同僚オリヴァー・ウェイリーの二〇年来の知人であるフェリクス・キンテロスだ。

フェリクスは一九五二年に、イカ市から数キロのところにあるコマトラナ村で生まれた。この村の人々は農業や漁業を営んでいるが、フェリクスは人生のほとんどを木を植えることに費やしてきた。彼は、自分が一八歳だった頃の村の暮らしをよく覚えている。当時はまだ、村の近くや砂丘の裾《すそ》に野生のファランゴが生えていて、村人たちはその枝や莢を集めて動物の飼料にしていた。村の家々はファランゴの太い角材とサトウキビの茎と泥からできていて、屋根は泥とロバの糞を混ぜたもので葺《ふ》いてあった。冬の濃い霧のおかげで、ファランゴの森にはティルランドシア・プルプレア（*Tillandsia purpurea*）というパイナップル科のハナアナナスが生えていた。村人たちは、大地に潤いがあったこの時代を「la blandura《ラ・ブランドゥラ》（優しい時代）」と呼んでいた。地下水の水位は高く、干ばつの年でも作物やパンパの植物が枯れることはなかった。

水も豊富で、ラ・ビクトリア、サラハ、ポソ・エディオンドなどの潟湖《せきこ》（砂州の発達によって海から切り離された浅い湖）があった。潟湖には蚊がたくさんいたが、フェリクスの家族はよく遊びにいき、彼はそこで泳ぎを覚えた。彼の曾祖父や曽祖母は、ファランゴの木が生えている畜舎では害虫や病気はないと言っていたという。フェリクスは私に、「ファランゴのみずみずしさやオーラやエネルギーや香りが、老いた動物たちの病気を防いだのです」と言う。家畜たちもファランゴを病気から守っていて、ニワトリや七面鳥は、ダイズの葉を食べてしまうマエウスキノメイガの幼虫を食べてくれた。

フェリクス少年はファランゴに登り、枝に結んだロープをブランコにして遊んだ。ほかの子どもたちと「gallito《ガリト》」をすることもあった。これは、できるだけ長くて硬いファランゴの莢を見つけて砂丘に投げ、莢が刺さって直立したら、相手の頭に「cocacho《コカチョ》（げんこつ）」をくらわせることができるという遊びだ。

時は流れ、若者たちは畑作や畜産を嫌い、建設労働者や機械工やタイピストに憧れるようになった。彼らがよりよい収入を求めてイカやリマに移住してしまうと、フェリクスは愛してやまないフアランゴの大量伐採を目の当たりにするようになった。

彼は親戚や隣人にフアランゴを伐採せずに移植するように何度も頼んだが、だれ一人として聞き入れてくれなかった。彼は苦痛と抗議の気持ちを表現するため、切り倒されたフアランゴの写真を撮るようになった。一七年後、彼はイカのアルマス広場で最初の写真展を開いた。作品は段ボールの額縁に入れ、画家から借りたイーゼルに立てかけて展示した。

人々は彼を嘲笑し、フアランゴのような「つまらないもの」の写真を撮影する彼を「huevó《ウェボン》（まぬけ）」や「loco《ロコ》（いかれ野郎）」と呼んだ。

「植物の写真を撮るにしても、アボカドとかオレンジの木とかブドウとか、もっといい被写体があるだろう」というのが彼らの意見だった。

この経験はフェリクスを傷つけ、悲しませたが、彼は静かにフアランゴを記録し続けた。自分がなぜこんなことをしているのか、彼自身にもわからなかった。わかっているのは、どうしようもないほど植物を愛しているということだけだった。彼はその後、国立サン・ルイ・ゴンザーガ大学の農学部で農業学（土壌管理や作物栽培の科学）を学び、大学の職員になった。そして大学にフアランゴを植えることを提案したが、ここでもまた却下された。個人的な抗議として、彼は自宅にフアランゴの養樹場を作り、人々に実《み》生《しょう》を配る活動を始めた。まもなく彼は「Huaranguito《ファランギート》（小さなフアランゴ）」として知られるようになった。

フェリクスは今もフアランゴのために精力的に活動している。彼は五一九人の死者が出た二〇〇七年の地震でピスコ（イカの北西の太平洋岸に位置する港町）の自宅を失ったが、木を育てて植える活動は続けている。キューガーデンとペルーのこども環境協会（ＡＮＩＡ）の養樹場を通して植えられたフアランゴは一〇万本以上になるが、砂漠では一〇本に一本しか生き残ることができない。まだ根が浅い若木は野生動物に食べられやすく、根づかせるのが難しいからだ。それでもフェリクスはひたむきに努力を続ける。彼の指導を受けた数千人の子どもたちが、フアランゴの木を植えたいと思うようになることを切に願う。

　私たちが訪れた村々で、フェリクスはフアランゴの莢を収穫し、種子を取り出し、乾燥させ、貯蔵し、蒔《ま》く方法を指導した。これは、みなさんが想像するより難しい。莢は硬く、種子は小さく、かなりしっかり包まれているからだ。フェリクスは、缶切りと釘《くぎ》という、どこでも入手できる簡単な道具を使って種子を取り出す方法を考案した。この方法で、彼はだれよりも速く莢をむくことができた。続いて私が挿《さ》し穂をとり、実生を植え付け、接ぎ木をする方法を指導すると、最後にフェリクスがスピーチをした。「キューガーデンからきたこの人たちは、これまでの外国人とは違う。彼らの目的は、君たちから奪うことではない。彼らは君たちのために汗を流し、力になりたいと考えている。ほかの外国人は金儲けのためにくるが、彼らは違う。彼らは君たちが森を救うために必要な資源と支援と知識をくれる。これから先は君たちがやるのだ。寝転んでぶつくさ文句を言ったり、サッカーをしたり、酔っ払ったりしている暇はない。君たちは変わらなければならない。自分たちの森のために働き、未来を育てなければならない」。

　ほとんどの村人が、彼の言葉の正しさを知っていた。彼が語る真実は、建物解体用の鉄球のように人々の心を打った。彼はスピーチをするたびに、こう言っていた。「El mundo no es difícil, lo hacemos difícil《エル・ムンド・ノ・エス・ディフィシル、ロ・アセモス・ディフィシル》（世界は付き合いにくいものではないが、私たちが扱いにくいものにしている）」。本当にそうだと思う。

この章の冒頭で少しだけ触れたネオライモンディア・アレクウィペンシスは、根元で分岐するタイプのサボテンとしては世界最大だ。稜《りょう》がある茎は非常に美しく、生息地を象徴する風景を作っている。個々の茎の直径は四〇センチほどで、高さは五～九メートルにもなる。七本程度ずつまとまって生える棘は、長さ二五センチほどもある。花は、典型的には淡いピンク色から淡い黄色をしている。花は必ず咲くが、果実は基本的に水があるときにしかできない。果実の外側は赤く、内側は白か紫がかったピンク色で、小さな種子が詰まっているので、まるで小さなドラゴンフルーツのようだ。ペルーの固有種で、中央部の海抜〇メートルから高度二八〇〇メートルまでの乾燥した平原で見られる。

ネオライモンディア・アレクウィペンシスは、遠くから見るだけでも十分すばらしいが、あなたが幸運で、近くまでいくことができれば、あなたに語りかけてくれるかもしれない。とはいえこのサボテンには、ペヨーテやサンペドロのような幻覚作用はない。これからお話しするのは、死後の世界への扉を開く話でも、薬物によるトリップの話でもなく、「落書きサボテン」や「刺青《いれずみ》サボテン」と呼ばれるサボテンのことだ。

サボテンの表面に尖《とが》った道具で傷をつけると、消えない印や言葉を残すことができる。私はふつう、こうした行為は植物の虐待あるいは冒瀆《ぼうとく》であると考え、絶対に許さない。けれどもこのサボテンだけは別だ。キューガーデンのオリヴァー・ウェイリーは、二〇年以上前からペルーを旅し、植物のために活動している。彼は私に、イカ市の周辺にあるこの手の落書きサボテンをいくつか見せてくれた。注目すべきは、こうした落書きの多くに日付が記されていて、気候や植生の変化に関する貴重な情報を提供してくれることだ。彼が見つけた最古の落書きの日付は一九〇二年で、宣教師がやってきて人々に読み書きを教えた時期と一致している。多くが美しい書体で刻まれていて、現地の人々にとって重要な出来事が記録されている。なかでも重要なのは、「一九三四年……水を待っている」など、川に水が流れ始める時期に関する記録だ。

ロマンチックな落書きもある。「愛する人、朝の風に目が覚めても心配しないで。それは私があなたを思ってつくため息だから。ロサ」などだ。人々の人生のある瞬間を記録したものもある。「私はハトを狩っていた……食料。四月一二日」という簡単なものから、「一九七五年一月一〇日、最後の仕事の日。午後、陸軍に入隊するためにリマに向かう途中、この場所を通過。一緒にいるドン・エゼキエルはもう六〇歳。誕生日は四月一〇日。イポリトは一九六〇年八月一三日生まれ。一七歳。兵役につける年齢」という詳細なものまで、さまざまだ。なかでも私が気に入ったのは、大きいサボテンの根元付近に慎重に刻まれた「今日、うちの果樹園のイチジクを全部食べた」という記録だ。簡にして要を得ている！

落書きサボテンに刻まれた言葉で最も多いのが「agua《アグア》（水）」なのは意外ではない。一九二一年三月の落書きには、「vino un buen aumento de agua colorada《ビノ・ウン・ブエン・アウメント・デ・アグア・コロラダ》（赤い水が大幅に増えた）」とある。アンデスから流れてくる水には色つきの沈殿物が含まれていることがあるせいかもしれない。川に水が流れ始める日付は、水文学（地球上の水の循環に関する学問）や植物季節学（季節ごとの自然現象を気候などとの関係から研究する学問）に役立つ。例えば、サボテンに刻まれた落書きから、一九一七年から一九五七年までは川の水が一月から二月初旬に流れ始めていたことがわかる。今日ではもっと遅く、四月頃になっている。

サボテンは、自然が砂漠に置いたタイムカプセルだ。かつてこの場所を歩いた人々は、後世に伝える価値があると思ってメッセージを残したのだから、私たちはそこからできるだけ多くを学ばなければならない。

ナスカから車で三〇分ほどのところにあるサン・フェルナンド国立自然保護区には、海洋野生生物のエリアと、海岸の丘で霧から水分を得ている植物のエリアがある。生物多様性の点ではペルー屈指の国立公園であり、砂漠の植物が九〇種、魚類と甲殻類が九〇種、鳥類が二五二種いるほか、多くの哺乳類や爬虫類もいる。沿岸を北上するペルー海流は寒流で、イギリスのブライトンの初夏の海のように上空の空気を冷やしている。夜になると、この冷たい空気が高温の陸地まで広がり、熱い空気と冷たい空気が衝突して霧が発生し、植物に水分を与えている。

　私とキューガーデンのオリヴァー・ウェイリーとウィリアム・ミリケンを含むチームは、夜間に幹線道路を離れ、日の出の頃にナスカと海岸の間に広がる砂漠に到着した。私たちのほかには、生きているものはなにも見えなかった。車が落とす影の長さは数メートルにもなり、砂丘の上をどこまでも伸びていった。

　この細長い海岸沿いにはなにもないエリアが三〇〇～四〇〇キロにわたって続き、あるエリアでは何千年も雨が降っていないと考えられている。私たちは、砂漠の真ん中を横断して海岸に出て、そこから南下してナスカに戻ろうと計画していた。砂漠の真昼の暑さを避けるため、午前四時に出発し、ベッドに入れたのは翌日の午前一時頃だった。車を止めて仮眠をとることもなく、二〇時間以上走りつづけた。

　風化した石と砂からなる赤い砂漠は火星を連想させた。これまでだれも足を踏み入れたことのない場所を走っているような気がしていたが、しばらくするとトラックの轍《わだち》を見つけ、砂漠にこれ以上ダメージを与えないために、轍の上を走ることにした。相変わらず周囲にはなにもなかった。

　地形を見るため、車で高さ二〇メートルほどの丘に登ると、遠くの砂丘に風紋ができているのが見えた。近づいてみると、南米で「clavel del aire《クラベル・デル・アイレ》（空気のカーネーション）」や「clavelino《クラベリノ》（小さなカーネーション）」と呼ばれるハナアナナス〔ティランジア（*Tillandsia*）〕が生えていた。ハナアナナスは、サボテンさえ成長できない、想像を絶する過酷な条件下で生き抜くことができる。風紋の線が同じ方向に伸びているのは、ハナアナナスの葉の間を吹き抜ける風が砂を動かしているからだ。風紋が大きいところでは、ハナアナナスも大きく成長している。一部のハナアナナスの本体は砂のなか三、四メートルのところで見つかっている。炭素年代測定により、これらは一万四〇〇〇年前に発芽した種子から成長したものと考えられていて、樹齢約四九〇〇年のカリフォルニアの有名なブリストルコーンパイン「メトセラ」より古いことになる。

よく見ると、ハナアナナスの葉の上で水が凝結しているのがわかった。葉から滴り落ちる水で、植物の背後の日陰の地面は湿っていた。同じ場所に、ジャガイモやトマトと同じナス属のソラヌム・エドモンズトニイ（*Solanum edmondstonii*）も数株あった。世界中で、ここでしか見られない植物だ。ナス属のほかの植物とは違い、葉の長さは三センチほどと小さく、形はヨーロッパナナラの葉に似ているが、色は青灰色だ。花は、遠くから見ると形も質感もケシに似ていて、色は淡い藤色から白へと褪《あ》せてゆく。信じられないほど乾燥した環境でも、霧のおかげで花を咲かせることができる。

採掘会社の巨大なパイプラインが私たちの行く手を遮《さえぎ》ったのは、広大な砂漠の真ん中の、数キロ四方にはなにもないような場所でのことだった。直径が約二メートルもあるポリ塩化ビニル製のパイプが一直線に並べて置かれ、接続されるのを待っていた。私たちは決断を迫られた。パイプラインに沿って左に進むか、それとも右か？　間違った方向に進んでしまったら、途中でガソリンが足りなくなって、正しい道に戻れなくなってしまうかもしれない。

一か八か、パイプラインに沿って左に進んでみることにした。パイプラインを超えられないまま四五分も進んだ頃、ジープに乗った数人の労働者を見つけた。彼らに事情を説明すると、クレーンを持っていないので、巨大なパイプを動かすことはできないと言われた。しかし、ここから反対方向に一時間半ほどいけば大規模な採掘キャンプがあるので、そこでとおしてもらえるだろうと教えてもらえた。広大な未踏の砂漠のなかにいるのに、ジープでも越えられないような壁に阻まれることが人間をどんなに苛立たせるか、想像してみてほしい。最終的には海岸に向かうことができたが、時間を大きくロスしてしまった。

砂丘では、ユリ科の植物の茎や頭状花の種子を見つけた。ノラナなどの一年生植物も見つけた。ノラナは半年のうちに種子から発芽して花を咲かせて死んでゆくナス科の植物だ。花が咲く季節ではなかったが、私たちの目的は、種子を採集して、生息地の復元と保全のために現地で繁殖させる手順を確立することだったので問題はなかった。キューガーデンにはサン・フェルナンドの海岸の丘の植物を描いた詳細な植物画があるので、これに追加するために植物標本館用の標本も採集した。

特に目立った植物は、ペルーの固有種のアンブロシア・デンタタ（*Ambrosia dentata*）だった。キク科ブタクサ属で、ふつうは山に生えているが、ここでは海岸に生えている。種子にはベルクロのようなフックがあるので、グアナコ（アンデス山脈の野生のラマ）の毛に引っかかってここに運ばれてきたのだろう。実際、この海岸にはグアナコの小さな群れがいる。彼らは冬のアンデスの寒さを逃れ、餌になる植物を求めて、太平洋岸まで下りてくる。かつてはもっと大きな集団だったが、今では六頭しか残っていない。少なくとも一つの種にとっては、グアナコは種子散布のために重要な役割を果たしている。

植物を調べていると、アンモニアの匂いが漂ってきた。咳が出て、涙が出てくるような匂いだ。ペルーのほかの地域には海岸付近に養鶏場があった。その匂いは養鶏所の匂いに似ていたが、さらに強烈だった。悪臭の源を突き止めようと、私は崖の先端まで歩いていった。崖の先端までいかないと、海岸になにがあるのか全然わからないような地形だったからだ。そこまでいった途端、すべてが明らかになった。

眼下に広がっていたのは完全な無秩序状態だった。海岸には数千頭のオタリアのコロニーがあり、オタリアたちが野太い声で鳴き、戦い、子を産んでいた。悪臭の原因は彼らだった。海ではイルカたちがジャンプをしたりゲームに興じたりしていて、浜辺と空には、ナスカカツオドリ、インカアジサシ、ナンベイヒメウ、サカツラウ、フンボルトペンギンがいた。それは驚くべきコントラストだった。私の背後の陸地には生命のない砂漠が広がり、眼前の海と海岸は生命に溢《あふ》れていた。

私は苦労して浜辺に下りてみた。耳が聞こえなくなりそうな騒音だった。数頭のオタリアは巨大としか言いようがなく、もちろん臭かった。驚いたのはコンドルだった。コンドルとヒメコンドルがいるおかげで、海岸には病気も腐敗した死骸もなかった。翼幅が三メートルもあるコンドルが、飛びながら翼や尾をピクリと動かして急降下し、一瞬にして獲物をとらえる様子は圧巻だった。なかには山から飛んでくるものもいるが、餌が豊富な海岸に巣を作って永住している群れもあるという。きっと、毎食オタリアでも気にならないタイプなのだろう。

私たちはサン・フェルナンド国立自然保護区をあとにして、最終日の指導に向かった。これが終わり、数カ所で植物の調査をすれば、今回の遠征は終了だ。私はナスカのラス・トランカスという谷のなかにあるコパラという小さな町に滞在して、植物の繁殖、森林の再生、食用作物について講義を行った。この地域は乾燥しているが、幸い、近くの川や貯水池の水があった。町では数カ月前に地震が起きたばかりで、私たちが滞在していた町役場を含め、すべての建物が危なっかしい角度で傾いていた。そのうち倒壊してしまいそうだった。

私たちの仕事の一つは、川の支流が本流に流れ込むところにできた浅い谷の植生の地図を作ることだった。皿のように浅いその谷にいくには有料道路をとおる必要があった。有料道路のゲートは一本の紐《ひも》だ。小屋のなかに座っている男性が一方の端を持っていて、もう一方の端は杭《くい》に縛りつけてある。この紐をふだんは道路に垂らしていて、車が近づいてくるのが見えたときだけピンと引っ張る。彼の仕事は谷に出入りする人を数えることだ。くる日もくる日も、同じ人が、同じ時間に出入りする。交通量は非常に少ない。

この地で雨が降るのは一〇年から二〇年に一度のエルニーニョのときだけだ。私たちが訪れたとき、人々はもう二年も雨を待っていたが、まだ降っていなかった。ベージュ色の岩石もうねる砂丘も、すべてがカラカラに乾燥し、埃っぽかったが、谷の真ん中の水のない川床には喜ばしい緑の帯があった。地下水が供給されているにちがいない。川岸から離れたところでは、サボテンでさえ生きるのに苦労していた。

谷の上の方で作業をしていたとき、私は、近くの川床に丸い石を積んで台地のようにした部分があることに気づいた。同じものをほかの場所で見たら水田だと思っただろう。なぜこんなところに？　これだけの石を積むのはたいへんだったにちがいない。けれどもそこではなにも栽培されておらず、砂でいっぱいになっていた。

現地ガイドは、昔の人がヒツジを飼うのに使っていたのではないかと言った。そうだろうか？　こんな場所でヒツジを飼いたいだろうか？　植物も水もなく、正午の日差しは強烈だ。もっと下の谷底になら少しは植物があるが、やっとのことで生きているという状態だ。人間の活動の痕跡はなかった。私は植物を採集しながら考えつづけた。

そのとき、部分的に埋まっているトウモロコシの穂軸を数本見つけた。穂軸の長さは三、四センチほどで、明らかに野生種のものだった。コロンブスがアメリカに到達するより前の時代には、トウモロコシの穂軸はこんなふうに小さかった。しかし、過去二〇〇年間に、こんな穂軸を食べた人はいなかっただろう。穂軸を見つけた場所のまわりを掘ってみると、血の涙を流す目が描かれた、カラフルな陶器の破片が出てきた。それは、数日前にイカの博物館で見てきた陶器の壺の図柄によく似ていた。壺《つぼ》には、ヒキガエルのイヤリングをつけたナスカの女神が血の涙を流し、その涙が川になっている絵が描かれていた。容易には忘れられない図柄だった。

砂をかき分けると、多くの破片が出てきた。豊穣と生命を表す女性の絵が描かれている破片もあった。非常に乾燥した場所だったので、すべてがよく保存されていた。ここは古代の考古学遺跡にちがいない。

そのとき、私の目にとまったものがあった。人間の歯のようだ。ガイドは人間ではなくグアナコの歯だろうと言ったが、私が知るほかのどんな哺乳類の歯より自分の歯に似ていると思った。掘りつづけると、長い黒髪を包むスカーフが出てきた。私は手を止めてガイドに言った。

「このあたりのグアナコは頭にスカーフを巻いているのかい?」

近くの別の場所を掘ってみると、下顎が出てきた。明らかに人間のものだ。さすがに驚いてしまった。ここは神殿か墓地だったのだろう。私は発掘を中止した。

博物館にはナスカの人々のミイラがあった。ミイラは膝の間に顎を入れてうずくまった姿勢で、数枚の毛布に包まれた状態で埋葬されていた。骨格のなかには頭蓋が異常に変形しているものもあった。支配階級の子どもが生まれると、頭に固く布を巻いて頭蓋を圧迫し、上に向かって成長させて、円錐形にしていくのだ。この操作は「人工頭蓋変形」と呼ばれている。精神疾患を治療するため(彼らの考え方でいけば悪霊を外に出すため)に、頭に直径一、二センチの穴を開けることもあった。

私たちは町長にこの発見について報告した。こちらはすっかり興奮していたが、町長の方は冷静だった。

谷に墓地があったことは以前からわかっていて、すでに四カ所確認されていたからだ。けれども彼に四カ所の場所を聞くと、私が五カ所目を発見していたことが明らかになった。その上、石積みがある墓地はほかになかった。

町長は私たちを傾いた町役場の物置に案内してくれた。ドアを開けると、数体のミイラが置かれていた。職員たちは小さな博物館を作ろうとしていて、展示の準備をしていた。ここのミイラは、ヒョウタンを乾かして作った小瓶と一緒に埋葬されていた。小瓶は、ピンクやサーモンピンクやオレンジ色の羽根で装飾されていた。羽根は、アンデスの亜熱帯地方に生息するイワドリのオスのものだという。

同じ日、レストランにいた私にスペイン語で話しかけてきた男がいた。ガラスケースに入った二〇〇〇年前の赤ん坊の手のミイラを買わないかという話だった。ペルーの墓泥棒はなんでも売る。おそらく自分の祖母でも。

死者たちと過ごした翌朝、私たちはいつものように起床して朝食をとった。この日も近くの谷まで植物の調査に出かける予定だったが、急遽、中止になった。迎えにきてくれるはずだった人が交通事故で軽傷を負い、車も破損してしまったのだ。これでは調査はできない。

メッセンジャーの言葉を聞いた途端、私は彼の背後にそびえるアンデス山脈に目をやった。

「タクシーでアンデスにいくと何時間ぐらいかかりますか?」。

「二時間ぐらいです」。

ああ、ついに。地平線に見える山々は、ずっと私を呼んでいた。チャンス到来だ。私たちのガイドのアルフォンソ・オレリャナがアヤクチョの自然保護官に電話をかけて、彼とキューガーデンの実習生のドリス・マッケラーと私が一泊できるか聞いてくれた。

答えは「もちろんどうぞ」だった。

ペルーの海岸から高地のアヤクチョまで、私たちはコンドルのように一気に舞い上がり、グアナコのように駆け上がるのだ。

タクシーに乗って現れた男性たちの顔は、高地で暮らす人々のようにしわだらけで、よく日焼けしていた。彼らは現地のケチュア語に似た方言でしばらく相談してから、私たちの方に向き直り、飛行機の安全対策係のような口調で言った。

「あなたたちを連れていく前に、いくつかやってもらうことがあります」。彼らは高山病について説明した。

「ご存知のように、高山病で命を落とす人もいます。あなたたちが高山病になったら、ただちに下山させます。連れていく条件は二つです。一つはチューリョ（耳あてつきの伝統的なウールの帽子。低温と日差しから頭を保護する）をかぶること、もう一つはコカの葉を噛《か》むことです」。

第二の条件は奇妙に思われるかもしれないが、彼らの言いたいことはよくわかった。私たちは、たった二時間で海抜〇メートルから高度四七〇〇メートルまで一気に登ろうとしているのだ。コカの葉は、体が受ける大きなショックを和らげるのに役立つだろう。

コカを作用させるには、アルカリ性のものを摂取して反応を開始させる必要がある。ペルーではキノア（アンデスで伝統的に食べられている雑穀）を燃やした灰を使う。コカの葉を用意し、葉の柄を持ち、これを引っ張って中央の葉脈を除去する。葉脈が残っていると歯肉が傷つくからだ。それからサンドイッチのように葉の間に灰をはさみ、頬と歯肉の間にそれを詰め込む。効果は予想外に大きかった。私は当初、酒を飲んだような感じだろうと思っていたが、エスプレッソを二リットル飲んだような、すさまじい効果だった。

出発から四〇分後、私たちはアンデスのふもとの丘陵地帯の曲がりくねった道を走っていた。一つのカーブを曲がると、突然、眼下に花をつけたサボテンや草でいっぱいの谷が広がった。

例によって、私は車を止めてくれと叫んだ。そして、バンがスピードを緩める前にスライドドアを開けて車外に飛び出し、谷を駆け下りていった。私は、嬉しさのあまり叫び声をあげながら、岩から岩へ、植物から植物へと走り回った。ようやく車内に戻ると、ガイドの一人が私の背中を指で突き、心得顔で言った。「高地に着くまで、あなたにはもうコカはあげませんよ」。

高度四〇〇〇メートルでのコカの効果はちがっていた。酸素が足りなくなると、体はほとんど動かなくなる。すべての動作が苦痛なのだ。私たちは、コカが活力を与えてくれると言われていたが、そんなふうには思えなかった。植物を見るためにひざまずくのさえたいへんな努力が必要で、もとの体勢に戻るにはさらなる努力が必要だった。コカがあっても、そんな状態だった。

双眼鏡で地平線を観察していると、遠くの方からゆっくり歩いてくる人が見えた。最初はなにをしているのかわからなかったが、近づいてくると、彼のジャケットが不自然に膨らんでいるのが見えた。別の方向を見ると、数頭のヒツジがいた。彼がそこに到着すると、ジャケットのなかに大切に抱えていた赤ちゃんヒツジを出し、母親の元に返した。これがその日の彼の仕事だったのは明らかだ。ここまでくるには六、七時間かかったにちがいなく、これから同じ道を帰ってゆくのだ。

アンデス山脈の雨陰《あまかげ》（雨雲の通り道の風下側の、降水量の少ない地域）の低地は岩石砂漠のように極端に乾燥している。数キロ進んでも植物を一本も見かけないような場所も多い。ときどき、まばらに生えているサボテンや長命なハナアナナスを見かけることもあるが、ああいった植物は例外だ。

アンデスを登っていくと、アルティプラノと呼ばれる広大な高原に出る。最初のうちは、ヤラワ・イク（*Jarava ichu*）というハネガヤ属の草しかないように見えるが、その間をよく見てみると、ごく小さなラン、ルピナス、その他の極小の花々、コケ、地衣類などからなる小さな王国が息づいているのがわかる。私は、一メートル四方の植物を一〇分ほど見るつもりで、一時間も観察してしまった。見たことのない植物ばかりだったので、すっかり夢中になってしまったのだ。

ブッドレアの一種バドレイア・インカナ（*Buddleia incana*）があった。ゴマノハグサとツゲを交配したような植物で、革のような質感の短い葉と、こげ茶色のずんぐりした花穂《かすい》を持ち、海抜二七〇〇〜四五〇〇メートルの高地で育つ。ツバキカズラ〔ラパゲリア・ロセア（*Lapageria rosea*）〕のような大きな釣鐘形の花をぶら下げたボマレア・ドゥルキス（*Bomarea dulcis*）と思われる蔓《つる》植物もあった（自然保護官によると、現地の子どもたちは昔からボマレア・ドゥルキスの赤い実をお菓子のように食べていたというので、私たちも少し食べてみた）。

ボマレア・ドゥルキスはポリレピス属（*Polylepis*）の植物に絡みついていた。ポリレピスは、コテージガーデンによく植えられているワレモコウ属〔サングイソルバ（*Sanguisorba*）〕と近縁のバラ科の植物だ。バラ科の植物の多くは昆虫の媒介によって受粉が行われる虫媒花だが、ポリレピスは風の媒介によって受粉が行われる風媒花である。ポリレピスは高高度森林の優占種だ。高度四〇〇〇メートルあたりで見られることが多いが、熱帯地方のふつうの高木限界を超えて高度五〇〇〇メートル以上で見られることもある。アンデスのポリレピスの森林は世界で最も高いところにできた天然林であり、ミニチュアの森林でもある。

ポリレピスの多くはくねくねとねじれている。樹齢が五、六百年になっても、高さは二、三メートルにしかならない。ポリレピス属の植物は、いずれも極端な低温から身を守るために何層も重なった樹皮をもち、その属名も、ギリシャ語の「poly（たくさんの）」と「lepis（薄片、うろこ）」に由来している。

ただ、この付近では木材が手に入りにくいので、森林は過剰に伐採されている。現在、ポリレピスの森の多くは小規模な群落が散在しているだけで、森を復元しようと努力する人々もいるが、未来は危うい。


車に戻った私は、窓の外をとおりすぎる植物を幸せな気持ちで眺めていた。山では高く登れば登るほど多くの植物が見られるが、高度三〇〇〇メートル付近で、突然、限界がくる。それ以上の高さでも多くの植物があるが、徐々に小さくなってゆき、やがて高山変種の領域になる。

さらに登ってゆくと、夕日が景色をバラ色がかったオレンジ色に染め、ブロウニンギア・カンデラリス（*Browningia candelaris*）のシルエットを浮かび上がらせた。現地の人々は、ろうそくに似たこのサボテンを「la candelaria《ラ・カンデラリア》」と呼んでいる。スペイン語で聖燭節《せいしょくせつ》（二月二日、聖母の清めの祝日。ろうそく行列を行って、一年に使うろうそくを清める日）のことだ。このサボテンは崖の突端にあり、枝分かれした茎にはハナアナナスが着生していて、自然が作った現代アート作品のようだった。

運転手が高度四〇〇〇メートルになったと言ったとき、ふと「アンデスの女王」と称されるパイナップル科の絶滅危惧種プヤ・ライモンディイ（*Puya raimondii*）のことが頭に浮かんだ。プヤは世界で最も壮麗な植物の一つで、ペルーの高度三〇〇〇～四八〇〇メートルのところに生えている。高さ六メートル、幅四メートルほどまで成長し、樹齢一〇〇年ほどになったときに高さ七メートルの花穂をつける。ここに八千～二万個の花が咲き、花粉は世界最大のハチドリによって媒介される。花が咲いたあとには数百万個の種子ができ、これまでの仕事に疲れきったプヤは倒れて枯れてゆく。

私は運転手に、この植物について聞いたことはないかと尋ねた。運転手が友人に、この植物は現地の言葉でなんと呼ばれているのかと尋ねると、その人が電話をかけてくれた。

「私たちが滞在する場所の近くにあるそうです。ただ、歩いて三〇分ほどかかります」。

私は有頂天になった。

その場所にいってみると、最初は一〇本から二〇本しか見えなかった。けれども近づくにつれ、向こうの谷にたくさんあるのが見えてきた。一〇〇〇本はあったにちがいない。花が咲いているものはなかったが、果実をつけているものはあった。ときどきプヤに雷が落ちて激しく燃え上がることがあるという話は知っていたが、実際に焼け焦げているものが数本あった。大地から突き出た真っ黒で奇怪な形をした物体は、アンデスの神が落としたアイライナーのように見えた。一本のプヤは、数千個の果実をつけた茎が根元から折れていて、無数の種子がこぼれていた。

私はこのときほど、許可がないのに種子を採取したいと強く思ったことはない。誘惑に負けないように、私は手をポケットにしっかり入れ、プヤに背を向けて、岩だらけの地面で腐敗するに任せた。私たちは種子を一粒も採取しなかったが、いくつかでも生き残るものがあればと願って、種子を周囲に蒔《ま》いた。アルフォンソは、低地でもプヤを栽培できないか調べるために、数粒の種子を養樹場に持って帰った。すでにキューガーデンで数株育てられていたことが、私の心を慰めてくれた。

つづら折りになった道を上ってゆくにつれ、光の具合が変わっていった。私たちは星々に迎えられて海抜四〇〇〇メートルの避難小屋に到着した。

アンデス山脈の乾燥している側では、海抜が高くなると、地を這《は》う毛むくじゃらのサボテンの実生や若木、孤立した個体や群落と、それらを食べるグアナコの姿が見られるようになる。霧の多い湿潤な地域を優占するポリレピス以外、高木は存在しない。それなのに、海抜数千メートルの谷に、巨大なパイナップルのようなプヤ・ライモンディイがある。プヤはどうやってここまできて、ここで生きているのだろうか？

答えの一つは、プヤの花粉を媒介する四種のハチドリのうちの一種、オオハチドリ〔パタゴニア・ギガス（*Patagonia gigas*）〕だ。オオハチドリはヨーロッパのホシムクドリや北米のショウジョウコウカンチョウと同じくらいの大きさで、アンデス山脈沿いの低木地帯や森林で見られる。羽ばたきの回数は一秒間に一五回、安静時の心拍数は一分間に三〇〇回で、生きてゆくためには一時間に四三〇〇カロリーも消費しなければならない。この鳥が花蜜《かみつ》の多いプヤを好むのは不思議ではない。アンデスの高地で雨が降ると、この鳥は低地に下りてくるという。川に水が流れるようになって花が咲けば、たっぷり花蜜を吸えることを知っているのだ。

プヤ・ライモンディイが一生に一度しか開花せず、花が咲いているものがほとんど見られないとしても、八〇〇万～一二〇〇万粒も種子ができるなら心配いらないだろうと思われるかもしれない。しかし、種子散布の時期の悪天候、受粉率の低さ、生息に適した土地の不足、過度の放牧により、成熟できる確率はかなり低い。条件が合わなければ、種子はわずか数カ月で発芽能力を失う。一生に一度しか開花しないということは、樹齢一〇〇年のプヤが残した種子が一粒も生き残れずに、その生涯が無駄になってしまう可能性があるということだ。種子を散布する頃になって落雷を受け、燃えてしまったものもあるだろう。

小さな個体群では、一本も花が咲かない年もあれば、数本に花が咲き、小さなハート形の種子が風に散布される年もある。近くに落ちる種子もあれば、遠くまで飛ばされて、運よく発芽する種子もある。繁殖はなりゆきまかせだ。ほとんどの個体群はあちこちに散らばっていて、お互いに数キロも離れていたり、いくつもの谷を隔てていたりする。プヤの個体群の地図を作成する方法の一つは、人工衛星を利用することだ。プヤは風景のなかでピンの頭のように写り、一本ずつ数えることができる。

プヤの成長に必要な条件も特殊であるため、発芽できる場所を新たに見つけられる可能性は小さく、それぞれの個体群の孤立につながっている。このことは、現存する集団内の遺伝子の多様性が非常に小さいという事実によって証明された。八つの個体群についてＤＮＡ分析を行ったところ、一六〇本のプヤに一四種類の遺伝型しか見つからなかったのだ。なかでも四つの個体群は、同系交配の結果、ほとんど同じ外見をしていた。プヤの遺伝的構成は、現在の生息地の過酷な環境には最適だが、気候変動による温暖化などに対処できるような柔軟性はないかもしれない。

つまり、アンデスの植物は、モーリシャスのルセア・シンプレクスなどの島嶼部の植物と同じ問題に直面しているのだ。植物が孤立した個体群を形成し、限られた範囲の温度を必要とするようになることで、成長できる場所は限られてゆく。孤立が解消することはない。

私たちはアンデスに三日間滞在した。肉体的には、本当にきつかった。私は眠ることができなかった。眠ってしまうと呼吸が止まり、息苦しさで目が覚めるのだ。朝に集合すると、全員がやつれていた。一時間ほど無言で座り、相手の顔を横目で見ながらコーヒーをガバガバ飲まないと、話ができる状態にならなかった。後日、高山病になったり大量のコカを噛んだりした影響が全然残らなかったのには本当に驚いた。

山の高さ、風景の荒々しさ、太陽の光の感じ、アンデスにまつわるドラマには、この世ならぬものがある。ときどき雲が地面を走って近づいてきた。雲は私に衝突し、数秒間だけ霧に包み込むと、消えてしまう。プヤもこんなふうにして水を得ているのだろう。雲の水滴を葉で梳《す》きとるのだ。アンデスのこちら側の高地では、ほとんどすべての植物が、雲や海辺を走る霧から水分を得ている。

後退する氷河、山脈の西側で霧から水分を得ている植物、東側の超多湿の雲霧林が、アンデスの生態系の鍵になっていることは明らかだ。低地でどのような植物が育ち、どんな作物を栽培できるかはアンデスが決めている。南米には、太平洋沿岸の乾燥林からアマゾン地方のジャングルまで、世界最大の水量を誇るアマゾン川を中心とする「地球の肺」と呼ばれる生態系が広がっている。アンデス山脈のユニークな生息地を保全することができなければ、その両側のすべてが破壊され、結果的に、南米の生態系のほとんどが破壊されることになる。すべてはここアンデスの高地から始まるのだ。

リマに戻る日を翌日にひかえて、私にはあと一つだけ見ておきたい植物があった。花が咲かず、種子もつけないトクサという植物だ。

トクサ属（*Equisetum*）は、四億一九〇〇万年前から三億五八〇〇年前までの古生代デボン紀に繁茂した植物系統の唯一の生き残りだ。私たちが今日大量に燃やしている石炭の多くが、こうした植物の森林からできている。古代の近縁種には高さ三〇メートルにもなるものもあったが、現生種のほとんどがもっと小さくなっている。しかし南米には、まだ巨大と言えるものが二種ある。一つは高さ五メートルになるエクイセトゥム・ギガンテウム（*Equisetum giganteum*）で、もう一つは高さ八メートルになるエクイセトゥム・ミリオカエトゥム（*Equisetum myriochaetum*）だ。

私がアルフォンソ・オレリャナに、どこにいけばエクイセトゥム・ギガンテウムを見られるだろうと尋ねると、彼は再び電話をかけて、答えを探し出してくれた。ここから二時間ほどのところに個体群があるという。めずらしい植物なので、繁殖させてみる価値があるかもしれない。

トクサの自生地までの道のりは、乾燥した埃っぽい土地が何キロにもわたって続くばかりで、植物は数種のハナアナナスがあるだけだった。私が退屈してきた頃、突然、巨樹と茂みからなるジャングルのようなものが現れた。車の一方の側にはカラカラに乾いた砂漠が地平線まで続いていて、もう一方の側にはジャングルが繁茂していた。緑の正体は広大な有機農場だった。これは是非とも訪問しなければ。

トパラ有機農場は、一九六八年にペルー初の有機農場兼養樹場としてクラウス・ベデルスクによって設立された。彼は、アンデス山脈から太平洋に注ぐ広い川沿いの谷で、ペカンの実や果物やその他の作物を育てている。植物に与える水は、井戸や川のほか、丘の上に設置した大気中の水分を集める装置から得ている。彼の農場はオアシスに似ている。

クラウスは金髪碧眼のペルー人だ。彼を妊娠していた母親が、ヒトラーが権力を掌握する前の最後の船でドイツから逃れてきたからである。農場を始めたのは父親で、クラウスは農薬会社モンサントの販売代理人になった。彼が有機農法に目を向けるようになったのは、エルニーニョの泥流により農場の三五万本の植物が全滅したときだった。農場を再建するにあたり、化学肥料や農薬を買うための資金がなかったため、有機農法に切り換えることにしたのだ。最初のシーズンの収穫は化学肥料や農薬を使っていたときの八〇パーセントしかなかったが、有機食品の認定を受けられたので、作物の価値はずっと高かった。大きな利益をあげた彼は、元のやり方に戻ろうとは思わなくなった。

農場では古代インカの作物も育てている。これらはかつて、スペイン人による植物の植民地化の結果、コムギ、オオムギ、ニンジン、ソラマメなどのヨーロッパの作物に置き換えられてしまった作物だ。その一つである濃い紫色をしたスイートコーン「maíz morado《マイス・モラド》（紫トウモロコシ）」は、おいしい「chicha morada《チチャ・モラダ》（トウモロコシ酒）」を作るのに使われている。アステカやインカの人々が味付けに使っていたアヒというトウガラシや、「インカの金」と呼ばれ、メープルシロップのような味がするルクマという果物もある。

クラウスがおもに育てていた作物はペカンだった。彼は、現地の気候と条件で育てやすい種類の植物を育て、ときには自分で作物の変種を作り、作物と一緒に野生の草花を植えることで昆虫に害虫を食べさせたりしていた。また、しっかり根覆い（作物の根元の地面にわらや木の葉を広げること）をして、土壌に含まれている有機物の量を増やしていた。こうすることで、土壌が肥沃《ひよく》になるだけでなく、雑草が生えるのを防ぎ、土壌中の水分を保持しやすくなる。クラウスの農業は、環境と戦わず、環境と協力する。それは、太陽エネルギーとバイオ燃料を利用した、持続可能な農業でもある。彼の計算によると、利益は二〇パーセント増えたという。

苦しい時期もあった。有機農場を始めてわずか一年後の一九六九年には、ペルーに左翼の独裁政権が誕生し、クラウスの農場の三分の一が政府に没収された。一九八〇年には、数千人を殺害したテロリスト集団センデロ・ルミノソが彼の谷にやってきた。彼らは各地で裁判を行い、たいていの場合、その土地で最も裕福な地主の処刑という結果になった。谷で唯一の白人だったクラウスはこの裁判にかけられたが、貧しい労働者に寛大に接しているとして命を救われた。

彼の農場は、私たちがちがったやり方をしなければならず、それが可能であることを教えてくれる、生きた証拠だ。

私たちはエクイセトゥム・ギガンテウム探しに戻り、この植物がペルー各地に分布していることを知った。ある場所では、洪水により川の流れが変わっていて、植物は泥流に押し流されてしまっていた。元あった場所から少し離れたところでようやく見つけた植物は、深い泥に浸かっていた。

実際に見たE・ギガンテウムは、期待にたがわずすばらしい植物だった。高さは約五メートルで、大きく育った茎が五、六本あったほか、地下茎から出てきたばかりの小さな茎や、上の部分がなくなったりねじれたりした大きな茎もあった。私たちは川床のあちこちで泥のなかに膝をつき、植物を見上げた。自分が石炭紀にいて、沈泥と数本のスゲと水生植物に囲まれ、恐竜が現れるのを待っているような気がした。水生植物のトクサがペルーの砂漠にあるのは意外に思われるかもしれない。トクサが生きてこられたのは、雨の神がときどき涙を流すからだ。私たちは、イカ市の養樹場とクラウスの農場のために数本のE・ギガンテウムを採集し、これらは今でも元気よく育っている。古い時代の不思議な植物を探す途中で先駆的な有機農場を見つけたのだから、植物の世界は予期せぬ出会いでいっぱいだ。

第*14*章　オーストラリアの植物相

オーストラリアの生物はカモノハシとコアラだけではない。すばらしいスイレンがあるほか、特異な植物も多い。

ドラゴン・オーキッドと呼ばれるドラケア属（*Drakea*）のランは、特定の種のハチに似た形と色の花を咲かせ、同種のオスをさらに引きつけるために性フェロモンまで出している。ハチのオスは、メスと交尾をしているつもりでランに授粉することになる。リザンテルラ・ガルドネリ（*Rhizanthella gardneri*）というランは、メラレウカ・ウンキナタ（*Melaleuca uncinata*）の根に寄生する。メラレウカ・ウンキナタは高さ二メートルほどの常緑低木で、ヨーロッパのエニシダに似ている（唯一の違いは、エニシダの花がエンドウの花に似ているのに対して、こちらの花はクリーム色がかった白い小さなポンポン状であることだ）。リザンテルラ・ガルドネリは地中で開花してシロアリや蚊によって受粉する。

すばらしい高木もある。オーストラリアを象徴する木の一つであるオーストラリアバオバブ〔アダンソニア・グレゴリイ（*Adansonia gregorii*）〕の幹は球形をしている。この幹が水を蓄えるのを助け、毎年六カ月ほど続く乾燥に耐えられるようにしている。草地に分布するこの植物は、キンバリー高原ではどこにでもあり、無視できない存在になっている。東海岸には首の細いワインボトルのような形のボトルツリー〔ブラキキトン・ルペストリス（*Brachychiton rupestris*）〕がある。この木が点在する景色のなかをドライブすると、巨人の食卓の上を走っているような気分になる。

オーストラリアのユーカリは信じられないほど多様性に富んでいる。アカシアもそうだ。特に変わっているのは、キンバリー高原とノーザンテリトリーの一部の在来種であるアカシア・ドゥンニイ（*Acacia dunnii*）だ。エレファント・イヤー・ワトル（直訳するとゾウミミアカシア）とも呼ばれ、すべてのアカシアのなかで最大の葉を持っていて（厳密に言えば、これは葉ではなく、平べったくなった葉柄《ようへい》が葉のように見える仮葉《かよう》である）、大きい葉は四五センチ×三〇センチにもなる。水分の喪失を減らし、日差しの影響を和らげるため、葉は白い粉状の物質で覆われている。球状のファンキーな花は鮮やかな黄色をしている。アカシア・ドゥンニイが生えているサバンナの疎林《そりん》では、棘《とげ》状の葉をもつスピニフェックス（*Spinifex*）という雑草が見られる。スピニフェックスの葉はこんもりしたクッション状に茂り、地中三メートルまで伸びる根は砂漠の砂を固めている。遠目ではふわふわと柔らかそうに見えるため、思いきり飛び込んでみたいと思われるかもしれない。けれども実際にそんなことをしたら、たいへんなことになる。スピニフェックスの葉は非常に硬いからだ。鋭く尖った葉には、硬度を保つために大量のシリカ（二酸化ケイ素）が含まれていて、力を加えると曲がらずにバラバラに砕ける。耐乾性は非常に高く、やせた土壌でも生きることができる。ひ弱そうな見かけに反して、非常に強いのだ。

実を言うと、私はオーストラリアスイレンが大好きなのだ。ほんの数年前まで、その栽培は非常に難しいと考えられていたが、私の挑戦の妨げにはならなかった。好奇心と試行錯誤と忍耐とキューガーデンの設備によって、私はスイレンの基本的なニーズを理解し、その栽培に成功した。オーストラリアスイレンの育て方をマスターすると、私の元に種子が送られてくるようになった。私は現在、キューガーデンで一二種を育てていて、なかには、異なる産地からきた、色や大きさや、ときには花の形まで異なる品種もある。生体コレクションは約六〇種類あり、すべてが同じ管理条件下で育てられているので、形や品種や色のちがいを記録し、そのふるまいを観察することができる。もちろん、展示にも利用することができる。

私はスイレンの専門家と連絡を取り合うようになった。アンドレ・リューはオーストラリアスイレンの最高の生息地を熟知している。アメリカの植物学者C・バール・ヘルクウィストは、アンドレとよく旅をしている。エマ・ダルズィエルは、オーストラリアのすべての種を保全するため、種子を採集し、種子バンクに貯蔵する可能性について博士論文を書いている。エマの指導教官だったキングズリー・ディクソン教授は、当時、パースのキングス・パーク植物園財団の科学部門理事だった。

そんな私たちに幸運が訪れた。キングズリーが、オーストラリアスイレンを調査する一〇日間の学術遠征旅行の資金を獲得したのだ。彼は、私がこの遠征に参加すれば大いに役に立つだろうと考えた。私はスイレンを類別し、学名を明らかにし、正しい分類群に入れることができるからだ。それだけではない。自生地やそれ以外の場所でのスイレンの育て方をガーデナーに助言することもできる。私は一〇年も前からそんな遠征旅行を夢見ていた。その範囲は非常に広く、ヨーロッパで言うなら、ある日はポルトガルでスイレンを採集し、翌日はトルコにいき、帰ってくる途中でイタリアに立ち寄るようなものだった。

遠征隊は全部で七人だ。まずは西オーストラリア州のキンバリー高原を訪れる。キンバリー高原は地球上で最も孤立した場所の一つで、オーストラリアスイレンの最後の未調査地域の一つでもある。キングズリーの言葉を借りれば、「オーストラリアスイレンにとって最も生物多様性に富む場所の一つであり、おそらく世界最高の場所の一つ」だ。彼と仲間たちは三〇年前から約四〇〇〇種の植物を分類しているが、まだ作業は終わっていない。キンバリー高原がイギリスの約三倍の広さであることを考えていただければ、それがどんな大事業であるかがわかるだろう。

キンバリー高原にいくためには、ギブ・リバー・ロードをとおらなければならない。ギブ・リバー・ロードはオーストラリア屈指の過酷な道路で、タイヤのパンクやエンジンの故障はめずらしくなく、川の水位は不規則に上下し、もちろん、川岸ではワニが待ち構えている。この道路のウェブサイトには「ワニに注意」という項目がある。その注意書きのいくつかは、はじめてこの道路を走ろうとする者を震え上がらせる。「ワニがいる可能性がある場所では、少しでも疑問があったら、泳いだりカヌーや小型ボートに乗ったりしないでください……ワニがいるように見えないからといって、泳いでも安全だとは思わないでください……ワニは長時間水中に隠れることができるので、ざっと見ただけでは気づかないことがあるからです……水辺には可能なかぎり近づかないでください……水遊びをしたり、食事の支度をしたり、洗い物をしたりしないでください……ボートの外に手や足を出したり、身を乗り出したりしないでください……」。どれも、これからスイレンを採集しようとする人間が聞きたい話ではない。

キンバリー高原の次は、オーストラリア大陸の反対側のケアンズに飛び、アンドレ・リューと数日過ごしてから、エマ・ダルズィエルと一緒にクイーンズランドの熱帯地域まで北上する。スイレンを探して、六〇〇〇キロの距離をジープで二五日かけて走るのだ。どちらの旅の目的も、植物標本館のコレクションにするために、できるだけ多くの種のスイレンを採集することだった。各地にどんなスイレンがあるかを記録し、オーストラリアの種子バンクに貯蔵したり、キューガーデンで展示、研究、発芽試験を行ったりするための植物と種子を採集するのだ。

私たちはめずらしいスイレンも探していた。ニムファエア・ハスティフォリア（*Nymphaea hastifolia*）は小さなスイレンで、浮葉は矢のような形をしていて、星形の白い花を咲かせる。スイレンというよりは、大きな白いヒナギクのように見えることもある。ノーザンテリトリーとキンバリー高原の五、六カ所でしか見つかっておらず、その場所のほとんどが、雨が降ったときだけにできる泥炭地の沼だ。ニムファエア・アレクシイ（*Nymphaea alexii*）は美しいスイレンで、その花には、完璧な並びの、先端の尖った白い花弁と、赤い中心部と、クリーム色のおしべがあり、クイーンズランド州のノーマントンという町の郊外にある二つの湖でしか見つかっていない。スイレンを採集するのに最適な時期は、雨のあとに水がひいてきたときだ。この時期は花が咲いているので、種子が見つかる可能性がある。この地域には決まった雨季がないため、臨機応変に天候に対応しなければならない。湖や小川のなかには、雨のあとに徐々に干あがっていくものもあれば、ずっと水があるものもあり、あまり早い時期に採集計画を立てることができない。なかなか難しい旅になりそうだった。

飛行機でオーストラリアに到着したとき、私は原野に唖然とした。ここの土地は数千年にわたってほとんど手つかずの状態で残っている。ヨーロッパの野原や道路とは全然違う。

翌朝はキンバリーのブルームという町で目覚めた。あまり寝ていなかったが、次の移動手段であるジープがもう待っていた。出発すると、すぐに大自然の懐に抱かれた。

キンバリー高原に入るとまもなく、あちこちにシロアリの蟻塚《ありづか》があることに気づく。大きいものになると、高さ四メートル、幅二、三メートルにもなる（バオバブのように根元がやや細く、上に向かって太くなる）。蟻塚は岩のように硬いが、雨が降ると水分を含んで粘土のように柔らかくなるので、シロアリはその間に巣を拡張する。やがて再び晴れてくると、太陽が蟻塚を焼き固める。ときどき幹線道路に蟻塚が出現することがある。時速一〇〇キロで激突するとどうなるか、想像してみてほしい。蟻塚とバオバブは、オーストラリアの風景をシュールなものにしている。

イギリスの田舎の村なら、道案内をするときに「あそこのパブをとおりすぎて、教会のところを左に」などと説明する。オーストラリアの田舎では目印になるものが全然ないので、すべての水たまりや小川や川に名前がついている。「ドッグチェーン・クリーク（イヌの鎖の小川）」や「デッドチャイナマン・クリーク（死んだ中国人の小川）」などのユニークな名前もあるが、途中から考えるのが面倒になるのか、「テンス・クリーク（一〇番目の小川）」や「イレブンス・クリーク（一一番目の小川）」などもある。

奥地に入ったらたいへんな苦労をするだろうと覚悟していたが、オーストラリアでのキャンプは思ったほど過酷ではないことがすぐにわかった。二台のジープには必要なものがすべて備わっていた。手や衣類を洗ったりお茶を入れたりするための水のタンクがあり、冷蔵庫と冷凍庫にはサーモンとステーキとジンとトニックウォーターが入っていた。テントは数分で設営できた。私にとっては、キャンプというよりはグランピング（高級ホテルのようなサービスを自然のなかで楽しむキャンプ）だった。

ただ、テントを設営する場所については理解が足りていなかった。ある晩、木の下に張ったテントで寝ていた私は、羽ばたきの音と奇妙な金切り声に目を覚ました。やがて、小さいものがテントにパラパラ落ちてくるようになった。この音で眠れなくなってしまったので、懐中電灯を持ってテントの外に出て、木の枝を照らしてみた。そこはオオコウモリのねぐらで、翼幅約五〇センチのコウモリたちが、喧嘩をしたり、小競り合いをしたり、果物を投げたり、排泄したりしていた。テントにものが落ちる音の正体はこれだった。私はオオコウモリのお気に入りの木の下にキャンプを張ってしまったのだ。

私たちはブルームに戻り、それから北東のダンピア半島に向かった。ちなみに、この半島の名前の由来になったウィリアム・ダンピア（一六五一～一七一五）は、イギリスのサマセット州出身で、私掠船《しりゃくせん》の船長として世界各地を回るうちに、植物の採集に興味を持つようになった人物だ。彼はオーストラリアの一部の地域を調査した最初のイギリス人であり、オーストラリア大陸の最初の博物学研究家でもあった。

ダンピア半島の近くにルイーザ湖という湖がある。雨に関係なく常に水がある湖で、人里離れたところにあり、水量が多いときの広さは二四〇ヘクタールにもなる。水位はしばしば低下するが、完全に干上がることはないため、ニムファエア・ウィオラケア（*Nymphaea violacea*）の最も西の生息地になっている。このスイレンはオーストラリアスイレンのなかでは最も分布範囲が広く、浅い水から曼荼羅の図柄のような形の花が咲く。花の色は白や青やピンク色などさまざまだが、どれも非常によい香りがする。遠征の目的の一つは、この複雑な種の遺伝学的特徴をチェックすることだった。キングズリーによると、このスイレンがある場所には湖が縮小しつつあるときにしかいけないが、あまり乾かないうちに到着しなければならないという。湖に続く唯一の道路は黒い土の上にあるが、これが曲者だ。問題なく進めるように見えるが、ときどき、車がはまって沈んでしまうことがある。沈んでしまったら自力では抜け出せない。

キングズリーは以前、この湖を車で訪れたときに泥にはまってしまったことがある。飲み水がなくなってしまったので、持ってきていたシャンパンを開けて飲み、数時間後には泥水をすすったという。結局、泥から車を引き出すのに一日半かかったそうだ。今回はそうしたミスは許されないので、ヘリコプターをチャーターすることにした。オーストラリアのカウボーイがウシを追うのに使うヘリコプターを大きくしたようなものだ。

私は「運転手さん、ブルーム国際空港までやってくれ！」と冗談を言いながらジープに乗り込み、ルイーザ湖の調査のためにチャーターしたヘリコプターの待つ空港に向かった。燃料に制約があるため、私とエマと数々の受賞歴のある写真家クリスチャン・ジーグラーの三人がヘリコプターに乗った。湖に向かう泥道に沿って、手つかずの植生の上空を飛んでいくのは、スーパーマンのような気分だった。埃っぽい土地の真ん中に、涙の形をした湖が見えてきた。このときの広さは約二九ヘクタールだった。ヘリコプターはしばらく湖の上空でホバリングしたあと、数本のユーカリの間にそっと着陸した。

キングズリーが前回この湖を訪れたときには、スイレンは水深三メートル以上のところに生えていた。このときに採集したスイレンの茎の隣に寝ている人の写真を見せてもらったが、茎の長さはその人の身長の二倍もあったのでびっくりした。今回の湖の深さは、そのときの半分以下だった。

私は、ペリカンの群れが浮かぶ湖の真ん中に向かって、四〇分ほど歩いていった。湖のなかを一キロほど進んだが、水深は私の膝より少し深い程度だった。ニムファエア・ウィオラケアのほかに、巧妙な受粉機構をもつセキショウモ〔ウァルリスネリア（*Vallisneria*）〕という淡水性の水草があった。

セキショウモの雌花は、コルク抜きのようならせん状をした花柄《かへい》の先端にある。雌花は水中から上に向かって成長し、水面に届くと、花柄が縮んで三枚の花弁を水中に引き下ろし、表面張力が破れない角度の斜面を作る。雄花は植物の根元で切り離され、表面まで浮上して水面をあちこち移動する（私が知るかぎり、完全に切り離されて水面に浮かんでくる花はこれだけだ）。雄花が雌花の近くをとおると、表面張力によりじょうごのようになっている雌花に引き寄せられ、水中に引き込まれて授粉する。

ニムフォイデス・ビーグレンシス（*Nymphoides beaglensis*）というアサザ属の植物も見つけた。一九八七年に発見された種で、これまでに四カ所でしか確認されていない。スイレンのように見えるが、スイレン科の植物ではない。私がこれまでに見たことのあるすべてのアサザと同じく、ニムフォイデス・ビーグレンシスにも二種類の花がある。どちらも雌雄同花だが、おしべが短く花柱が長い花と、花柱が短くおしべが長い花があるのだ。私は両方のタイプの花を見つけたかったのだが、花柱が短くおしべが長い花しか見つけられなかった。一ヘクタールの池に一億本生えていたとしても、そのすべてが一本の植物から始まった可能性がある。一〇～一五個の種子が入った小さな花托《かたく》を一個だけ見つけたが、のちに発芽した種子は一個だけだった。

植物の保全はキューガーデンにとって最も重要な使命である。ときに小さな偶然の出会いが植物の保全に一役買うこともある。

遠征五日目、四月二五日のアンザック・デー〔訳注：第一次世界大戦で、アンザックと呼ばれたオーストラリア・ニュージーランド軍団がトルコのガリポリ半島に上陸した記念日。オーストラリアとニュージーランドの休日〕のことだった。私たちは、カナナラから二五〇キロほど離れたキンバリー高原中央部の僻地を走っていた。気温が高く、またもやパンクに見舞われた直後のことだ。私の目は、低木のやぶと草地の間にあるスイレンをとらえた。

「止まって！　頼むから止まってくれ！」と私は叫んだ。

急ブレーキにジープと乗客から悲鳴が上がるのも構わず、私は止まった車から外に飛び出し、やぶに向かった。そこには細長い沼があり、数百輪のスイレンが咲いていた。私は沼に入り、みんなを呼び寄せた。白と淡い青色の花弁がジープから見えたときから、自分がキューガーデンで七年前から育てているスイレンと同じものであることがわかっていた。

私が育てているスイレンは、バール・ヘルクウィストが最初にノーザンテリトリーのカカドゥ付近で採集したものだ。私はすぐにこれは新種だと思ったが、彼は、ニムファエア・ウィオラケアと別のスイレンとの雑種だろうと考えていた。スイレンが咲き、その丸くて完全な形を見るたびに、私は「君は新種だ。君は新種だ」と独り言を繰り返していた。今回見つかった場所は最初に採集された場所から二〇〇〇キロも離れているのだから、新種であることが証明されたと言ってよい。一方の親の生息地から数百キロも離れた場所で同じ雑種を見つける可能性は数十億分の一だろう（おもしろいことに、この沼はオオオニバスの生息地の三日月湖と同じように、川の流路が変わったあとに取り残された部分だった）。

キングズリーは私に、「水から抜いてもみないうちから新種だと決めつけるのかい?」と尋ねた。「抜いてみなくても新種だと断言できるよ」と私は答えた。「キューガーデンで七年間、毎日見ているんだ。種子の色も形も大きさも同じだ。萼《がく》がビロードのような毛で覆われているのも一緒だ。どのウィオラケアにもフリージアと新鮮なアンズの香りを合わせたような独特の香りがあるけれど、これには香りはない。そして、私がキューガーデンで育てているウィオラケアはどれも自家受粉するが、これはしない」。

新種かどうかはDNA分析によって証明できる。私たちはどうやらホットスポットを見つけたようだった。それからの二日間で、ギブ・リバー・ロード沿いの砂岩の大地に一時的にできた沼のなかで、さらに数百株も見つけることができた。この新種は変異が大きく、花の色は真っ白から濃い青や紫色まであった。ひときわ大きいものもあれば、緑色の茎と萼をもつ縞模様の変種や、茶色の花茎と萼に黒い点や線が入っている変種もあった。同様の変種は、ほかのオーストラリアスイレンにもしばしば見られる。

ギブ・リバー・ロードにはほとんど橋がないため、川をわたることは非常に……おもしろい。ジープの排気口は煙突のように垂直になっているため、川の深さはそれほど問題にならないが、流れの速さは問題になりうる。川の水深を測るための木製のポールが設置されている場所もあるが、それがない場所では推測するしかない。流れの速い川をわたる最善の方法は、単純に、窓を少しだけ開けて高速で走り抜けることだ。窓を開けるのは、万が一ジープが沈んでも水圧により車内に閉じ込められないようにするためだ。

私たちはチャーンリー・リバー・ステーションの近くで川をわたることにした。一台目のジープは楽々とわたってのけた。しかし、私たちが乗った二台目のジープは水に流され、エンジンの回転が遅くなった。みるみるうちに水がドアを上がってきて、車体前部が水に浸かり、後輪が空回りし始めた。次の瞬間、トラクションが回復してジープはぐんと前進したが、再び左右に大きく揺れ始め、波に飲み込まれそうになった。その後もだいぶヒヤヒヤされられたが、私たちはどうにか対岸にたどり着き、全員が安堵の歓声をあげた。

私たちはグラッドストン湖に向かった。グラッドストン湖はキンバリー高原最大の湖で、面積が一七六ヘクタールもあるので、見つけやすいだろうと思われるかもしれない。

エマ・ダルズィエルは以前、この湖でめずらしい白いスイレンが自生しているのを見つけていた。そのスイレンのカップ形の花は水面から高い位置で咲き、種子は卵形で、ニムファエア・カーペンタリアエ（*Nymphaea carpentariae*）のように見えた。けれどもN・カーペンタリアエは、通常、ここから何百キロも離れたところで見られるスイレンだ。私たちは、グラッドストン湖にいくには、道なりに四〇キロ走り、ある場所で道路を外れて草原のなかを進めばよいと言われていた。キングズリーは蟻塚の上に立って衛星電話を使い、地元のパークレンジャーから湖の座標を教えてもらった。私たちは言われたとおり左に進み、森林をとおり抜けたところでまた別の川に突きあたり、再び道に迷ってしまった。

周囲の風景に隠された湖が見つかったのは四時間後だった。私はおっかなびっくり深い泥のなかに入っていった。水は濁り、大量の木の枝が沈んでいて、ときどき鳥の群れが一斉に飛び立つと、近くにワニが潜んでいるのではないかとヒヤヒヤした。私は水の真ん中で一人ぼっちだったが、恐怖と戦う価値はあった。浅瀬でニムファエア・ウィオラケアがN・カーペンタリアエらしきスイレンと一緒に生えているのを見つけたのだ。二種のスイレンは他家受粉して不稔の雑種を生み出し、分類学をいっそう複雑にしていた。調べてみると、もう一つのスイレンはやはりN・カーペンタリアエのように見えた。地図上の場所を除き、すべての特徴が一致していた。

私たちは、キンバリー高原で最も古く、最も北にあるウィンダムの町を目指していた。その途中でもニムファエア・カーペンタリアエらしき植物を見つけたが、グラッドストン湖で見つけたものより大型だった。この個体群は以前、ニムファエア・マクロスペルマ（*Nymphaea macrosperma*）として記録されていた。植物全体の大きさはN・マクロスペルマの特徴と一致していたが、花はもっと大きく、N・カーペンタリアエに似ていた。そんなスイレンが何千株もあった。

翌日には、もっと圧倒的な景色が待っていた。目的地の丘の上に立つと、遠くには茫漠たる砂漠が広がり、黒焦げになった木が何百本も見えた。足元には枯れ草があった。その中間には広大なマールグ湖があり、数千羽の野鳥がいた。そこはスイレンの天国だった。

湖には、ピンク色と白と青のスイレンの花が、何千輪、もしかすると何百万輪も、見渡すかぎりに咲いていた。しかし私は困惑した。よく見てみると、あるものはN・マクロスペルマと一致する外見や特徴を持ち、またあるものはN・カーペンタリアエの方に似ていて、さらにはニムファエア・ジョージーナエ（*Nymphaea georginae*）と一致するものもあり、これらの中間のあらゆる形のものもあったのだ。スイレンたちは一緒に生え、お互いに他家受粉していて、本当に美しかった。湖の別の場所で、水が引いているところを歩くと、スイレンのピンクと青の色合いはすべてちがっていて、花弁の数もまちまちであることがわかった。同じものは一つとしてなかった。それぞれの花が異なる大きさと形を持ち、赤茶色と緑色の葉の色合いもちがっていた。やはり、N・カーペンタリアエとN・マクロスペルマとN・ジョージーナエは、多様性が非常に大きい一つの種なのだろう。

昨日、新種を確認したと思ったら、今日は三つの種が同じ一つの種であることを発見できた。私の予想は、後日、DNA分析によって確認された。三つの種が同じ一つの種であるとしたら、最初に記載されたニムファエア・マクロスペルマという学名になる。

この発見は保全にもかかわってくる。気にかけるべき種が三つから一つに減ったというだけではない。それぞれの個体群の多様性の大きさは、湖ごとに独自の品種があることを意味していて、一つの個体群が消滅するたびに、遺伝子プールの一部が永遠に失われることになるからだ。

マーリグ湖の日没は神秘的だった。太陽の光が、眼下の広大な水面と上空の雲を青やオレンジ色や赤や紫色に染め上げた。湖は地平線の方までキラキラと輝き、一羽のカモがなにかに驚いて空に飛び立つと、数千羽があとに続き、夕方の儀礼飛行のように巨大な弧を描いた。やがて、数千羽のバタンがスイレンの上空をかすめて、ねぐらにしている周囲の木々へと帰っていった。たそがれのアマゾンでコンゴウインコがオオオニバスの上を飛んでいったときと同様、目を閉じると、この光景を鮮やかに思い出すことができる。可能であれば毎週でもいきたい場所だ。

とはいえそこは思ったほど平和な場所ではなかった。湖に入ってスイレンの間を歩いている私に気づいて、エマが慌て始めた。「水から出て！」と彼女は叫んだ。「去年はここでワニを見たのよ！」

ほかの種類のスイレンも探した。アボリジニの子どもたちにスイレンの利用法を尋ねたところ、そのうちの一人が母親のところに連れていってくれた。母親はスイレンの種子をすりつぶした粉を食用にすると教えてくれた。私は彼女に、スマートフォンに保存してある植物の写真を見てもらった。もとはオンディネア・プルプレア（*Ondinea purpurea*）と呼ばれていたが、DNA分析によってスイレン属であることがわかり、今ではニムファエア・オンディネア（*Nymphaea ondinea*）と呼ばれている植物だ。ふつうのスイレンとはかなり異なる「変形スイレン」で、花弁は四枚しかなく、葉は波打っていて水中にあり、その裏側はキラキラした紫色をしていることがある。浮いているわずかな部分は馬蹄形をしていて、ふつうのスイレンの浮葉とは全然違う。

彼女はこのN・オンディネアを見たことがあり、塊茎《かいけい》がいちばんおいしいと言っていた。このスイレンは分類学的、植物学的にめずらしいだけでなく、美食家にとっても珍味であるようだ。

エマと彼女の同僚のマシュー・バレットはヘリコプターでニムファエア・オンディネアの種子をいくつか採集していたが、これを育てるのは非常に難しいと言っていた。N・オンディネアは流水のなかで成長し、水のpHは五・五とかなり酸性だ。生息地の水の分析では、養分は検出されていない。私はキューガーデンで一五回ほど種子を発芽させてみたが、本書の執筆時点で、成熟させられたものは一株もない。おそらく、水槽の水に二酸化炭素を添加したり、施肥のタイミングを調節することで、成熟させられるようになるだろう。

N・オンディネアはカワゴケソウ科（Podostemaceae）の植物のようにふるまうようだ。カワゴケソウは熱帯に広く分布しているが、急流や滝など、水の流れの速いところにしか見られない。この科の植物の多くは非常にめずらしく、それぞれの種の生息域は狭い範囲に限定されている。なかには一つの滝にしかないものもある。コンポストではなく岩に固着し、不純物をほとんど含まない水のなかで育つので、実験室のサンプルからはごく微量の養分さえ見つかっていない。けれども自然界では、毎日流れすぎる数百万リットルの水からごくわずかな（ほとんどホメオパシーのレベルの濃度の）養分を濾し取っているはずだ。栽培株でその状態を再現するのはほとんど不可能だ。すでに、このような植物の多くが、繊細さゆえに絶滅している。保全のためには、本当にこれらを守りたい人が世話をする必要がある。栽培技術をもっと磨いていかないと、今後さらに多くの植物を失うことになるだろう。

私は、オーストラリアスイレンの権威アンドレ・リューに会うために、オーストラリアの東岸のケアンズに飛んだ。アンドレは、C・バール・ヘルクウィストや故サリー・ジェイコブズなどの植物学者とともに、多くのオーストラリアスイレンの生息地を特定しただけでなく、新種もいくつか発見していた。

私は飛行機のなかでは眠らなかった。午前四時に飛行機がケアンズに着陸すると、午前五時にアンドレが迎えにきて、午前六時には胸まで水に浸かってスイレンを見ていた。アンドレは半径六〇〇キロ圏内のすべての池を知っている。空港から目的地に向かう途中、私たちは八カ所で五種のスイレンを採集した。

そのうちの一種は、ケアンズ空港の排水溝で採集したニムファエア・ノウカリ（*Nymphaea nouchali*）だったが、オーストラリアには近縁種はないので、最近になってやってきたのだろう。ニムファエア・テルマルムほどではないがかなり小さく、広げても四〇センチ程度にしかならない。ふつうは東南アジアの海岸付近の汽水湖に生えている。

キンバリーは高温で乾燥しているが、ケアンズは高温多湿の熱帯雨林に似ていて、キューガーデンのパーム・ハウスに入ったときのようにムッとした湿度を感じる。私は世界各地の熱帯雨林を訪れるたびに、サウナのように高温で、有機物の深い香りのするパーム・ハウスのことを思い出す。

クイーンズランドでは豊かな動植物相が見られる。東海岸沿いを南北に走る山系があり、「大分水山脈」と呼ばれている。その東側の気候は湿潤で、温暖で、穏やかだ。これに対して西側は雨陰《うぃん》であり、高温で乾燥したサバンナとユーカリの草原が広がっている。東側を北上すると、いわゆる「よじ登り植物」やトウが絡まる、密度の高い熱帯雨林になる。クイーンズランドの湿潤熱帯地域は世界遺産になっている。植生の密度は非常に高く、道端に立って腕を森に入れると、その先にある手が見えなくなるほどだ。山に登ると、涼しく、降雨量が多く、湿度が高く、多くの着生植物（木の枝に付着して育つが養分は奪わない植物）がある山地性森林になる。ここは、キャンディーピンクの花を咲かせるツツジ属の植物ロドデンドロン・ロキアエ（*Rhododendron lochiae*）の自生地でもあり、絶壁や木に着生しているのが見られる。なお、オーストラリアのツツジ属の植物はR・ロキアエとロドデンドロン・ウィリオスム（*Rhododendron viriosum*）の二種しかなく、R・ウィリオスムは当初はR・ロキアエと分類されていた。

アンドレの現地の知識には本当に助けられた。私たちは一日をデインツリー川で過ごし、ボートでマングローブ沼をめぐった。ここは地球上で最も生物多様性に富むエリアの一つで、水を吹きかけて昆虫を落とすテッポウウオや、「デインツリー川のワニの王」と呼ばれ、地元ではセレブ扱いされている体長四・

五メートルのイリエワニ「スカーフェース」が棲《す》んでいる。

マングローブ沼で見られる魅力的な植物の一つに、一・五メートルをゆうに超える、地球上で最大の莢《さや》をつけるモダマ属の巨大な蔓植物エンタダ・リーディイ（*Entada rheedii*）がある。E・リーディイの莢は川に落ち、ぷかぷか浮いて海まで流れ、そこで分解してなかの種子だけが浮きつづける。この植物が熱帯地方のあらゆる場所で見られるのは、そのためだ。ボートから手が届きそうなところにぶら下がっている莢があり、私は種子を採集したかったが、船長は許してくれなかった。その木には一つしか莢がなっておらず、観光客に見せるためにとっておく必要があったのだ。彼はポケットから種子を二個取り出して、一個を私にプレゼントしてくれた。

この種子を水に入れればぷかぷか浮かぶが、そのまま土に植えてもどうにもならない。種子を発芽させるには、やすりをかけて種皮を薄くし、水が内部に入るようにすればよいと言われている。わたしは以前、この方法を試してみたが、腐らせてしまった。そこで、今回もらった種子はキューガーデンのスイレンの池に浮かべておくことにした。そのうち根が出てくるのではないかと思ったのだが、出てこなかったので、今度は紙やすりをかけて外種皮を薄くし、水が少しだけ入るようにした。嬉しいことに種子は発芽し、今も成長を続けている。受粉のために別の木が必要なのかどうかはまだわからないが、オーストラリアとキューガーデンの両方に莢がなったらすばらしいと思う。

ビッグミッチェル池という小さな池は、クイーンズランドの丘の上にある。これを見つけるのはなかなか難しい。長くてまっすぐな道路を途中で外れたところにあり、ほかの植物によってうまく隠されているからだ。アンドレはここに数回きていたが、それでも場所を見つけるのに苦労していた。次からは私とエマだけでいったが、やはりなかなか見つからなかった。

ビッグミッチェル池の大きさは五メートル×五メートルほどしかないが、二種のすばらしいスイレンがある。すぐに見つかったのはニムファエア・インムタビリス（*Nymphaea immutabilis*）だ。これは私のお気に入りのオーストラリアスイレンで、萼は緑と青、外側の花弁は青と薄紫色だが、内側の花弁は常に白い。息を呑むほど美しい花だ。ニムファエア・ウィオラケアもあり、青い花やピンクの花をつけていた。そのうちの一株は、初日の花は青く、二日目と三日目の花はピンク色になるという、おもしろい性質を持っていた。これは注目に値する。私は苦心して多くの種子といくつかの実生《みしょう》を採集してきた。そのうち同じ性質を示す花が現れないかと思っているのだが、現時点では全部ピンク色だ。池ではこの色がいちばん少ないのだが。

鮮やかなオレンジ色の羽毛のような花弁を持つニムフォイデス・クレナタ（*Nymphoides crenata*）もあった。写真だけ見ると天国のように美しい場所だが、蚊の多さには本当に参った。

もう少し先にいくとマウントモロイという街がある。ケアンズの北西五〇キロのところに位置する、古い鉱山の街だ。私たちはそこで、墓地の裏にあるスイレンの池を見つけた。池のまわりはユーカリが取り囲んでいて、モネがオーストラリアに住んでいたら、ここにジヴェルニーの庭を造るのではないかと思った。

水辺には、遠目にはカスマンチウム（*Chasmanthium*）のように見えるが、小穂からイネ属だとわかる植物が生えていた。あまり知られていないが、オーストラリアには多様なイネ属の植物が自生している。私も滞在中に二、三の野生イネを見かけた。粒は大きく、栽培イネの品種改良にも使えそうだった。実際、ＤＮＡ分析からは、今日のアジアイネがオーストラリアのヨーク岬からきていることが示されている。[7]

池のなかではニムファエア・インムタビリスとニムファエア・ウィオラケアが咲き始めていた。マウントモロイのこの池から車でわずか五分のところにあるビッグミッチェル池のN・インムタビリスはどれも外側が紫色で中心部が白かったが、この池のものは一つ一つちがっていた。萼に斑点があるものもあれば、外側がピンク色や濃い紫色で、中心部が白いものもあった。

私たちは同じ道沿いの別の場所でニムファエア・ウィオラケアの個体群をさらに二つ見つけたが、そのうちの一つは非常にめずらしいものだった。花茎には黒い線が入っていた。線は製図工が定規で引いたようにまっすぐで、それぞれ幅が異なっていた。私は必死になって種子を探したが、ガンに全部食べられていた。受粉後にできてくる果実が池の奥深くに沈んで身を隠すのは、そのせいなのだろう。

採集した種子を分類するため、エマはいったん自宅に帰った。私たちはその後再び合流し、クイーンズランド州を横断して、ヨーク岬半島とノーザンテリトリーの間に広がるカーペンタリア湾に出ることにした。そこからクイーンズランドの中央部を南下し、ケアンズに戻ることにした。

私たちはデインツリー国立公園を通過し、クイーンズランドの山々を越え、北部の海岸とノーマントンの街に向かった。ノーマントンにはニムファエア・カーペンタリアエとニムファエア・アレクシイのタイプ標本がある（前にも説明したように、タイプ標本とはその種の最初の記載のよりどころとなった植物標本のことで、植物標本館で保管されている）。

天然の池だけでなく人工の貯水池にも立ち寄った。そこは、今では貯水池としては利用されておらず、野生生物の隠れ家になっていた。ニムファエア・インムタビリスが咲いていたが、これまでに見てきたものよりも花が大きく、濃いピンク色をしていた。羽根のような葉を持つ水生食虫植物のノタヌキモ（ウトリクラリア・アウレア（*Utricularia aurea*）」もあった。おもしろいことにノタヌキモには根がなく、水中に浮かんでほかの植物の間を移動し、ボウフラなどの水生動物を食べている。ときどきキンギョソウの花に似た鮮やかな黄色い花をつけて、花粉を運ぶミツバチを引きつけようとする。

ジュンサイ（ブラセニア・シュレベリ（*Brasenia schreberi*）」も見つけた。私はジュンサイがアフリカ、アメリカ、アジアに分布していることは知っていたが、あとになってオーストラリアの在来種でもあることをはじめて知った。その葉はスイレンの葉のように水面に浮かび、葉柄は葉の真ん中についている。水中にある部分は透明な粘液に覆われていて、日本人は若芽をとって茹で、珍味として食べるという。おいしいらしいが、私は苦手かもしれない。

貯水池は野生生物には優しい場所だが、私がなかなか歩くには過酷な場所だった。Ｎ・インムタビリスに近づこうとして水中に入ると、すぐに深くなり、腰まで水に浸かってしまった。さらになにかに躓いて、水中に倒れ込まないように慌てて木の枝をつかんだ。とりあえず水から出て、必要なときには泳げるように長靴を脱いでから、再び水に入った。今度はもう少し遠くまでいけたが、足が底につかなかった。水深は三メートル以上あり、足場のないところでの採集は容易ではなかった。

手が届いたのは未熟な花托（かたく）ばかりだった。私は花托を割って、種子が黒いか、焦げ茶色か、オリーブグリーンかを確認した。種子が熟していない場合、そのままにしておけば開いた傷は自然に治る。数百個の種子のうち数個がだめになるだけだ。結局、私たちは花托を一個だけ採集し、これまでに種子を一粒だけ発芽させることができた。キューガーデンで育てて増やしていくには、これで十分だ。

私は、華麗なニムファエア・アレクシイを見るまでは帰らないと決めていた。このスイレンが最初に記載されたのは二〇〇六年で、標本は、ノーマントンから南に二三キロのところと北東に二五キロのところ

266

にある、雨の降る時期にだけできる二つの池で採集されていた。花は白く、星形の花弁がきれいに整列し、おしべと花粉は黄色というよりはクリーム色をしている。柱頭の中心部の下の方はピンク色だが、二日目にはめしべ全体が鮮紅色になる。このスイレンは絶滅の危機に瀕しているが、栽培することで救うことができる。ただ、現時点では発芽させるのは非常に難しい。

幸い、私たちはノーマントンの北東にある池でN・アレクシイを見つけることができた。いかにもワニがいそうな池に入るのは危険だとは思ったのだが、スイレンを見ただけで手ぶらで帰るなんて耐えられない。周囲を見渡すと、湖は道路によって二分され、互いに往き来できないようになっていた。また、ウシが道路に入り込まないように、フェンスも立ててあった。私たちがいる場所のそばには倒れたユーカリの幹と枝があり、湖の一部を区切っていた。湖のこちら側はごく浅く、ほとんどの場所が膝ぐらいまでの深さで、腰までの深さの場所は少ししかなかった。ワニの動きを見てからでも逃げ出す時間は十分にありそうだ。

私はたぶん安全だろうと言い、エマはそうは思わないと言った。野外調査ではしばしばこの手の食いちがいが生じる。ある瞬間は安全だと感じ、やってみようと思うのだが、次の瞬間に気が変わる。

私たちはもう少し状況を探ることにした。池の水は澄んでいたので、水が濁っていたり雑草だらけだったりする池とは違い、ワニがいればすぐに気がつくだろう。地面は砂で覆われていて硬いので、足を取られずに水から出られるはずだ。スイレンはそれほど茂っていないので、浮葉の間も見えている。スイレンの方に石を投げたり、長い棒で周囲をつついたりもしてみた。私たちはようやく、ワニの危険はなさそうだという結論に達した。ガンやカモも落ち着いている。エマは池のなかがよく見える場所に移動し、私は池のまわりの土手を歩きだした。

私は池に入っていった。スイレンのところまでいくと、数個の花托をつかんだ。そのうちの一個はちょうど破裂するところだった。種子を発芽させるのに最適な時期だ。土から離れている塊茎も数個あったので、栽培用と植物標本館用にいくつか採集して水から出た。ここまでほんの数秒だった。

ニムファエア・アレクシイを採集したあと、三、四百キロ南のグリーンベールにいってみようという話になった。時間に限りがあるので、徹夜の旅になる。しかし、グリーンベールまでいってもスイレンは一輪も見つからず、一軒の家の前で道路は突然途切れてしまった。とりあえずこの家の人から話を聞いてみることにした。

ドアをノックすると老夫婦が出てきてくれたので、まずは自己紹介をした。「こんにちは。私はイギリスのキューガーデンからきたカルロスです。こちらは西オーストラリア大学のエマです。このあたりにスイレンがあると聞いてきたのですが、ご存知ないでしょうか？」

男性は、「ああ、何カ所かありますよ。ちょっと待ってください」と言うと、オートバイに飛び乗ってどこかに出かけていった。

一〇分後、彼は戻ってきた。

「以前あったと思ったところにいってきました。小さいスイレンですよね？」

今は一つもありませんでした。二、三年前まではたしかにいくつかあったのですが、彼がどの植物のことを言っているのかわかった。ガガブタ〔ニムフォイデス・インディカ（*Nymphoides indica*）〕という水草だ。しかし私たちが探していたのはニムファエア・カーペンタリアエだった。

「花びらには毛が生えていましたか？」と私は尋ねた。

「そうそう」と彼は言った。

「残念。私たちが探しているのは、それではないのです。葉も花ももっと大きいスイレンはないでしょうか？」

彼は少し考え込むと、なにかを思い出した様子で、大きな声でだれかを呼んだ。家の裏から若い男性が出てきた。青年はイタリア人で、英語を学ぶためにオーストラリアにやってきたが、なぜか人里離れた人口一五〇人のグリーンベールに落ち着いていた。

「スイレンを探しているんだそうだ」と老人は言った。「先週出かけたときに、大きいスイレンを見たと言っていただろう？」

「うん」とイタリア人の青年は言った。「場所は覚えているよ」。

青年の案内で、私たちは道路が終わっているところに戻り、そこから森に入って、小さい丘を登っていった。丘の上で顔をあげた私たちは息を呑んだ。見渡すかぎりの潟に、探していたスイレンが何千本も生えていた。花はすべて純白で、バレリーナの群舞のように上品で静謐《せいひつ》な眺めだった。天国が地上に下りてきて、私たちに発見されるのを待っていたようだった。

最後の仕事は、パウラサンガ湖にいって、二〇〇一年に新種として記載されたばかりのニムファエア・ジェイコブシイ（*Nymphaea jacobsii*）というスイレンを見つけることだった。この湖は北クイーンズランドのチャーターズ・タワーズという町の西部にある。

湖は大きく、面積は約三二〇ヘクタールもある。乾燥している時期には水位はかなり低下するが、深い場所の水がなくなることはない。そこは完全な円形をしていて、ニムファエア・ウィオラケアが水際を取り巻いている。すぐ内側にはN・ウィオラケアとN・ジェイコブシイの雑種があり、真ん中にはN・ジェイコブシイがある。すべての種、品種、亜種が異種交配しているため、この池のスイレンの全容を解明するには何年もかけて調査を行わなければならない。

しかし、私たちが訪れたときのパウラサンガ湖の水位は極端に低く、花が咲いているスイレンは全然なかったため、なにも採集できなかった。現地の人の話では、この五、六年は雨が降っていないという。近くにある別の湖は完全に干上がっていて、湖底だったところに高木や低木や草が生えていた。野生のラクダの群れもいた。

このあたりの降雨のパターンは不規則だ。今ある植物たちは、これまでの干ばつは生き延びてきたものの、干ばつのたびに脅威にさらされている。彼らはどこまで耐えられるだろうか?

遠征の終わりが近づき、私はいつものようにラストスパートをかけた。ケアンズ空港に戻る途中、海岸付近の流れの遅い川に立ち寄り、ニムファエア・ギガンテアを二株と数百個の種子を採集した。このスイレンは典型的なオーストラリアスイレンだ。キャプテン・クックがクイーンズランドの東沿岸に到着したとき、同行していた植物学者のサー・ジョゼフ・バンクスは、N・ギガンテアとニムファエア・ウィオラケアの二種のスイレンを採集した。あいにく、N・ウィオラケアのタイプ標本は失われてしまったので、私たちは「本物」のN・ウィオラケアがどのような植物だったのか、厳密に知ることはできない。形態の異なる個体が多いのも厄介だ。DNA分析という武器が使えるようになったこの時代に、私たちは最初からやり直そうとしている。

タイプ標本は本当に重要なのだ。私たちにできるのは、サー・ジョゼフ・バンクスがサンプルを採集したのと同じ個体群を見つけるか(まだ残っていればの話だが)、その近くにあるすべての個体群からサンプルを集めて、似ているかどうか調べることだけである。そうすることで、少なくとも、N・ウィオラケアの多くの形態のうちのどれが本物のタイプ標本の形態であるかを証明することができる。すでに、N・ウィオラケアと一括《ひとくく》りにされていたスイレンのなかから別の種と同定されたものがいくつかあり、今後もまだ分かれてくると予想されている。これは、N・カーペンタリアエ、N・マクロスペルマ、N・ジョージナエの三つの種が一つの種であることが判明したのとは逆の流れだ。N・ウィオラケアについて言えば、さまざまな形態がある上、分布範囲も広いので、広範なサンプリングを行ってから結論を出すことになる。私たちは今、この作業をしているところで、研究は途中だ。

二〇日間にわたる八〇〇〇キロの旅は終わった。私はその間に四八回の採集を行い、一四種のスイレンを入手した。帰国のときが迫っていた。キューガーデンに戻りたくて仕方がない。私の手には、たっぷり遊んで世界中の人々に見てもらえる、新種のスイレンがあるのだから。

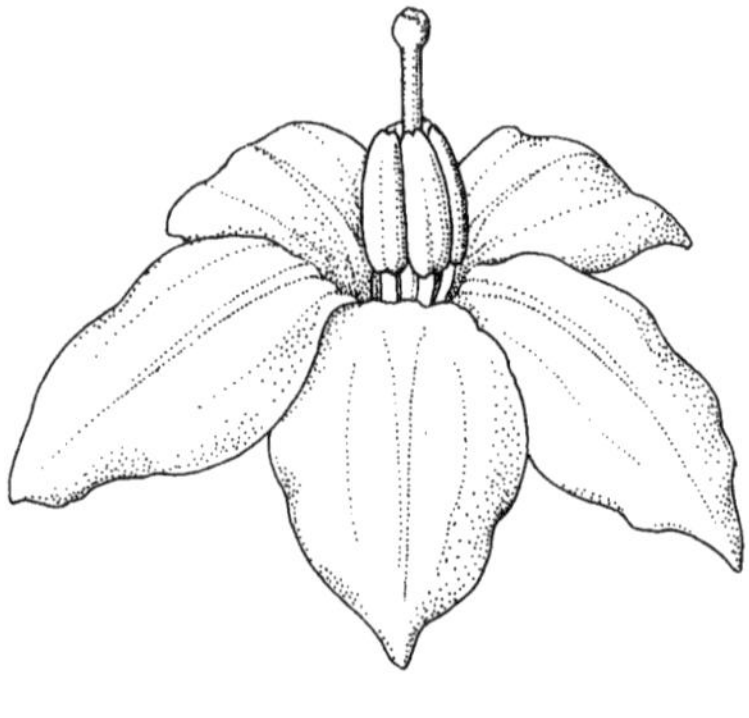

エピローグ

だれでも救世主になれる

現在、五種に一種の植物が絶滅の危機に瀕しているとされている。私は「植物の救世主」と呼ばれているが、実際にはキューガーデン（と、世界中の植物園や養樹場）という「ノアの方舟《はこぶね》」の乗組員にすぎず、私たちだけでは地球上のすべての植物を救うことはできない。

だれでも植物の救世主になれる。必要なのはちょっとした好奇心だけだ。好奇心は知識につながり、知識は思いやりにつながり、思いやりは行動につながる。ロドリゲス島のレイモンド・アーキーのように。あるいは、スペインのフランシスコ・ロドリゲス・ルケのようにと言ってもよい。彼は教師で、熱心なアマチュア植物学者で、地元の植物相の保全に情熱を注いでいる。あるとき、植物採集に出かけた彼は、崩れた洞窟の北向きの日陰でオオバコ科の植物を発見した。そこは乾燥した土地だったが、植物は岩から水が染み出す場所で元気に生きていた。彼はその植物を植物学者に見せ、植物学者は新種と断定した。すみずみまで調査されているヨーロッパでは、非常にまれな出来事だ。この植物がアンダルシアのシエラ・デ・ガドルで発見され、フランシスコのあだ名がファルケであることから、彼らはこれをガドリア・ファルケイ（*Gadoria falukei*）と呼びたいとしている。

同じくスペインのアマチュア植物学者フリアン・マヌエル・フエンテス・カレテロが、このニュースに目をとめた。彼は二〇一六年にフェイスブックを通じて私に連絡してきて、この植物の野生株は今では一五株しかないのだと言った。彼は友人と一緒に種子を採集し、発芽させ、結実させた。私は彼から送られてきた種子の一部をウェイクハースト・プレイスのミレニアム・シード・バンクに保管し、残りは発芽させてキューガーデンで展示している。

このプロジェクトにかかった費用はゼロに近い。自然を愛する二人の愛好家（とフェイスブック）のおかげで、私は正式な学名が与えられる前から新種の植物を育てることができた。ガドリア・ファルケイが近い将来失われる恐れはなくなった。必要なのは長期的なバックアップ計画だ。

保全の必要のある植物を見つけるには、地の果てまで出かけていったり、飛行機で世界中を飛び回ったりする必要はない。あなたの家の近くにだってあるかもしれない。外に出て、自宅のまわりを少し探してみたらどうだろう?

友人と一緒に、あるいは、ガーデニンググループ、園芸の会、自然科学組織、自然保護団体などに参加して植物を探しにいくのもよいだろう。いつだって、ちょっとした助けを必要としている植物や、生息地の管理によって助かる動物が見つかるはずだ。あなたの身の回りにも、高山植物やめずらしいコケや海草があるだろう。屋上庭園を作るスペースや、回復させるべき砂漠があるだろう。カエルたちも、あなたが池を作ってくれるのを待っている。身のまわりの環境や生物多様性を豊かにする方法はいくらでもある。

ワイルドライフ・トラスツ（Wildlife Trusts）のような地元の自然保護団体に入るのもおすすめだ。プラントライフ（Plantlife）、ウッドランド・トラスト（Woodland Trust）、スペイン生物学・植物保全協会（SEBiCoP）のような全国規模の慈善団体を支援するのも、キューガーデンなどの植物園の友の会に入るのも、植物園自然保護国際機構（ＢＧＣＩ）などの組織を支援するのもよいだろう。支援は金銭的なものでもそれ以外のものでもよい。各地の自然保護団体は、植物の生息地の管理をボランティアに頼っていることが多い。

政治的な人や、地元で起きていることに憤りを感じている人なら、二〇一六年に街路樹の伐採を阻止したシェフィールド・ツリー・アクション・グループス（Sheffield Tree Action Groups）を組織した人々のやり方がヒントになるかもしれない。ポップスター、大学教授、高齢者なども参加するこのグループは、非暴力的な直接行動による抗議を展開している。

あなたが教師なら、生徒たちを自然の世界に夢中にさせてほしい。あなたに子どもがいるなら、野菜を育てさせ、小さな池を作ってやって自然のなりゆきに任せ、バスに乗って森でも海でも自然が支配する場所に連れていってほしい。ディズニーランドにいくより安いし、はるかにカラフルで楽しいはずだ（ところで、次の選挙であなたが投票する政党は、環境にどのくらい配慮しているだろうか？）。

あなたの家の庭や窓辺で絶滅危惧種を育てることもできる。メキシコのチョコレートコスモス〔コスモス・アトロサングイネウス（*Cosmos atrosanguineus*）〕は、野生では絶滅していて、庭で栽培されることにより保存されている。一九八〇年代のはじめまでは、単一のクローンから増やしたキューガーデンの個体しか知られていなかった。チョコレートコスモスは、カフェ・マロンと同様、何十年も種子をつけなかったからだ。けれどもあるとき、ニュージーランドの女性が、育てていた個体から数個の種子をとり、実生を育てることに成功した。メキシコのチョコレートコスモスがキューガーデンを経てニュージーランドにわたり、キューガーデンに戻ってきて、その種子がウェイクハースト・プレイスのミレニアム・シード・バンクに保管されるまでに、じつに一〇〇年かかったのだ。

ウチワノキ〔アベリオフィルルム・ディスティクム（*Abeliophyllum distichum*）〕を育てるのもよい。冬に花が咲く低木だが、原産地の韓国では数カ所に小さな自生地があるだけで、今でも近絶滅種とされている。チリの青色クロッカス、テコフィラエア・キアノクロクス（*Tecophilaea cyanocrocus*）もおすすめだ。これも久しく絶滅したと考えられていたが、新たな個体群が発見されて絶滅を免れた植物だ。

野生の植物は、思いもかけない場所で保全されるのを待っている。

ロドリゲス島には洞窟がある。この洞窟の土のなかから新種の植物を発見できたり、（ロドリゲス島の養樹場でコンポストの袋から芽を出したロベリア・ワガンスのように）失われたと思っていた種を再発見できたりしないだろうか？　最近も、シベリアの永久凍土の下三八メートルから見つかった三万二〇〇〇年前のスガワラビランジ〔シレネ・ステノフィルラ（*Silene stenophylla*）〕の種子が発芽して話題になった。種子は、マンモス、バイソン、ケブカサイの骨を含む地層から見つかった。もしかすると、植物標本館にある絶滅種の標本にも、発芽できる種子が含まれているかもしれない。

キューガーデンが二〇一六年に開催した世界の植物の現状に関するシンポジウム（State of the World's Plants）によると、植物の新種が発見される数と絶滅する数は、どちらも猛烈な勢いで増えているという。[8]最近では毎年約二〇〇〇種の新種が発見されていて、二〇一五年にも、オーストラリアスイレンの新種や、マメ科のカナヴァリア・レフレクシフロラ（*Canavalia reflexiflora*）などが発見されている。C・レフレクシフロラは、キューガーデンの植物標本館の標本を見ていたブラジル人研究者により同定され、記載された。この植物は元の自生地からは失われてしまったが、ブラジル国内の別の保護地区でも見つかっている。ただ、その場所もコーヒー栽培により脅かされている。

二〇一五年に発見された新種のいくつかは、すでに絶滅したと考えられている。ガーナからコートジボアールにかけての乾燥林にあった高さ一二〜一五メートルの高木の自生地は、農業のために伐採されたり、火事によって焼き尽くされたりして失われてしまった。高さ三、四ミリのコケに似たカワゴケソウ科の植物レーダーマニエルラ・ルンダ（*Ledermanniella lunda*）の生息地は、今では水力発電用のダム用地になってしまった。また、ダイヤモンドの採掘は川を茶色く濁らせた。カワゴケソウ科の植物にとっては、これは死刑判決だ。本書が出版される頃には、この植物は絶滅しているだろう。

私は序文で、植物は食料、衣服、薬など、私たちが必要とするあらゆるものを与えてくれると書いた。キューガーデンの二〇一六年の報告書には、植物が私たちに与えてくれるものの例が豊富に示されている。人間や動物や環境全体の役に立っているとされる植物は、現時点で少なくとも三万一一二八種ある。食料になるものが五五三八種、薬の原料になるものが一万七八一〇種、バイオ燃料源になるものが一六二一種、織物原料や建材として利用されるものが一万一三六五種、家畜の飼料になるものが三六四九種である。

植物が本当にすばらしいことをしているのは明らかだ。けれども最近の研究は、植物の能力について、もっと知る必要があることを示している。

オジギソウ〔ミモサ・プディカ（*Mimosa pudica*）〕の種小名「プディィカ」は、純潔、謙虚、純粋、高潔などを意味する。オジギソウの葉をなでると、デリケートな小葉が次々に閉じてゆき、全体が閉じたら最後に葉柄《ようへい》が倒れることが知られている。一連の優美な動きで、葉はほとんど見えなくなる。この動きには意味がある。雨に打たれて傷んだり、昆虫や動物に食べられたりするのを防いでいるのだ。

西オーストラリア大学の生物学准教授モニカ・ガリアーノは、オジギソウにはまだ知られていない性質があるのではないかと考え、一五センチの高さから柔らかい泡を繰り返し落とす実験を思いついた。これは、オジギソウが慌てて葉を閉じるのに必要な最小限の刺激だ。泡を五秒おきに落とすことで、オジギソウが危害を加えられているわけではないと気づいて葉を閉じるのをやめることがあるのか、やめるとすればどの時点なのかを調べることができる。

泡を数回落としたあと、一部のオジギソウが葉を閉じるをやめ、しだいにほかのオジギソウも葉を閉じるのをやめていった。彼女は六〇回落としたところで実験をやめたが、このときには葉は完全に開いたままだった。「泡のことは気にならなくなったようでした」と彼女は言う。

植物は泡が脅威ではないことを学習したのだろうか？　それとも単に疲れてしまい、葉を閉じる元気がなくなってしまったのだろうか？　そう聞かれることを予期していたガリアーノは、泡に反応しなくなった数株のオジギソウを加振器に入れてみた。すると、植物はただちに葉を閉じた。一週間後、彼女は再び泡を落としてみたが、葉は開いたままだった。二八日後に同じ実験をしたときにも、オジギソウは泡は脅威ではないことを覚えていた。

脳もないのに、オジギソウはどのようにして記憶を保持しているのだろう。彼女は二〇一四年五月にこう書いている。「この結果から、一つの明確な、けれどもこれまで信じられてきたこととはまったく異なる結論を導き出すことができる。それは、記憶という過程に、従来型の動物のような神経回路は必要ないのかもしれないということだ。脳や神経は……学習には必ずしも必要ないのかもしれない[9]」。

もう一つ、あらゆる年齢の子どもたちを魅了する植物がある。昆虫からカエルまで捕まえるハエトリソウ［ディオナエア・ムスキプラ（*Dionaea muscipula*）］だ。ハエトリソウがそんな戦略を編み出したのは、栄養の乏しい沼地に生えているため、虫でも捕らないと十分な食事ができないからだ。

ハエトリソウの最大の特徴である葉の縁にあるまつ毛のような棘《とげ》は、罠《わな》の重量を増やすことなく表面積を増やして、より大きな獲物を捕らえることを可能にしている（ご馳走をとれるなら、スナック菓子をとる必要はないではないか？）。この植物の捕虫動作は、最初にすばやく葉を閉じる動きだけでは終わらない。獲物を捕らえたあと、側面がもう一度動いて獲物を押しつぶし、逃げられないようにする。それから酵素を分泌して、獲物（まだ生きていることが多い）を溶かしてゆく。

これだけでも十分すごいが、ハエトリソウにはさらに驚異的な能力がある。なんと、数を数えることができるのだ。

ハエトリソウの罠が作動するためには、葉の内側の感覚毛に獲物が触れる必要がある。一回では足りない。三〇秒以内に二回だ。ハエトリソウの「神経系」がどのように働いているのか、どのようにして正確に時を刻み、一回目の触覚の記憶を保持しているのかはわからない。わかっているのは、ハエトリソウが獲物の動きを電気信号に変換し、その信号が消化腺と運動組織に送られていることだけだ。感覚毛の一回目の刺激があってから三〇秒以内に二回目の刺激がなければ、誤警報と判断されて葉は開く。感覚毛を刺激したのが昆虫だったら、逃れようとしてもがくので、二回目の刺激を受けた葉は固く閉じ、消化酵素が流れ始める。昆虫がもがけばもがくほど大量の酵素が分泌される。

地中でも多くのやりとりが行われている。信じられないかもしれないが、植物たちは地中の根と共生する菌類の広大な通信網を介して対話することができる。森林や庭園や植物園には、この「World Wide Web（ワールド・ワイド・ウェブ）」ならぬ「Wood Wide Web（ウッド・ワイド・ウェブ）」が広がっている。その範囲はまだ特定されていない。植物たちは、菌類のネットワークを通じて、周囲の植物との間で養分や情報をやりとりしている。動物の親が子の世話をするように、成熟した木は実生や若木の世話をする。例えば、木陰に生えていて光合成をしにくい実生は、有利な場所に生えている実生よりも多くの炭素を回してもらっている。[11]

とはいえ新参者を歓迎する植物ばかりではない。ニワウルシ〔アイラントゥス・アルティスシマ（*Ailanthus altissima*）〕は、根から化学物質を出して地中の通信網や周囲の土壌に染み込ませて、化学兵器戦争を仕掛ける。ユーカリは、揮発性の油を含む葉を落として土壌に染み込ませ、ほかの植物の種子が発芽できないようにする。まさに天然の除草剤だ。

植物は、私たちが考えるような脳や神経系は持たないが、お互いに連絡を取り合い、刺激に反応することができる。情報を受け取り、翻訳し、反応する。花粉媒介者を引きつけ、自然現象を利用して繁殖や種子の散布を行う。細菌と共生して養分をもらい、土壌中の菌類を利用してインターネットのような通信網を構築する。一枚の葉は無数の細胞からなり、化学物質のメッセージをやりとりしている。研究者たちは、植物たちがこうしたメッセージを利用して、昆虫など、ほかの界〔訳注：生物分類における階級の一つ。一般には植物界、動物界、菌界、原生生物界、モネラ界の五界とする〕の生物と「話して」いることに気づき始めている。これは魔法でも魔術でもなく、人類がようやく解明し始めた知の最先端の話である。

一つの遺伝子は言葉であり、一つの有機体は本である。それぞれの本に、ほかの本には書かれなかった言葉が記されている。一つの種が絶滅するときには一冊の本が失われ、そこに書かれていた言葉やメッセージも失われる。手つかずの生息地を破壊するたびに、私たちはアレクサンドリア図書館を燃やしている。

イエス・キリストは、盲人の目を見えるようにする奇跡を起こした。私なら、植物が見えていない人々を見えるようにする奇跡を起こしたい。私たちは、ジャングルにいる一匹のサルの写真を見せられると、サルしか見ない。一緒に写っているサルの生息地や、シャーマンが利用する（そして将来、私たちも利用することになるかもしれない）薬や、先住民の食料や隠れ家は見えていない。写真に写っているのは一匹のサルではなく、生物多様性の姿なのに。

地球をどのように扱うべきかを一人の判断で決められるなら、よほどの愚か者でないかぎり、現在のような扱いはしないだろう。それなのに、集団になった途端、人類は頭のないニワトリのようなふるまいをする。

それなら、私たちはどうするべきか？ 選択肢はたくさんあるが、私が考える最優先事項は、

1 化石燃料を燃やすのをやめる。
2 人口増加を持続可能なレベルにとどめる。
3 植物の力を利用する。

の三つだ。

宇宙広しといえども、エネルギーを捕捉して貯蔵し、あらゆる種類の材料や分子を作り出し、大気中の二酸化炭素を吸収して固定することができるのは植物だけだ。彼らは私たちが吐き出すものを吸い込み、私たちが吸い込むものを吐き出す。私たちが長期的に生き残れるかどうかは彼らにかかっている。

アフリカ、アジア、南米の熱帯森林の四〇年に及ぶ研究から、こうした森林が化石燃料の燃焼によって生じる二酸化炭素の一八パーセントを吸収していることが明らかになった[12]。熱帯森林が大気中から除去する二酸化炭素の量は年間約五〇億トンにもなり、その働きを金銭に換算すると年間約一三〇億ポンド

〔訳注：一ポンドを一五〇円とすると一兆九五〇〇億円〕になるという。この数字だけでも熱帯森林の価値の高さがよくわかる。

気候変動の解決策は抜本的なものでなければならない。ちなみに「radical（抜本的な）」という単語は「根」という意味のラテン語「radix」に由来し、中期英語では「根を持っている」という意味だった。地球規模の森林管理戦略を考える必要があるが、原生林の破壊も国際的に禁止するべきだ。大気中に大量の炭素を放出しない方法での農業、例えば、土を耕さない不耕起栽培《ふこうきさいばい》や、ウシにトウモロコシではなく牧草を食べさせることなども重要だ。

私たちはすでに、クジラの保全についてはかなり思い切った対応をしていて、商業捕鯨は全面的に禁止されている。オゾンホールが発見されたときにも希望はなさそうに見えたが、スプレーの噴射剤や冷蔵庫にフロンを使用するのを禁止した結果、オゾン層に開いた穴は塞《ふさ》がりつつある。熱帯森林がなくなると困るだろうか？　あなたの行動を変える価値はあるだろうか？　そう思うなら、熱帯森林を保全するためにもう一度行動を変えてみよう。

飛行機の窓から外を眺めるのは、地球外生命体が地球を眺めるのに似ていると思う。私は、飛行機に乗るときには窓側の座席を選ぶことが多い。こうすることで、空の旅を自然科学体験に変えることができるからだ。雪を頂いた山々から流れ出して海に注ぐ川や、どこまでも続く砂漠や、北極光を見たときには、地球の巨大さへの畏敬の念に打たれる。ボリビアへの旅では、アイスランドやニューファンドランド島や無数の氷山の上を飛んでから、広大な湿地のそばにあるマイアミ国際空港に着陸した。北米の湖の上空を飛ぶときにはスイレンがあるだろうかと思い、氷河の近くでヘラジカが草をはむ様子を想像する。高揚した気分になることもあれば、（アマゾンが森林火災による煙に覆われているときなどには）落ち込むこともある。私たちは美しい世界に住んでいるが、世界は危機に直面している。今すぐ行動を起こさないと、取り返しのつかないことになる。

目を閉じてほしい。あなたにはどんな未来が見えるだろうか？　世界の終わりだろうか？　それとも、今とは違うものになった人間社会だろうか？　多くの人は世界の終わりを想像する。けれども私たちは社会の変化を思い描かなければならない。変化した社会をイメージできれば、自分たちの態度を変えて、行動することができる。

かつて、地球が平らなのか丸いのかをめぐって激しい論争があった。古代の人々の多くが地球は丸いのではないかと考えていたが、一六世紀に地球を一周できるようになってはじめて地球の丸さを実証することができた。さらに一九七二年には、アポロ一七号の乗組員が撮影したすばらしい地球の写真が、人々に「ブルー・マーブル（青いビー玉）」の丸さと宇宙の暗さを実感させた。

船員にとって地球の丸さが自明のことであるように、自然を観察する人間にとっては気候変動は動かしようのない事実である。けれども今回は、決定的な証拠写真が撮られてからでは遅すぎる。地球の本当の形を知るのはいつでもよかったが、気候の安定性についてはそうはいかない。

別の惑星を探して移住するわけにはいかない。そんなことが実現する可能性はゼロだ。人類に与えられた惑星は一つだけなのに、私たちはそれを適切に管理できていない。そんな私たちに惑星をもう一つほしがる権利などない。

この地球で過ちを正し、世界の終わりを回避し、緑を蘇らせ、未来を育もう。

アーメン。

謝辞

幼い私に自然への興味を持たせてくれた両親、なかでも植物の魅力的な世界に私の目を開いてくれた母エディリアに感謝する。

本書の執筆に協力し、本書を生き生きしたものにする逸話や科学論文を教えてくれた多くの人々、そして、キューガーデンをこんなにもすばらしい場所にしているすべてのスタッフ、評議員、学生、ボランティア、友の会会員に心からの謝意を表する。

キューガーデン園芸学校の校長だった故イアン・リーズは、キャリアを切り開こうとする私がいくつかのハードルを飛び越えられるように力を貸してくれた。キャスリーン・スミスは、キューガーデンにきたばかりの私をあらゆる面でサポートしてくれた（その後も、どんな時間になってもパース空港まで送迎してくれた）。

キューガーデンのテンパレート・ハウスの責任者デイヴ・クックは、ラモスマニア・ロドリゲシイの最初の挿し木を育てた人物で、当時の話を聞かせてくれた。ポーラ・ルドール博士は、本書の執筆に快く協力し、いつも膨大な量の研究について教えてくれ、情報を提供してくれた。オリヴァー・ウェイリーは、ペルーを案内し、多くのすばらしいものを見せ、本書のために情報をくれた。アレクサンダー・モンローは、ボリビアのトレーニング・マラソンに協力し、本書のボリビアの章の執筆を助けてくれた。リチャード・バーリー、ララ・ジューイット、キアラ・オサリヴァンは、今回のプロジェクトを全面的にサポートし、校正刷りを読んでくれた。

以下に挙げる人々は、本書で使用した写真や図を提供してくれた。ラモスマニア・ロドリゲシイのイラストをくれたナイジェル・ピカリング、用語集のイラストとオオオニバスとニムファエア・テルマルムの絵をくれたルーシー・スミス、ボリビアとペルーの写真をくれたアレクサンダー・モンローとオリヴァー・ウェイリー、ルセアとトロケティアとカッサリアの写真をくれたデニス・ハンセン、そして、オーストラリアの写真をくれたクリスチャン・ジーグラー。

モーリシャスの生物多様性の保全のために尽力するすべての人々に心から感謝する。モーリシャス国立公園保全局、モーリシャス野生生物基金、モーリシャス島とロドリゲス島の森林管理局、モーリシャス植物標本館の人々は、野生の植物や養樹場の植物の世話に忙殺されながら、私たちの保全活動を深く理解し、協力してくれた。なかでもクローディア・ベイダーとアルフレッド・ベゲは、本書の執筆に必要な情報をいろいろ提供してくれた。私が問い合わせをするたびにすぐに返事をくれたので、本当に助かった。

キンバリーへの大遠征ができ、新種のスイレンを発見できたのは、オーストラリアの園芸用品店ウェーブレングス・ノミニーズのケリー・ストークスおよびクリスティン・シンプソン・ストークス夫妻の惜しみない支援のおかげだ。キングズリー・ディクソン教授は難しい採集旅行の準備に奔走してくれた。エマ・ダルズィエル博士は、親切な魔法使いのように現地調査を手伝ってくれ、オーストラリアの章に関する情報を提供してくれた。アンドレ・リュー、スティーヴン・バートレット、ライオネル・ジョンストンの有能さのおかげで、オーストラリアの採集旅行は楽しく実り多いものになった。オーストラリアスイレン研究の先駆者である故サリー・ジェイコブズとアンドレ・リュー、そして、長きにわたり私を助け、スイレンへの理解を深め、その多様性と美しさを世界に知らしめてきたC・バール・ヘルクウィスト教授とジョン・ウィアセーマに心からお礼を言いたい。

ボリビアでのプロジェクトのスポンサーであるイノセント社と、キューガーデンのペルーでのプロジェクトを支援するセインズベリーズ社の貢献には本当に感謝している。ペルーの子ども環境協会（ＡＮＩＡ）とボリビアのエレンシアは、キューガーデンがペルーとボリビアで展開する生活改善プロジェクトに一貫して協力してくれている。ペルーのイカとランバイエケで活動するキューガーデンのチームと、コンセルバモス・イカ（www.conservamosica.org）のみなさん、そして、私が敬愛してやまないフェリクス・キンテロスに、心からのありがとうを！

イギリスの困窮する園芸家のために実際的・経済的な支援をする慈善団体のペレニアル（www.perennial.org.uk）には、たいへんお世話になった。

深い理解をもって編集作業をしてくれたエディターのジョエル・リケットとコピーエディターのキャロライン・プリティー、そして、このプロジェクトを信じて本書を出版してくれたペンギン社のチームに心から感謝する。私のエージェントのジョエル・エレックとユナイテッド・エージェンツのみなさんも、ありがとう。

本書の執筆を手伝い、このプロジェクトを一緒に進めてくれたマシュー・ビッグズの忍耐と精力的な仕事ぶりには感謝してもしきれない。彼がいなかったら、こんなに短時間で執筆することはできなかった。

私のパートナーであるジュヌヴィエーブ、愛情をありがとう。家族のみんな、いつも私の挑戦をサポートしてくれてありがとう。イギリスの友人たち、君たちは私の第二の祖国の家族だ。

そして最後に、私の魂を揺さぶるかけがえのない友人ジェーン・グドールに、ありがとう。

注

1. このデータはスペイン全土についての数字である。https://www.scribd.com/doc/48146786/Historia-de-las-Juntas-de-Extincion-de-Animales-Daninosより引用。
2. Flore des Mascareignes: La Réunion, Maurice, Rodrigues (IRD Editions, 1999)。
3. R. E. Vaughan and P. O Wiehe, 'Studies on the vegetation of Mauritius. I. A preliminary survey of the plant communities', Journal of Ecology 25 (1937) : 289-343.
4. J. J. Rousseau, Discourse on the Origin and the Foundations of Inequality among Men (1755; reprinted by Indianapolis, Indiana: Hackett Publishing Co, 1992). ジャン＝ジャック・ルソー『人間不平等起源論』
5. G. T. Prance and J. R. Arias, 'A study of the oral biology of *Victoria amazonica* (Poepp.) Sowerby (Nymphaeaceae)', Acta Amazonica 5 (1975) : 109–39.
6. R. S. Seymour and P. G. D. Matthews, 'The role of thermogenesis in the pollination biology of the Amazon waterlily *Victoria amazonica*', Annals of Botany 98 (2006) : 1129–35.
7. M. McCarthy, 'Is Australia the home of rice? Study finds domesticated rice varieties have ancestry links to Cape York' (2015), http://www.abc.net.au/news/2015-09-11/wild-rice-australia-linked-to-main-varities-developed-in-asia/6764924.
8. https://stateoftheworldsplants.com.
9. M. Gagliano, M. Renton, M. Depczynski and S. Mancuso, 'Experience teaches plants to learn faster and forget slower in environments where it matters', Oecologia 175 (2014) : 63–72.
10. J. Böhm, S. Scherzer, E. Krol, S. Shabala, E. Neher and R. Hedrich, 'The Venus flytrap *Dionaea muscipula* counts prey-induced action potentials to induce sodium uptake', Current Biology 26 (2016) : 286–95.
11. S. W. Simard, D. M. Durall and M. D. Jones, 'Carbon allocation and carbon transfer between *Betula papyrifera* and *Pseudotsuga menziesii* seedlings using a ^{13}C pulse-labeling method', Plant and Soil 191 (1997) : 41–55.
12. S. Lewis et al., 'Increasing carbon storage in intact African tropical forests', Nature 457 (2009) : 1003–6.

著者紹介
カルロス・マグダレナ（Carlos Magdalena）
キュー王立植物園の熱帯養樹場の園芸家。国際スイレン・ウォーターガーデニング協会の役員で国際的な講師。世界の希少植物を保全する植物繁殖技術を有することで有名。

訳者紹介
三枝小夜子（みえだ・さよこ）
東京大学理学部物理学科卒業。翻訳家。ピーター・J・ベントリー『家庭の科学』（新潮文庫）など訳書多数。

植物《しょくぶつ》たちの救世主《きゅうせいしゅ》

2018年7月2日　第1刷発行

著　者　　カルロス・マグダレナ
翻　訳　　三枝小夜子

発行者　　富澤凡子
発行所　　柏書房株式会社
東京都文京区本郷2-15-13（〒113-0033）
電話（03）3830-1891［営業］
（03）3830-1894［編集］

装　丁　　鈴木正道（Suzuki Design）
カバーイラスト　波多野光
DTP　　有限会社一企画
印　刷　　萩原印刷株式会社
製　本　　小髙製本工業株式会社

ISBN978-4-7601-5006-9　C0040

脳は楽観的に考える

楽観的であることのメリットと落とし穴とは？
ターリ・シャーロット＝著　斉藤隆央＝訳
四六判・上製、二五〇〇円（税抜き）

だれもが偽善者になる本当の理由

なぜ、その〝都合のよさ〟に自分で気が付かないのか？
ロバート・クルツバン＝著　高橋洋＝訳
四六判・上製、二五〇〇円（税抜き）

アナーキー進化論

ダーウィンの『種の起源』から百五十年、ここに新しい「進化論」の教科書が誕生！
グレッグ・グラフィン／スティーヴ・オルソン＝著　松浦俊輔＝訳
四六判・上製、二四〇〇円（税抜き）

「音」と身体のふしぎな関係

音響兵器は作れるか　音で人を操れるか
セス・S・ホロウィッツ＝著　安部恵子＝訳
四六判・上製、二五〇〇円（税抜き）

フィラデルフィア染色体

遺伝子の謎、死に至るがん、画期的な治療法発見の物語

がんの原因である異常染色体発見から製薬会社間の熾烈な争いまでをリアルに描く！
ジェシカ・ワプナー＝著　斉藤隆央＝訳
四六判・上製、二九〇〇円（税抜き）